气相过渡金属氧化物原子团簇反应性研究

Reactivity Study of Gas-phase Transition Metal Oxide Atomic Clusters

马嘉璧 著

北京理工大学出版社
BEIJING INSTITUTE OF TECHNOLOGY PRESS

图书在版编目（CIP）数据

气相过渡金属氧化物原子团簇反应性研究／马嘉璧著. --北京：北京理工大学出版社，2022.3

ISBN 978-7-5763-1196-9

Ⅰ.①气…　Ⅱ.①马…　Ⅲ.①金属氧化物催化剂-反应性-研究　Ⅳ.①O643.36

中国版本图书馆 CIP 数据核字（2022）第 054967 号

出版发行／北京理工大学出版社有限责任公司
社　　址／北京市海淀区中关村南大街 5 号
邮　　编／100081
电　　话／（010）68914775（总编室）
　　　　　（010）82562903（教材售后服务热线）
　　　　　（010）68944723（其他图书服务热线）
网　　址／http：//www.bitpress.com.cn
经　　销／全国各地新华书店
印　　刷／三河市华骏印务包装有限公司
开　　本／710 毫米×1000 毫米　1/16
印　　张／15
彩　　插／3
字　　数／220 千字
版　　次／2022 年 3 月第 1 版　2022 年 3 月第 1 次印刷
定　　价／72.00 元

责任编辑／刘　派
文案编辑／刘　派
责任校对／周瑞红
责任印制／李志强

前　言

笔者 2008 年开始接触团簇化学这个充满魅力的领域。“Every Atom Counts”是这一领域最大的特点。也正是因为这一特点，使得几乎每个原子团簇都有自己独特的构效关系。通过调控核心金属原子和配体的种类、个数以及所带电性，可以高效调控团簇的几何构型和电荷分布、自旋密度分布等电子结构。这些方法和规律对于团簇化学甚至团簇科学、原子制造等领域的发展都具有重要指导意义。因此，随着研究的深入，笔者逐渐萌生了将目前一些典型的氧化物团簇体系整理成文的想法。笔者及合作者通过实验结合理论的手段，从分子和电子结构层次展示过渡金属氧化物团簇丰富且多变的构效关系，为高效催化剂的设计提供重要理论依据。

本书共分 4 章，分别为团簇介绍、氧自由基研究的团簇方法、团簇作为矿质氧化物气溶胶表面活性位模型和结语。第 1 章概述了笔者用到的以及目前国内外一些主流的团簇化学研究手段。第 2 章介绍了具有高活性的氧自由基在凝聚相体系中的重要作用，阐述了利用团簇模型研究氧自由基的方法的建立以及一些应用体系。第 3 章介绍了矿质氧化物气溶胶在我国灰霾形成过程中的重要作用，解释了如何利用氧化物团簇作为该类气溶胶表面活性位的模型体系，给出了一些实例。第 4 章是笔者对未来团簇化学发展的展望。

衷心感谢笔者的博士生导师何圣贵研究员、Helmut Schwarz 教授以及众多合作者。笔者自知此书中仍有很多不足之处，对一些体系的理解尚且十分粗浅，未来也还有许多未知亟待探索。但可以预见的是，团簇科学将会展示更多有意思的、让人惊喜的结果。“路漫漫其修远兮，吾将上下而求索”。

马嘉璧

目　　录

第 1 章　团簇介绍

1.1　引言

团簇是一种从原子、分子过渡到宏观物质的中间态。由于尺寸的变化，它能够使物质的结构发生相应变化，从而使得化学性质也发生改变。可以将团簇分为离子团簇、原子团簇和分子团簇[1]。通常，团簇的空间大小在几埃至几百埃范围内变化。对于小尺寸的团簇而言，当团簇组成中的一个或几个原子发生改变时，其结构将发生明显变化，使得该团簇的反应活性等发生显著的改变[2-4]。团簇尺寸进一步增加到纳米尺寸时，将表现出纳米材料的量子效应，与宏观物质联系得更加紧密。因此，团簇的研究将成为纳米材料的宝库[5-6]。团簇在宏观领域有广泛的应用场景，如非均相催化反应、可燃物质的燃烧、气液固三相之间的转化、大气成核过程、自然界中晶体的形成、薄膜的形成和溅射等过程。因此，在微观原子/分子和宏观颗粒物质之间，团簇科学有着“桥梁”一样的作用[6]。

团簇科学进入人类的研究范畴源于 20 世纪中叶氢团簇的问世，是由 Beck 课题组通过超声喷束的手段制备的。从此，团簇研究领域就深深吸引了研究者们，成为了重点关注对象。随着质谱技术的发展，人们通过交叉分子束的方法产生了一系列团簇，团簇界便发生了日新月异的变化。由于激光技术的发展，研究者们巧妙地将激光技术也应用到团簇研究领域，推动了其进一步的发展，并在 20 世纪 80 年代有了突破性进展。例如，Echt 课题组制备了中性较大质量范围的团簇——Xe_n($n=1\sim177$)，发现了一个有趣的现象：有一类团簇其结构非常稳定，并且在特定的原子数目位置其丰度最强[7]。随后，研究者们将这类团簇所包含的原子/分子数目称为“幻数”（Magic Number）[8]。1985 年，碳(C)的同素异形体——C_{60}团簇的制备使得团簇科学迈上了一个新的高度。C_{60}团簇是由超声分子束以及激光溅射两者的联用得到的。Kroto、Curl 和 Smalley[9]等因此获得了 1996 年的诺贝尔化学奖。C_{60}的结构就像足球一样，因此称为“足球烯”，是一种封闭的碳笼，该结构在光谱和光电子能谱的研究中得到了进一步证实[10]。随后，大量研究者开始深入研究富勒烯的各种物化性质。1991 年，Iijima 又通过电弧放电获得了碳的另一种同素异形体——碳纳米管，由此材料科学又扩展出一个新的研究领域[11]。目前，国内外有很多课题组对团簇科学这一领域非常重视，包括：德国柏林工业大学 H. Schwar、乌尔姆大学 Thorsten M. Bernhardt、莱比锡大学 Knut R. Asmis，美国科罗拉多州立大学 Elliot R. Bernstein、布朗大学Lai-Sheng Wang、约翰斯·霍普金斯大学 Kit H. Bowen，中国科学院院士、厦门大学郑兰荪教授，中国科学院院士、南京大学王广厚教授等。在团簇结构或反应性研究等方面取得一系列重要进展。如 2014 年，山西大学李思殿、翟华金，清华大学李隽，布朗大学 Lai-Sheng Wang 等在 *Nature Chemistry* 期刊上发表了一篇关于 B_{40}^-阴离子团簇的文章，该物质称为中国“红灯笼”[12]。进入 21 世纪以后，由于激光、质谱和理论计算等手段的快速发展，研究者们相继发现了更多更加稳定或具有高活性的团簇。由于团簇的一些特殊性质，使得气相团簇研究在探索新物质、研究新材料领域变得十分重要。

对于气相团簇的反应性研究，反应过程中反应通道类型、速率、各反应途径的贡献、竞争以及反应机理等重要信息均可通过实验或计算获得，因此团簇被看作是一种研究反应活性中心的理想模型[13-18]。从 1970 年开始，大量关于气相离子-分子反应的研究纷纷出现于人们的视野，引起了广泛的关注[19-22]。通过对离子-分子反应的进一步深入研究，研究者们得到了大量有价值的反应热力学和动力学信息[23]，例如反应速率等，使得团簇对小分子的吸附及活化受到了越来越多的关注。

1.2 团簇的实验研究方法

团簇广泛存在于自然界的各种过程中，如大气烟雾的成核与凝聚、燃烧中物质的合成与分解、宇宙尘埃的形成与演化等。获得足够高浓度和稳定性的团簇是研究团簇的第一步。通过建立团簇产生和表征手段，可以研究团簇的物化性质。

1.2.1　团簇的制备

实验室制备团簇的方法分为物理制备法和化学合成法。按生成条件可以分为真空、气相和凝聚相合成。下面简单介绍一些使用较为广泛的团簇产生源——激光溅射超声分子束法和在生物化学领域广为应用的电喷雾电离方法。

1. 激光溅射超声分子束法（Laser Ablation and Supersonic Jets）

该方法由 Smalley 工作组发明[24]，它是用脉冲激光直接溅射固体样品表面，产生等离子体。等离子体被脉冲阀喷出的超声分子束带走，经过喷嘴后在真空中超声膨胀冷却。一次脉冲可以溅射出 10^{12} ~ 10^{13} 个原子[25]。用此方法产生的团簇尺寸分布与激光能量、限制等离子体与脉冲气体碰撞的管道的尺寸、脉冲阀与激光的延时等条件密切相关。团簇的组成从几个到几百个原子。

2. 电喷雾（Electrospray Ionization，ESI）

该团簇产生源首先由 Malcolm Dole 等[26]在 20 世纪 60 年代末发明。80 年代由 John Bennett Fenn 大力发展，Fenn 将 ESI 应用到甲醇的盐溶液以及其他溶液中，通过四极杆质谱证明了 ESI 可以在气相中制备正负离子[27-28]。Fenn 及其合作者后又证明 ESI 质谱可以分析质量数达几千 Dalton 的蛋白质分子等[29]，因此获得 2002 年诺贝尔化学奖。ESI 是一种大气压下的软电离方法，即离子形成是在其进入高真空区域之前。这是一项变革性的发明，因为它的出现为研究大分子如蛋白质等生物体系提供了可能。该方法需要将待测物质溶解到合适的溶剂中，如甲醇、乙腈、丙酮或者水等。目前，使用较多的是正离子模式，在该模式下团簇的形成过程如图 1-2-1 所示。

对于使用 ESI 产生团簇的机理已经较为清晰，主要有适用于小分子量分析物的离子蒸发模型（Ion Evaporation Model，IEM）、适用于大分子量球状分析物的残余电荷模型（Charged Residue Model，CRM）以及适用于不规则聚合物的链喷出模型（Chain Ejection Model，CEM）[30]，如图 1-2-2 所示。

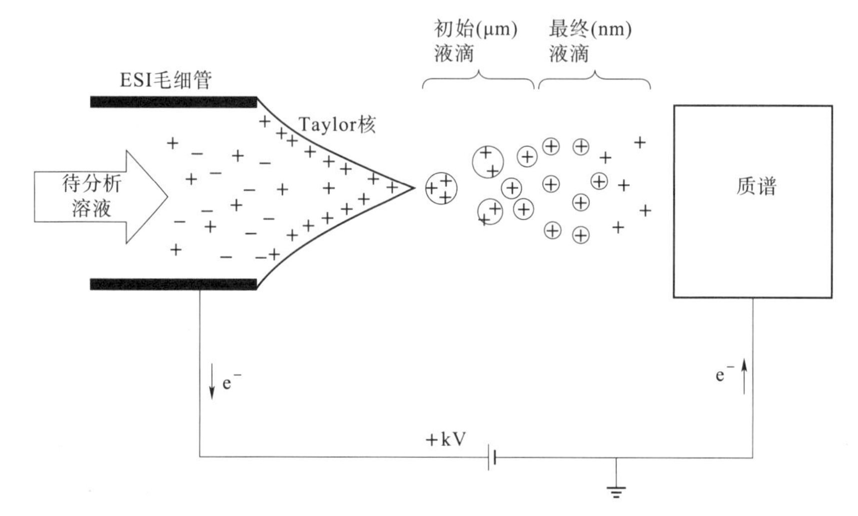

图 1-2-1 正电模式下 ESI 源团簇产生示意图

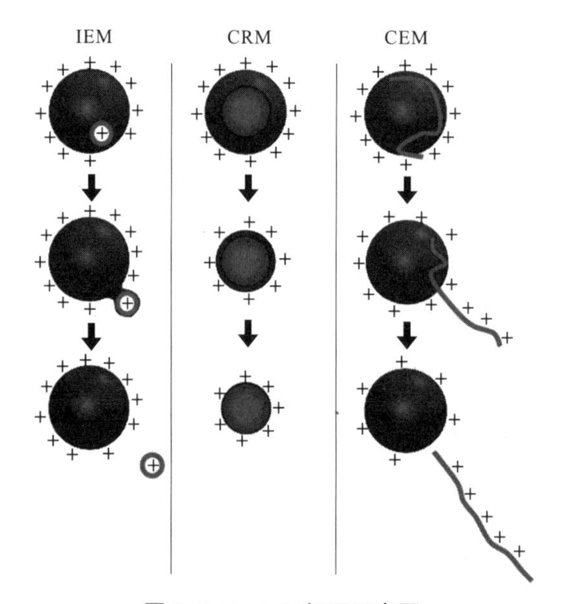

图 1-2-2 ESI 机理示意图

Matthias S. Wilm 和 Matthias Mann 发展了纳米 ESI 技术（Nano Electrospray Ionization，Nano-ESI）[31-32]，该方法的优点是样品使用量少、气相离子产生效率高，而且可以使用纯水作为溶剂[33]。在分子蛋白质研究领域、分析生物化学及药学领域中，ESI 及纳米 ESI 技术已经得到了广泛使用。

1.2.2　团簇的探测与表征

产生团簇后需要相应的方法进行检测，以了解团簇的电子结构、几何结构、成键规律和反应活性等性质，用于检测的方法主要包括质谱、光电子能谱、低温基质隔离、碰撞诱导解离等。此处，主要对本书工作中所使用的表征手段进行介绍。

（1）质谱（Mass Spectrometry）。其基本原理是待检测离子进入质谱检测器，得到质荷比的相关信息。根据检测器可以将质谱分为飞行时间质谱（TOF）、傅里叶变换离子回旋共振（FTICR）质谱、四极杆质谱（Quadrupole）、离子阱质谱（Ion－Trap，Orbitrap）、扇形磁场质谱（Magnetic Sector）等。根据实验的需要，还可以将两个TOF串联（TOF/TOF），或者将四、六极杆串联如四极杆-六极杆-四极杆的组合方式。

（2）碰撞诱导解离（Collision-Induced Dissociation，CID）。其基本原理是利用质量门、四极杆、离子回旋共振腔（ICR）等选质工具选出待研究团簇（母体峰）后，引入一束惰性气体（如He、Xe等）与其进行碰撞，采用质谱对产生的碎片峰进行分析。

1.2.3　研究团簇反应的实验方法

1.2.3.1　原理简介

1. *流动反应管*（Flow Tube）

该方法首次报道于20世纪70年代[34]，目前已广泛应用于研究团簇与分子反应，成为了一种重要的气相动力学研究方法。流动管方法有较多优点：可与多种离子源串联、离子强度高、反应温度可控、产生多种中间物种和瞬态物质等。

下面介绍两种主要的流动管方法：①快速流动管（Fast Flow Tube），在狭长的通道内形成的团簇被高压惰性气体载带至快速流动管中超声膨胀冷却，再与脉冲喷入的反应气进行反应；②选质离子流动管（Selected-ion Flow Tube），该方法产生的团簇先通过四极杆或其他离子选质装置进行选质，再将待检测离子引入流动B反应器与反应气进行反应[35]。

2. 傅里叶变换离子回旋共振质谱（FTICR Mass Spectrometer）

1949 年，J. A. Hipple[36] 等报道了第一台离子回旋质谱仪。1974 年，Melvin B. Comisaro 和 Alan G. Marshall 首次将傅里叶变换技术应用于离子回旋共振质谱[37]。其工作原理是基于带电离子与磁场的相互作用得到的：在磁场 $\boldsymbol{B}$ 中，电荷为 q 的离子受垂直于磁场方向的洛伦兹力 $\boldsymbol{F}_L$ 作用

$$\boldsymbol{F}_L = q \cdot \boldsymbol{v} \cdot \boldsymbol{B} \tag{1-2-1}$$

在洛伦兹力作用下，离子做圆周运动，进一步产生离心力

$$\boldsymbol{F}_C = m \cdot \omega \cdot r^2 \tag{1-2-2}$$

式中：m 为离子质量；ω 为回旋频率；r 为圆周运动半径。

若要离子做稳定圆周运动，离心力应等于洛伦兹力；由于 $m = |\boldsymbol{v}/\mathrm{r}|$，且磁场强度为常数 $B = B_0$，可得

$$m \cdot \omega^2 \cdot r = q \cdot r \cdot \omega \cdot B_0 \tag{1-2-3}$$

依据 $q = ez$（e 为元电荷），解式（1-2-3）可得

$$\omega_c = q \cdot B_0 / m = e \cdot B_0 / (m/z) \tag{1-2-4}$$

由式（1-2-4）可以看到理想情况下，不同离子的回旋频率仅与 m/z 有关。

为了防止离子从 ICR 腔中逃逸，在捕集板（Trapping Plates）上需加电场，而该电场会对离子运动产生干扰。考虑此因素，式（1-2-3）可改写为

$$m \cdot \omega^2 \cdot r = q \cdot r \cdot \omega \cdot B - q \cdot U_{\mathrm{Trap}} \cdot \alpha \cdot r / a^2 \tag{1-2-5}$$

式中：U_{Trap} 为静电势；α、r 和 a 分别为 ICR 腔的参数，对于 Bruker Spectrospin CMS 47X FTICR 质谱，$\alpha = 2.840\,4$，$r = 0.278\,7$，a 为腔体长度。

二次方程式（1-2-5）的解为

$$\omega_+ = \omega_C / 2 + \sqrt{(\omega_C / 2)^2 - \omega_Z{}^2 / 2} \tag{1-2-6}$$

$$\omega_- = \omega_C / 2 - \sqrt{(\omega_C / 2)^2 - \omega_Z{}^2 / 2} \tag{1-2-7}$$

式中：ω_+ 为被减弱的回旋角频率；ω_- 为由磁控管产生的回旋角频率；ω_Z 为诱捕行为产生的轴向谐振频率，可表示为

$$\omega_Z = \sqrt{2 \cdot q \cdot V_{\mathrm{Trap}} \cdot \alpha / m \cdot a^2} \tag{1-2-8}$$

质量分析时记录频率 ω[38]。

为了使得同一质荷比（m/z）但不同时间进入 ICR 腔中的离子对应同一相位，我们对这类离子加一束射频，激发使其做半径增大的回旋运动。激发后，通过记录瞬时自由感应信号（Free Induction Decay,

FID)，并利用傅里叶变换，将时域转换成频域。在利用 FTICR 进行离子选质时，仍需用射频实现离子激发。可以将质谱中［20，M－70］至［M+70，1000］区间内（M 为目标离子）的离子及［M－70，M+70］区间内的离子分别用 broadband 扫描结合 single-shot 的方法去除，从而隔离 M 离子进行后续研究（M 的数值为 70 和 1000，可根据实际情况进行改动）。

FTICR 质谱仪具有超高的分辨率、方便强大的离子选择能力、多级质谱分析能力等，但其运行和维护的费用较高。本书的一部分工作是采用 Schwarz 教授工作组中的 Bruker Spectrospin CMS 47X FTICR 质谱仪开展的。

1.2.3.2　仪器装置

本书所涉及工作主要使用了 3 台仪器。对于团簇的产生均使用激光溅射金属靶的方法，对于团簇反应的检测则根据需要使用了不同的分析器。

1. 高分辨率反射式飞行时间质谱

飞行时间质谱装置如图 1-2-3 所示，主要分为三个区域：①团簇产生区域；②团簇反应区域；③团簇探测区域。

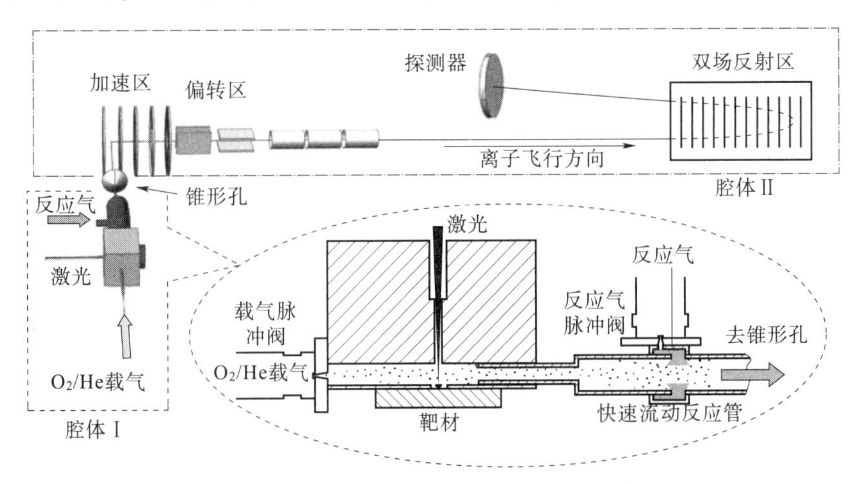

图 1-2-3　高分辨率反射式飞行时间质谱装置图

1）团簇产生区域

具有一定能量的 532 nm（Nd^{3+}：YAG 激光器的二倍频光，每脉冲能量为 5~8 mJ，脉宽为 8 ns，重复频率为 10 Hz）脉冲激光经聚焦后，不断溅射做螺旋运动的靶（根据需要使用金属靶、非金属靶或粉末靶），产生等离子体（含中性及带电物质）。其中，靶的螺线运动（在转动的同时进行平动）由马达带动齿轮转动来控制，靶材平动范围由限位开关控制。靶的不断运动可以保证激光溅射过程中靶表面的平整，从而确保质谱信号的稳定（图 1-2-4）。产生的高温等离子体与垂直方向的脉冲载气（载气由脉冲阀控制）中的气体分子相互作用。此时，它们在载气推动下进入狭长的细管中进行多次碰撞、冷却、凝结形成不同尺寸大小的中性及带电团簇。脉冲阀的工作原理是：线圈未受电流脉冲激励时，气体由弹簧力实现密封。当电流脉冲激励时，电磁力克服弹簧力使气阀打开。通过调节载气中气体分子的密度以及细管的内径（典型值为 2 mm）和长度（典型值为 25 mm），可以有效控制团簇中元素组成和团簇的尺寸分布。

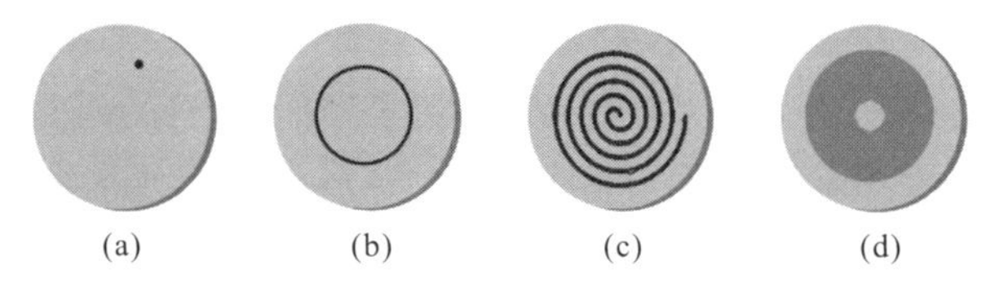

图 1-2-4 靶转动平动示意图，阴影部分表示激光焦点打在靶上的痕迹

（a）靶不动；（b）靶转动；（c）靶转动同时平动；（d）实际情况

2）团簇反应区域

产生的团簇在载气的推动下由细管的喷嘴喷出，经冷却膨胀后进入下游的快速流动反应管（直径为 6 mm，长度为 60 mm）中与反应气进行反应。在反应管管壁上有四个小孔，由脉冲阀喷出的反应气经这四个小孔扩散入管内与团簇进行反应。团簇在快速流动管里反应的条件主要包括载气的温度 T，总气压 P_T，反应物的分压 P_R，反应时间 Δt，团簇的振动温度 T_{vib}。考虑到载气会吸收部分溅射激光的能量，因此，T 略高于环境温度，T 的保险取值范围为 300～400 K[39]。P_T、P_R、Δt 可以通过具体的实验条件（每脉冲气体分子的数目、脉冲宽度、反应管的几何尺寸、脉冲束的速度等）进行推算。激光溅射产生的团簇振动温度 T_{vib}无法直接测量也不易通过实验条件来推算，文献中也存在一些争议。但是，考虑到团簇在狭长的管道以及进入反应管前的超声喷射中经过了多次碰撞，一般认为 T_{vib}可降到载气温度（300～400 K）。在实验中，我们观测到一些团簇如 $V_2O_5^+$在约 1000 m/s 的飞行速度下可以摄取反应管中的惰性气体原子如氩气（Ar），这也表明团簇被有效地冷却，否则无法通过较弱的相互作用在高速运动中捕获惰性气体分子。在反应过程中，除需用压力及浓度合适的反应气外，还需采用冷冻及多次清洗等方法尽量去除载气和反应气路中的杂质，以消除或减弱其对质谱信号的干扰。

3）团簇探测区域

产生的离子通过取样管（直径 3 mm）后到达飞行时间质谱的引出和加速区。引出场和加速场［图 1-2-3 和图 1-2-5（a）］由 5 块极板组成，为多级电场。离子离开加速区后，通过调节偏转电场电压调节离子束在水平和垂直方向的飞行轨迹，之后经过聚焦系统，进入飞行管（长度1.3 m）。漂移区之后放置一个由 36 块极板组成的反射区［图 1-2-5（b），E 区和 F 区］。反射区采用双场设计[40]，前半部分电场强度为 11.11 V/mm（E 区），后半部分为 5.56 V/mm（F 区）。进入和飞出反射区的离子间角度为 3.5°，离子离开反射区后再经过 0.41 m 到达检测器。此仪器分辨率为 3 000。

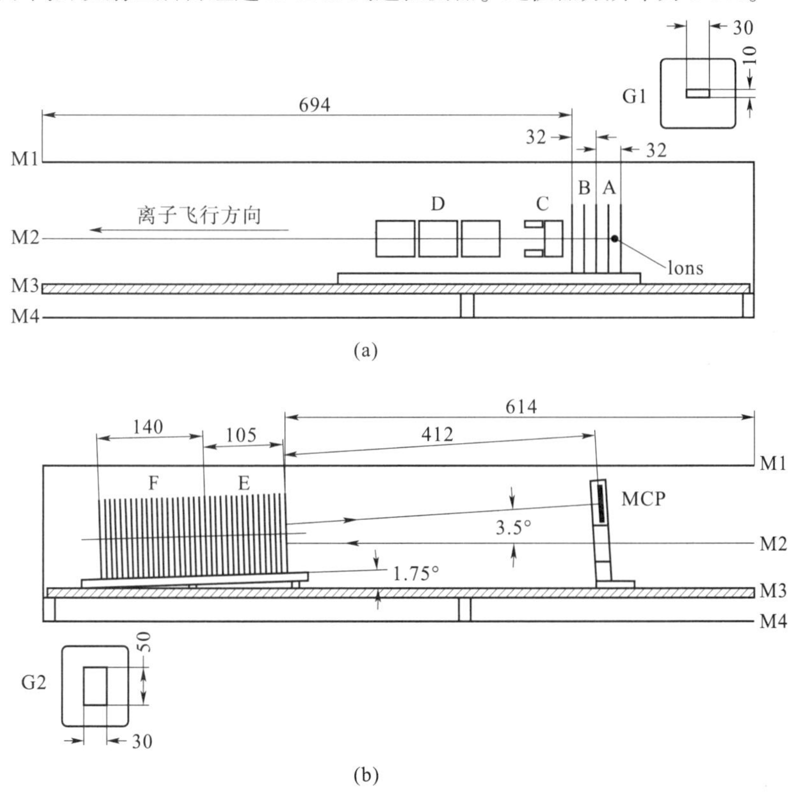

图 1-2-5　反射式飞行时间质谱示意图

（a）加速场；（b）反射区

2. 耦合离子阱的原子分子团簇原位反应装置

如图 1-2-6 所示，该反应装置主要有以下功能区域：团簇产生源、选质区、反应-结构表征区和离子信号检测区域。利用该装置可以通过激光溅射金属靶或其他块状靶材产生团簇离子；通过四极杆质量选择过滤器选择单一质量的待研究团簇；在离子阱中与反应气进行碰撞发生离子-分子反应；最终通过高分辨率反射式飞行时间质谱进行检测。具体而言：从团簇源产生管喷射出来的离子经屏蔽板后进入四极杆，因此只有离子束从四极杆的四极场中心通过才能有较少的离子损失。四极杆使用一段时间后表面会被污染，需要定期清洗，因此需要四极杆便于安装和拆卸，同时可进行重复安装定位。四极杆模块由屏蔽板、极杆、聚焦镜、接线板、装配组件等组成。离子阱主要由阱体、前后盖极、六极杆和脉冲阀组成。装配关键是 6 根极杆之间的相互平行，以及阱体与前、后盖极之间的绝缘保护。腔体内安装时前后盖极的离子透过孔需要与四极场中心处于同一个轴心位置，同时各路供电线路做好屏蔽，防止电荷积累。引出加速区、反射镜和探测器模块安装于离子飞行腔内。引出加速区内每片极片的安装需要等间隔，并做好相应的屏蔽和接地，防止尖端放电和电荷积累。反射镜需要较高的加工和安装精度。腔体内安装时需要依靠高精度数字水平仪对反射镜空间位置进行调整，同时要保证反射镜极片与引出加速场极片位置的相对水平。

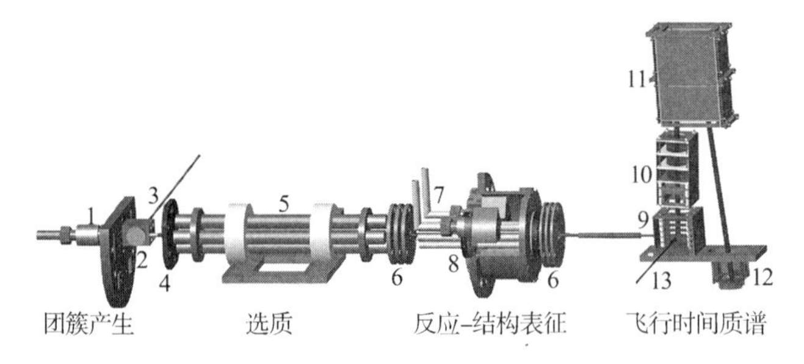

图 1-2-6 耦合离子阱的原子分子团簇原位反应装置

1，7—脉冲阀；2—金属靶；3—532 nm 激光；4—屏蔽板；5—四极杆；6、10—离子聚焦组件；8—离子阱；9—引出加速区；11—反射镜；12—微通道板；13—355 nm 激光

3. 傅里叶变换离子回旋共振质谱

如图 1-2-7 所示，主要分为三个区域：团簇产生区域（Ion Source）、离子透镜（Ion-Transfer Optics）、团簇探测及反应区域（ICR Cell）。其中，团簇源使用脉冲激光（Spectron Systems，$\lambda = 1\ 064$ nm，重复频率为

5 Hz）溅射只旋转不平动的金属靶（图 1-2-4 靶转动情况）。通过 He 脉冲气带走粒子聚集所释放的热量，形成中性以及离子团簇。在进入一系列由静电势和镜片组成的离子透镜前，团簇通过超声膨胀冷却。通过离子透镜，离子进入 ICR 腔中，而中性分子则不能到达。ICR 腔中真空度可达（1～2）×10^{-7} Pa，置于超导磁场中（Oxford Instruments，场强 7.05 T）。通过漏阀通入到 ICR 腔中的反应气可以与被隔离出的离子发生反应，反应气的压力保持在 10^{-6}～10^{-5} Pa，压力通过电离规（BALZERS IMG070）检测。仪器控制及数据采集通过 Bruker Aspect 3000 迷你计算机实现。

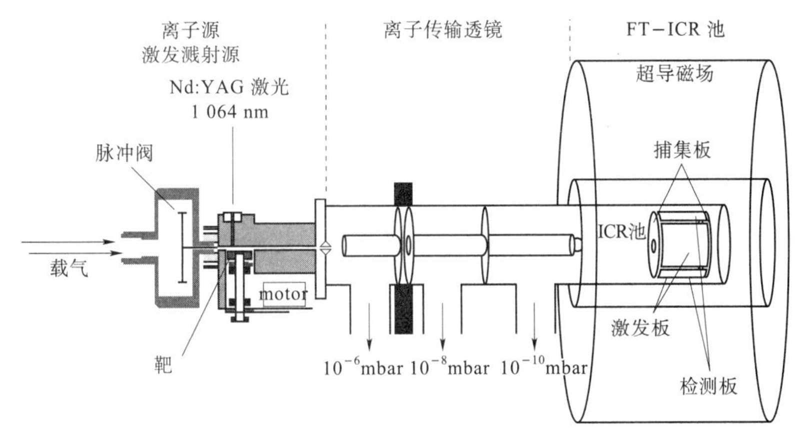

图 1-2-7　FTICR 质谱示意图

1.2.3.3　绝对反应速率常数的计算方法

1. 绝对反应速率常数的计算

反应速率常数是衡量团簇反应活性的重要标准。首先介绍使用快速反应流动管时反应速率的计算方法。

当团簇 A 与小分子 B 反应生成产物 C 和 D（A+B→C+D），由于 $c(B)\gg c(A)$，该双分子反应可简化为准一级反应。根据准一级速率公式计算，即

$$I=I_0\exp(-k_1\rho\Delta t) \tag{1-2-9}$$

$$k_1=\ln(I_0/I)/\rho/\Delta t \tag{1-2-10}$$

式中：I_0 和 I 分别为反应前和反应后团簇 A 的质谱信号强度；ρ 为快速流动反应管中反应气的分子束密度（molecule · cm^{-3}）；Δt 为团簇在流动管中的反应时间；k_1 为反应速率常数（cm^3 · s^{-1} · $molecule^{-1}$）。

I_0 和 I 可从谱图中直接读取。I_0 可以由背景谱图直接读取，或者将反应后团簇强度和反应产物强度加和。第二种算法可以减少散射造成的误差。

计算 ρ 时，首先算出每个脉冲反应气含的反应物分子个数（N）：

$$N=N_A x'\delta PV/(10\times\delta t'RT) \tag{1-2-11}$$

式中：$\delta t'$为配气管路中的脉冲反应气向快速流动反应管中扩散 δP 压强时所耗时间。

假设当脉冲反应气的背景压强为 p_1时，反应气分子可以与氧化物团簇碰撞发生很明显的反应现象。在测量反应速率常数时，我们把反应气背景压强控制在 p_1，之后开启反应气脉冲阀并开始计时。当真空表显示反应气背景压强减少 δP 后，关闭脉冲阀。此时，所耗时间记录为 $\delta t'$。由于脉冲阀每秒开启 10 次，因此 $\delta t'$时间内共有 $10\times\delta t'$个脉冲。为了确保所测反应速率常数的准确性，要求 δt 数值不能太大，δP 的值通常控制在 0.02 atm。实验中所用的反应气通常都经氦气稀释，x'为经氦气稀释的气体中反应气所占浓度百分比。因此，$x'\delta P$ 即为 $\delta t'$时间内脉冲喷出的反应气的分压。N_A 为阿伏伽德罗常数（$N_A=6.02\times10^{23}$/mol），R 为摩尔气体常数（$R=8.314\ \mathrm{J\cdot mol^{-1}\cdot K^{-1}}$），$T$ 为反应气管道的温度（$T=298$ K），V 为反应气管道的体积，其测量方法如图 1-2-8 所示。在反应气管道系统中接一个体积为 L 的钢瓶，并通入压强为 p_1 的惰性气体氦气（真空表读数为 p_1）。之后，关闭钢瓶与反应气管道之间的连通阀门，抽空反应气管道中的气体，此时，真空表读数为 0。最后，再次打开连通阀门，此时真空表读数为 p_2。由于真空表读数有一定的偏差，我们设偏差为 p'，根据理想气体状态方程

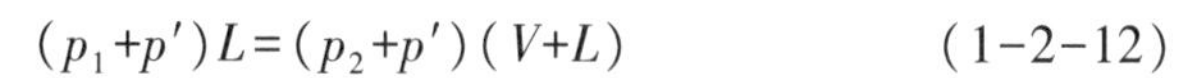

$$(p_1+p')L=(p_2+p')(V+L) \tag{1-2-12}$$

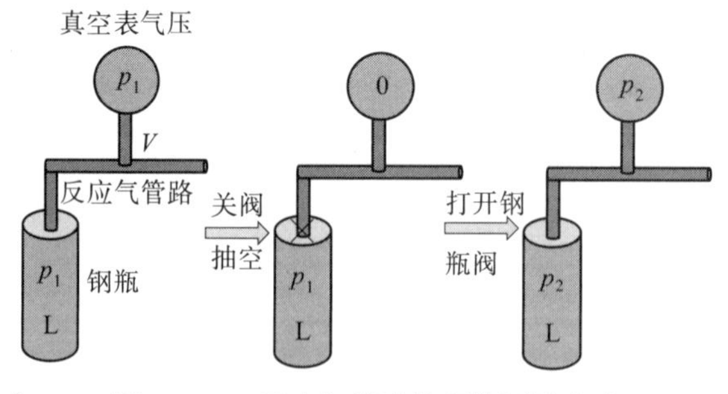

图 1-2-8 反应气管路体积的测量方法

使用不同的气压 p_1，即可算出反应气管道体积 V。

由于在载气与反应气的延时为 −500～500 μs 时间范围内都可以观测到反应现象，因此，N 个反应气分子在快速流动反应管内停留的时间（t''）估算为 0.001 s。则 N 个反应气分子在快速流动反应管内流动的速率 F(molecule · s^{-1}) 根据下式计算：

$$F=N/t'' \tag{1-2-13}$$

当反应气扩散到快速流动反应管后，反应气的分子束密度（ρ）根据下式进行计算：

$$\rho=F/A/C \tag{1-2-14}$$

式中：A 为快速流动反应管的截面积。

我们使用的管道半径是 6 mm，得到截面积 $A=3.14\times(0.006/2)^2=2.826\times10^{-5}\ m^2$；$C$ 为特定温度下的气体常数（声速）：

$$C=(\gamma kT/m)^{1/2} \tag{1-2-15}$$

式中：γ 为气体的比热容比(C_p/C_v)；k 为玻耳兹曼常数($k=1.38\times10^{-23}\ J\cdot K^{-1}$)；$T$ 为快速流动反应管内的温度(一般取 350 K)；m 为反应气的平均质量（kg）。

由于反应气被氦气稀释，反应气所占的浓度百分比很小（通常为 0.1%～5%）。因此，反应气的气体常数可采用氦气的气体常数。氦气的比热容比 $\gamma=1.66$，质量 $m=4\times1.66\times10^{-2}$ kg。这样可得到分子束密度 ρ，此方法得到的 ρ 误差为 20%。

反应气分子与氧化物团簇在快速流动反应管中的反应时间 Δt 根据下式计算：

$$\Delta t=l/v \tag{1-2-16}$$

式中：l 为快速流动反应管的长度（61 mm）；v 为团簇飞行速度(约为 1 000 m/s)，则 $\Delta t=6.1\times10^{-5}$ s。

根据以上计算方法，实验中估算的 $\rho=10^{19}\sim10^{20}$ molecule · m^{-3}。该仪器能观测到反应速率常数为 $10^{-13}\sim10^{-9}\ cm^3\cdot s^{-1}\cdot molecule^{-1}$数量级的反应。

下面，介绍对在 ICR 腔中进行的反应的反应速率常数的计算。对准一级反应（A+B→C+D），可以得到如下速率公式：

$$\frac{d[A]}{dt}=k_{exp}[A][B]=k_{pseudo}[A] \tag{1-2-17}$$

调节不同的反应时间，可以得到反应物和产物峰高随时间的变化图。速率常数 k_{pseudo} 可以通过绘制函数 $\ln[A]=f(t)$ 的斜率来得到。实际速率常数还需要通过下式计算：

$$k_{exp}=k_{pseudo}\frac{R_x(\mathrm{B})}{F\cdot p(\mathrm{B})} \tag{1-2-18}$$

式中：$p(\mathrm{B})$为反应物 B 的分压；F 为仪器特有的校正参数。

电离规的灵敏参数 $R_x(\mathrm{B})$用来得到 B 的真实气压。实验测得的反应速率常数误差为±30%。

2. 反应效率的计算

反应效率 Φ 可以根据下式计算：

$$\Phi=k_1/k_{TCR} \tag{1-2-19}$$

式中：k_1 为计算的准一级反应速率常数；K_{TCR} 为团簇与反应气分子的碰撞速率。

3. 碰撞速率的理论计算

气相离子反应中，带电离子和中性分子碰撞速率是其反应速率的上限。20 世纪 70 年代，Michael T. Bowers 和 Timothy Su 在 Langevin 速率理论[41]基础上发展了一套计算离子-分子反应碰撞速率的理论——平均偶极定向（Average Dipole Orientation，ADO）理论。该理论考虑了中性反应物分子的永久偶极矩在速率常数中的影响，在气相领域研究中被广泛使用，但是测量的离子反应速率常数常常大于用 ADO 理论算出的碰撞速率。因此，Grit Kummerlöwe 和 Martin K. Beyer 对该理论进行了改进，得到硬球 ADO 理论（Hard Sphere Average Dipole Orientation Theory）[42]。

1.2.3.4 同位素标记研究

由于不同的质荷比是质谱区分检测物的依据，因此同位素标记技术是质谱研究中经常使用的方法。在分子内特定位置标记同位素不仅可以提供相关反应立体选择性的信息，还会由于同位素取代产生对反应的影响，即同位素效应。同位素效应最明显的是用氘原子(D) 取代氢原子(H)。同位素效应可以分为两类：①动力学同位素效应（Kinetic Isotope Effect，KIE)，即同位素取代影响了反应理论速率；②平衡同位素效应(Equilibrium Isotope Effect，EIE)，即对反应的热力学平衡的影响。EIE 较小，经常忽略不计。如果决速步中发生反应物分子的同位素化学键的形成或断裂，称为一级动力学同位素效应；分子的同位素不直接参与键的断裂或形成，但可能弱化或者重新杂化，称为二级动力学同位素效应。后者比一级动力学同位素效应小。

在本节中，主要关注同位素取代物的位置以及峰强度，进而验证反应通道，得到一级 KIE 数值。涉及氢原子和氘原子的动力学同位素效应表示为

$$KIE = k_H / k_D \tag{1-2-20}$$

通过 KIE 值可以得到如下信息：①如果 $k_H/k_D=1$，说明 H 原子被同位素 D 取代对反应速率没有影响，反应的决速步不涉及相关的键；②如果 $k_H/k_D>1$，说明用没有同位素标记反应物的速率快于标记的反应物，反应的决速步涉及相关键的活化；③如果 $k_H/k_D<1$，说明同位素取代后，反应速率变快。

KIE 是由同位素标记和非标记底物的零点振动能的差异引起的，原子质量的变化会影响化学键的振动频率，原子质量越大，振动频率越慢，零点能越低（$ZPE=1/2h\upsilon=h/4\pi\sqrt{k/m_r}$，其中，$m_r$ 为离子/分子对的约化质量，k 为力常数，h 为普朗克常数）。因此，断键需要更多的能量，所对应的反应能垒就会变高，从而导致了实验上观测到的较低的反应速率。一级动力学同位素效应可以提供关于反应机理的重要信息。

实验中存在分子内或分子间 KIE。例如，研究团簇对甲烷的活化过程，分子内需要使用甲烷中同时存在 C–H 键和 C–D 键，如 CH_2D_2 分子。分子间 KIE 需要用 CH_4 和 CD_4 分别实验，得到 k_{CH_4} 和 k_{CD_4}。分子间 KIE 可能会受到碰撞速率和扩散系数的影响。相比而言，分子内 KIE 比分子间 KIE 更准确些。

1.3　团簇的理论研究方法

对团簇的理论研究包括：①计算方法和基组的选择，当体系含有过渡金属时，需要考虑计算成本及相对论效应等；②团簇几何结构，包含尺寸效应、电荷效应等对团簇成键性质的影响；③团簇与小分子反应机理的研究，包含活性位点的确定、势能曲线的计算等。

DFT 方法最大的优点是它引入了电子相关问题但没有增加计算量，所以它可以处理比较大的体系而又能给出比较精确的计算结果。由于密度泛函理论是一种完全基于量子力学从头算理论，为了与经验方法区别开来，人们通常把有关密度泛函理论的计算称为第一性原理（First Principles）。目前，它是一种计算原子、分子和团簇体系能量较为准确的方法，广泛用于计算团簇的结构、能量和反应路径。

确定了团簇的基态构型后，就可以在此基础上进行团簇的反应机理研究。反应机理研究涉及反应路径的寻找以及反应中间体和过渡态的结构优化。Gaussian 03/09[43-44] 软件采用弛豫势能面（Relaxed Potential Energy Surface，PES）扫描得到中间体和过渡态的初始构型，对于较为复杂的反应体系，可以采用多自由度扫描来计算。过渡态优化通常采用 Berny 算法。用振动频率计算来判断得到的局域最小点（无虚频）及其相关的过渡态（有一个虚频）。IRC（Intrinsic Reaction Coordinate）[47-50] 计算被用于确定得到的过渡态是否准确连接两边的稳定中间体。通过理论计算研究，不仅可以对实验现象给予合理的解释，了解团簇的结构和反应活性等性质，而且可以预测未知的实验现象。对于一些能量相近的构型，作者及合作者还开展了高精度 CCSD（T）的计算。自然键轨道（NBO）分析用 Gaussian 09 中的 NBO 3.1 或 NBO 6.0 模块进行。[51]

对于一些计算量较大的体系，首先根据基因遗传算法用小基组的方法进行粗略计算；然后再用精度较高的方法进行计算。中国科学院化学研究所的何圣贵研究员课题组开发了一套基于遗传算法的团簇构型全局优化程序，可以从完全随机的初始构型出发，自动寻找团簇的低能量稳定构型。在以往的程序中，交叉算符只是简单地把两个父代团簇的一部分进行组合，得到的子代结构往往过于混乱，导致接下去的优化工作耗时过多，而且得到许多能量过高的结构。因此，我们对交叉操作进行了改进，引入了配位数和静电势参数，并通过旋转父代团簇，得到较好的子代初始构型，排除结构不合理的子代构型。这一项改进，大大提高了优化效率，使得对于较大团簇的构型搜索成为可能。

参考文献

[1] 王广厚.团簇物理学[M].上海: 上海科学技术出版社,2003.

[2] 阎守胜.固体物理基础[M].北京: 北京大学出版社,2008.

[3] 胡继闯.原子分子团簇原位反应装置的搭建以及过渡金属氮/氧化物团簇的反应性研究[D].北京:北京理工大学,2018.

[4] 刘清宇.过渡金属化合物团簇阴离子的光电子速度成像及化学反应研究[D].北京: 中国科学院化学研究所,2017.

[5] Fernando A, Dimuthu K L, Weerawardene M, et al. Quantum Mechanical Studies of Large Metal,Metal Oxide,and Metal Chalcogenide Nanoparticles and Clusters[J].Chemical Reviews,2015,115(12): 6112-6216.

[6] 李海方.过渡金属碳化物团簇与甲烷的反应研究[D].北京:中国科学院化学研究所,2017.

[7] Echt O, Sattler K, Recknagel E. Magic Numbers for Sphere Packings: Experimental Verification in Free Xenon Clusters [J]. Physical Review Letters,1981,47(16): 1121-1124.

[8] Teo B K, Sloane N J A. Magic Numbers in Polygonal and Polyhedral Clusters[J].Inorganic Chemistry,1985,24(26): 4545-4558.

[9] Kroto H W,Allaf A W,Balm S P.C_{60}: Buckminsterfullerene[J].Nature,1985, 318(6042): 162-163.

[10] KräTschmer W,Lamb L D,Fostiropoulos K,et al.Solid C_{60}: A New Form of Carbon[J].Nature,1990,347(6291): 354-358.

[11] Iijima S.Helical Microtubules of Graphitic Carbon [J].Nature,1991,354 (6348): 56-58.

[12] Zhai H J,Zhao Y F,Li W L,et al.Observation of an All-Boron Fullerene [J].Nature Chemistry,2014,6(8): 727-731.

[13] 徐波.团簇质谱-光谱联用装置的搭建及应用[D].北京:中国科学院,2014.

[14] Schwarz H. Doping Effects in Cluster-Mediated Bond Activation [J]. Angewandte Chemie-International Edition,2015,54(35): 10090-10100.

[15] Schwarz H. How and Why Do Cluster Size, Charge State, and Ligands Affect the Course of Metal-Mediated Gas-Phase Activation of Methane?

[J].Israel Journal of Chemistry,2014,54(10): 1413-1431.

[16] Schlangen M,Schwarz H.Effects of Ligands,Cluster Size,and Charge State in Gas - Phase Catalysis: A Happy Marriage of Experimental and Computational Studies[J].Catalysis Letters,2012,142(11): 1265-1278.

[17] Ding X L,Wu X N,Zhao Y X,et al.C-H Bond Activation by Oxygen-Centered Radicals over Atomic Clusters [J].Accounts of Chemical Research, 2012,45(3): 382-390.

[18] Johnson G E,Mitrić R,Bonačić-Koutecký V,et al.Clusters as Model Systems for Investigating Nanoscale Oxidation Catalysis [J]. Chemical Physics Letters,2009,475(1-3): 1-9.

[19] Good A.3rd-Order Ion-Molecule Clustering Reactions [J].Chemical Reviews,1975,75(5): 561-583.

[20] Mcfarland M,Albritton D L,Fehsenfeld F C,et al.Flow-Drift Technique for Ion Mobility and Ion-Molecule Reaction Rate Constant Measurements.Iii.Negative Ion Reactions of O-with CO,NO,H_2,and D_2[J].Journal of Chemical Physics,1973,59(12): 6629-6635.

[21] Ferguson E E.Thermal-Energy Negative Ion-Molecule Reactions [J]. Accounts of Chemical Research,1970,3(12): 402-408.

[22] Friedman L.Ion-Molecule Reactions [J]. Annual Review of Physical Chemistry,1968,19: 273-300.

[23] Teloy E,Gerlich D.Integral Cross Sections for Ion—Molecule Reactions.I. The Guided Beam Technique[J].Chemical Physics,1974,4(3): 417-427.

[24] Dietz T G,Duncan M A,Powers D E,et al.Laser Production of Supersonic Metal Cluster Beams [J]. Journal of Chemical Physics, 1981, 74 (11): 6511-6512.

[25] Kaiser R I,Lee Y T,Suits A G.Crossed-Beam Reaction of Carbon Atoms with Hydrocarbon Molecules. 1. Chemical Dynamics of the Propargyl Radical Formation $C_3H_3(X_2B_2)$,From Reaction of $C(3P_J)$ with Ethylene, $C_2H_4(X_1Ag)$[J].Journal of Chemical Physics,1996,105(19): 8705-8720.

[26] Dole M,Mack L,Hines R,et al.Molecular Beams of Macroions [J].The Journal of Chemical Physics,1968,49.

[27] M Y,Fenn J B.Electrospray Ion-Source-Another Variation on the Free-Jet Theme[J].Journal of Physical Chemistry,1984,88(20): 4451-4459.

[28] Yamashita M,Fenn J B.Negative-Ion Production with the Electrospray Ion-Source[J].Journal of Physical Chemistry,1984,88(20): 4671-4675.

[29] Whitehouse C M,Dreyer R N,Yamashita M,et al.,Electrospray Interface for Liquid Chromatographs and Mass Spectrometers [J]. Analytical Chemistry, 1985,57(3): 675-679.

[30] Konermann L,Ahadi E,Rodriguez A D,et al.Unraveling the Mechanism of Electrospray Ionization[J].Analytical Chemistry,2013,85(1): 2-9.

[31] Wilm M S,Mann M.Electrospray and Taylor-Cone Theory,Doles Beam of Macromolecules at Last[J].International Journal of Mass Spectrometry, 1994,136(2-3): 167-180.

[32] Wilm M, Mann M. Analytical Properties of the Nanoelectrospray Ion Source[J].Analytical Chemistry,1996,68(1): 1-8.

[33] Kebarle P,Verkerk U H.Electrospray: From Ions in Solution to Ions in the Gas Phase,What We Know Now[J].Mass Spectrometry Reviews,2009,28(6): 898-917.

[34] Ferguson E E, Fehsenfeld F, Schmeltekopf A L. Flowing Afterglow Measurements of Ion- Neutral Reactions[J].In Advances in Atomic and Moleaular Physic 1969,Vol.5,Pp.1-56.

[35] Bohme D K.Experimental Studies of Positive Ion Chemistry with Flow-Tube Mass Spectrometry: Birth,Evolution,and Achievements in the 20th Century[J].International Journal of Mass Spectrometry,2000,200(1-3): 97-136.

[36] Hipple J A,Sommer H,Thomas H A.A Precise Method of Determining the Faraday by Magnetic Resonance [J]. Physical Review, 1949, 76 (12): 1877-1878.

[37] Comisarow M B, Marshall A G. Fourier Transform Ion Cyclotron Resonance Spectroscopy[J].Journal of Mass Spectrometry,1996,31(6): 586-587.

[38] Marshall A G, Hendrickson C L. Fourier Transform Ion Cyclotron Resonance Detection: Principles and Experimental Configurations [J]. International Journal of Mass Spectrometry,2002,215(1-3): 59-75.

[39] Geusic M E,Morse M D,Obrien S C,et al.Surface-Reactions of Metal-Clusters. 1. The Fast Flow Cluster Reactor [J]. Review of Scientific

Instruments,1985,56(11): 2123-2130.

[40] Hoffmann E D,Stroobant V.Mass Spectrometry: Principles and Applications [M].A:Chichester,West Sussex,Uk. Place Wiley-Interscience,2007.

[41] Langevin M.P.Mognetisme et the Orie des Electrons[J].Ann.Chim.Phys. 1905,5: 245.

[42] Kummerlowe G, Beyer M K. Rate Estimates for Collisions of Ionic Clusters Wit Neutral Reactant Molecules[J].International Journal of Mass Spectrometry,2005,244(1): 84-90.

[43] Frisch M J,Trucks G W,Schlegel H B,et al.Gaussian 09,Revision A.02, Gaussian,Inc.,Wallingford Ct,2009.

[44] Frisch M J,Trucks G W,Schlegel H B,et al.Gaussian 03,Revision C.02, Gaussian,Inc.,Wallingford CT,2004.

[45] Berente I and Naray-Szabo G.Multicoordinate Driven Method for Approximating Enzymatic Reaction Paths: Automatic Definition of the Reaction Coordinate Using a Subset of Chemical Coordinates[J].Journal of Physical Chemistry A,2006,110(2): 772-778.

[46] Schlegel H B. Optimization of Equilibrium Geometries and Transition Structures[J].Journal of Computational Chemistry,1982,3(2):214-218.

[47] Truhlar D G,Gordon M S.From Force-Fields to Dynamics-Classical and Quantal Paths[J].Science,1990,249(4968): 491-498.

[48] Gonzalez C,Schlegel H B.Reaction-Path Following in Mass-Weighted Internal Coordinates[J].Journal of Physical Chemistry,1990,94(14): 5523-5527.

[49] Gonzalez C, Schlegel H B. An Improved Algorithm for Reaction-Path Following[J].Journal of Chemical Physics,1989,90(4): 2154-2161.

[50] Fukui K. The Path of Chemical-Reactions-The IRC Approach [J]. Accounts of Chemical Research,1981,14(12): 363-368.

[51] Glendening E D,Badenhoop J K,Reed A E,et al.NbO 6.0; Theoretical Chemistry Institute[D],University of Wisconsin:Madison,Wi,2013; Http://Nbo6.Chem.Wisc.Edu/.

第 2 章　氧自由基研究的团簇方法

2.1　氧自由基化学

2.1.1　氧自由基概述

自由基是含有未配对电子的原子、分子或离子，其种类和产生方式复杂多变。自由基常常是气相和凝聚相化学反应的活性中间体，其中，氧自由基是一类典型的活性物种。在燃烧化学、大气化学、生物化学、等离子体化学以及催化化学等领域相关的物理化学过程中，氧自由基普遍存在且扮演重要角色。

在氧气的解离过程中 $O_2 \rightarrow O_2^{-\cdot}$（超氧自由基）$\rightarrow O_2^{2-}$（过氧物种）$\rightarrow 2O^{-\cdot}$（氧自由基）$\rightarrow 2O^{2-}$（晶格氧），$O_2^{-\cdot}$、$O_2^{2-}$ 和 $O^{-\cdot}$ 被认为是活性氧物种[1-2]。在生物反应、光催化反应等过程中，羟基自由基（$OH^{\cdot}$）也被认为是一种重要的活性氧物种。

氧自由基（$O^{-\cdot}$）的未配对电子或自旋密度分布在氧原子的一个 $2p$ 轨道上，可以简写成 O^{-} 或 $O^{\cdot}$，一些文献中也记为 $O^{\cdot -}$。$OH^{\cdot}$ 可以看成是 $O^{-\cdot}$ 质子化的结果（$O^{-\cdot} + H^{+} \rightarrow OH^{\cdot}$）。本章将讨论表面催化体系、生化体系、光催化体系等凝聚相体系以及模型体系中氧自由基等活性物种的化学反应过程。

2.1.2　凝聚相体系中的氧自由基

2.1.2.1　表面催化体系中的氧自由基

1823 年，Johann Wolfgang Döbereiner 首次发现铂表面可以催化 Knallgas 反应。1836 年，瑞典科学家 Jöns Jakob Berzelius 首次提出催化剂这一概念，他发现：一些物质在反应中没有被消耗，但是却有利于反应的进行。19 世纪末，Wilhelm Ostwald 对催化剂做出了更精确普适的定义。经过数百年的发展，使用催化剂已成为当代化学化工领域中将各种原料通过低污染、低能耗的过程转化为高附加值产物的重要手段。目前，约 90%的终产物在其合成过程中，至少使用过一种催化剂[3-4]。尽管催化剂已得到普遍使用，但很多具有重要意义的化学过程仍不能实现，很多反应机理仍不清晰。例如，如何实现甲烷低温或室温下的催化转化就是一个到目前为止仍困扰化学界和工业界的难题。

甲烷（CH_4）（天然气的主要成分）作为能源及合成工业化产品的原料等被广泛使用，如利用 CH_4 生成甲醇或者偶联成 C_n 产物及其他高附加值产品（CH_3OH、HCN）等。但由于 CH_4 惰性的 C－H 键、较大的 HOMO－LUMO 能隙、高 pK_a 值[5]，其活化需要在高温高压下进行，而且副产物较多。实现甲烷的室温活化是提高 CH_4 利用率、降低能耗、生成高附加值产品的必经之路。因为这一过程存在巨大的经济利益和科学挑战，被视为当代化学界的“圣杯”。另外，随着人类生活水平和工业水平的不断提高，环境污染日益严重，已引起世界范围内的广泛关注。一氧化碳（CO）是一种非常有害的气体，主要来源于燃料的不充分燃烧、机动车尾气排放等。低温催化氧化 CO 是一种简单、有效、节能的方法，研究 CO 的氧化过程可为空气净化及污染控制等提供重要依据。Haruta 等研究发现 TiO_2 等材料担载金颗粒具有优异的低温催化氧化 CO 活性[6-8]，而且 CO 可以与 CH_4 相互转化[9]。例如，Sabatier 等报道的在镍的参与下，利用 CO 可制得 CH_4[10]；利用蒸汽转化法可由 CH_4 制备 CO/H_2 混合物[11]。如果要实现上述过程中 CH_4 或 CO 等稳定小分子的低温活化或转化，需要使用可以为反应提供活性中心的催化剂[8,12-16]，而且此催化剂在低温或室温下仍需具有高活性。

对催化剂表面的氧自由基等活性物种进行测量表征是认识其活性的第一步。目前，研究人员已经利用光谱手段对固体表面反应中的活性氧物种进行了表征[1-2,17]。例如，J. H. Lunsford 等利用电子自旋共振（Electron Spin Resonance，ESR）光谱手段对 MO/SiO_2 催化剂部分氧化甲烷（N_2O 为氧化剂）这一过程进行了研究。结果表明，与 MO^{VI}配位的 $O^{-\cdot}$ 夺走 CH_4 中的一个氢原子，生成的 $CH_3^{\cdot}$ 与催化剂表面继续反应得到甲醇等[14]。他们在研究 MgO 或掺杂 Li^+的 MgO 体系催化氧化 CH_4

时发现，$O^{-\cdot}$ 存在于催化剂表面，它可以夺取甲烷中的氢原子，得到的甲基自由基可以发生偶联反应，生成 C_2H_6[18-19]。Avelino Corma 等利用扩展 X 射线吸收精细结构（Extended X-ray Absorption Fine Structure）光谱、拉曼光谱、红外光谱等手段，观测到 CO 低温氧化过程中，Au/CeO_2 表面上有 η^1-超氧及过氧等活性氧物种产生[12]。Haichao Liu 等利用 O_2 程序升温脱附（Temperature-Programmed Desorption）、ESR、傅里叶变换红外光谱（Fourier-Transformed Infrared Spectroscopy，FT-IR）等手段检测到 Au/TiO_2 表面上的 $O_2^{-\cdot}$ 是低温氧化 CO 的活性物种，同时在该体系中，没有证明 O_2 是否在催化剂表面解离生成原子氧[16]。

值得注意的是，由于 $O^{-\cdot}$ 的热稳定性差，加热会淬灭，同时 $O^{-\cdot}$ 具有很高的反应活性。因此，相较催化剂表面 $O_2^{-\cdot}$ 等其他活性物种，$O^{-\cdot}$ 更不易被直接观测到。21 世纪初，G. I. Panov 研究组利用 Mössbauer 光谱对 FeZSM-5 上 N_2O 的分解反应进行了系统研究[20-21]。他们发现，高温煅烧后，分子筛中的 Fe^{3+} 被还原成 Fe^{2+}，同时形成一个 α-位点（Fe_α^{2-}），N_2O（非 O_2）可以在此位点进行解离生成高活性的 $(O)_\alpha^{-\cdot}$。形成 $(O)_\alpha^{-\cdot}$ 的含量可以通过测量 N_2O 的还原产物 N_2 的生成量，或者采用同位素交换（$[^{16}O]_\alpha+{}^{18}O_2 \rightarrow [^{18}O]_\alpha+{}^{16}O^{18}O$）来进行测量，还可以通过 $(O)_\alpha^{-\cdot}$ 与稳定小分子的反应来测量。例如，使用 $(O)_\alpha^{-\cdot}$ 与 CO 进行反应（实验测得化学计量比 1∶1）生成 CO_2 来进行测量[22]；另外，可将 CH_4 通入反应池中，发现在 FeZMS-5 分子筛上，CH_4 可以与 $(O)_\alpha^{-\cdot}$ 以化学计量比为 1∶1.8 进行反应[22]。Panov 对 $(O)_\alpha^{-\cdot}$ 与 CO、CH_4 以不同的化学计量数进行反应这一现象笼统地解释为不同的反应机理，但是没有进一步的阐述。其他研究也表明，$(O)_\alpha^{-\cdot}$ 作为活性物种参与了 FeZSM-5 上苯的羟基化反应[23]。尽管 $(O)_\alpha^{-\cdot}$ 与 $O^{-\cdot}$ 具有相似的电子结构[23]，但二者仍有差别，如其产生机理不同，在氧化反应中表现出不同的选择性等[21]。具体而言，对于 $(O)_\alpha^{-\cdot}$，N_2O 是唯一的氧源，产生时需要对分子筛进行高温煅烧处理，而且 $(O)_\alpha^{-\cdot}$ 只与 Fe^{2+} 成键；然而，对于 $O^{-\cdot}$，除 N_2O 外，O_2 也可以作为其氧源，且 $O^{-\cdot}$ 可存在于很多金属氧化物体系中等。

尽管目前有一些关于表面氧自由基的文献报道，但不可否认的是，在表面上直接观测研究 $O^{-\cdot}$ 仍是一个相当大的挑战。

2.1.2.2　生物体系中的氧自由基

在生物体中，O_2 得电子被还原时，产生一系列活性氧物种。其中一种重要的中间体为 $O_2^{-\cdot}$，它是过氧羟基自由基（$HO_2^{\cdot}$）这一弱酸的共轭碱，质子化/去质子化平衡时的 pK_a 值为4.8。在质子溶剂中，$O_2^{-\cdot}/HO_2^{\cdot}$ 不能稳定存在，分解生成 H_2O_2 和 O_2，分解速率的快慢取决于pH值[24]。如在低pH值时，主要以 $HO_2^{\cdot}$ 形式存在，分解速率约为 $10^5\ m^{-1}\cdot s^{-1}$；在pH=4.8时，$O_2^{-\cdot}/HO_2^{\cdot}$ 的存在比例约为1∶1，速率约为 $10^8\ m^{-1}\cdot s^{-1}$；当pH值较高时，主要存在为 $O_2^{-\cdot}$，此时分解速率的理论值为0。另一种中间体为 H_2O_2，它可以被金属阳离子如 Cu^+、Fe^{2+} 等还原，生成 $OH^{\cdot}$ 和 OH^-，即芬顿反应（Fenton Reaction）。$OH^{\cdot}$ 是 O_2 还原过程中的又一种重要中间体，具有很强的氧化性。

生物体中活性氧物种的含量取决于促氧化酶（如髓过氧化物酶Myeloperoxidase、NADPH酶等）和抗氧化酶（如过氧化氢酶Catalase、还原酶Reductase等）的含量。当生物体中的氧自由基物种浓度较低时，对心血管等是有益处的，且有利于体内抗菌等过程[25]；同时，氧自由基等活性物种还参与活化释放前列腺素（Prostaglandin）、白三烯（Leukotriene）等过程[26]。但是，如果活性氧物种的含量与抗氧化物质（如水溶性维生素C等）的含量严重失衡时，机体会产生氧化应激（Oxidative Stress），造成DNA、蛋白质等各种生物分子的氧化性损伤（Oxidative Damage），进而引起生物体病变[27]。例如，H_2O_2 会对细胞中DNA造成损伤，主要是由于产生的活性氧物种 $OH^{\cdot}$ 可与DNA分子中嘌呤环上4、5、8位的鸟嘌呤结合，引起物质的结构改变。氧化应激可造成血管痉挛、粥样硬化病变，引起眼睛的退视性视网膜损伤，对大脑造成损伤致使患患帕金森病、老年痴呆症等。氧自由基等活性氧物种在突发的心脑血管疾病及生物体的炎症反应、糖尿病、癌症等类疾病中扮演重要角色[28]。生物体的器官损伤及衰老过程大多伴随着氧自由基等含量的增加，氧自由基物种引起的氧化性损伤主要通过以下三种途径[28]：①氧化性物质含量占优势；②抗氧化保护作用减弱；③修复能力不足。

除此之外，氧自由基等活性氧物种参与生物体内毒素的代谢，而且还是一些重要过程的中间体，如在肝脏细胞内质网中的细胞色素P450

(Cytochrome P450) 上，底物 (SH) 羟基化的一个可能的反应机理：首先 P450-Fe (Ⅲ)-HS 接受两个电子再与 O_2 反应生成复合物 Fe(Ⅲ)-P450-SH-O_2^{2-}；然后该复合物质子化，O-O 键断裂释放 H_2O 分子，形成 P450-Fe (Ⅲ) -SH-$O^{\cdot}$，剩余的 $O^{\cdot}$ 与 Fe 原子成键；最后原子氧转移到底物中，生成 S・OH 和 P450-Fe(Ⅲ)。在整个循环中，还会产生 $O_2^{\cdot-}$ 和 H_2O_2 等物质。尽管已经提出可能的反应机理，但此过程中实际进行羟基化的活性位点的性质如何仍不清楚。

在生物体中，因为缺乏简单、有针对性、灵敏度高的分析手段，导致检测氧自由基等活性氧物种很困难[29]。电子自旋共振（ESR）是一种可以直接捕捉自由基并进行检测的手段。生物体中需要利用自旋捕捉 (Spin Trapping) 技术[27,30]用硝酮类自由基捕获探针分子与高活性自由基结合，生成长寿命的自由基（或称为稳定自由基加合物），再用 ESR 对此类物质进行检测。例如，利用亚铁血红蛋白与 NO 的结合力远高于与 CO 的结合力这一性质，用铁卟啉蛋白检测血液中 NO 自由基等。但自由基捕获技术存在自由基捕获反应效率低、捕获加合物易衰变、检验不直接等缺憾。

2.1.2.3　光催化体系中的氧自由基

随着人类社会的发展，环境污染越来越严重，如何处理难分解有机污染物成为当今科学界十分关注的问题。二噁英、多氯联苯、有机染料等污染物虽然浓度很低，但对生物有机体危害很大。例如，除草剂阿特拉津在低于美国环保局规定的饮用水标准（3 μg/L）的 1/30 暴露剂量下，仍可导致非洲爪蛙的雌性化[31]，由此可见低浓度难降解有机污染物的危害性。然而，此类污染物结构稳定，用常规处理方法难以将其分解。光化学降解有机污染物可以用来净化及修复受有机污染物污染的水、空气，具有反应条件温和（常温常压）、分解彻底（污染物完全分解成 CO_2、水及无机盐）、无二次污染（所用能源、氧化剂及催化剂绿色清洁）等特点，有望成为有毒难降解污染物去除的新方法[32]。

光催化氧化降解是指在有光催化剂存在的条件下，通过催化剂或有机污染物吸收光而引发一系列的光化学反应，最终导致污染物降解成 CO_2、H_2O 及其他简单无机离子等。此过程以太阳能为主要的能量来源，以空气中的 O_2 为氧化剂。地球表面每年接受太阳能 3×10^{24} J，这几乎是全人类年消耗能量的 1 万倍。来源清洁、廉价的能量和氧化剂使得光催化氧化降解污染物具有十分诱人的应用前景[33]。此处，对半导体光催化降解有机污染物中氧自由基等的研究也做简单介绍。

1972 年，日本科学家 Fujishima 和 Honda 发现金红石 TiO_2 单晶电极在近紫外光作用下，可以将 H_2O 常温常压下分解[34]。这一报道标志着金属氧化物半导体异相光催化研究新时期的开始。1976 年，John H. Carey 等发现 TiO_2 存在时，多氯联苯等发生了有效的光催化降解[35]，这一成果立即引发了 TiO_2 半导体光催化研究的热潮。之所以选用 TiO_2 而非其他金属氧化物半导体是由于其具有无毒、高活性、耐紫外光腐蚀、耐强碱、耐强氧化剂、便宜等特性，而且 TiO_2 是目前效率最高的光催化剂。

半导体光催化的原理：氧化物半导体吸收的能量大于禁带（导带与价带之间的部分）宽度的光辐射时，受激电子由价带跃迁到导带，产生导带电子和价带空穴。分离的电子和空穴可经不同途径进行复合或参与界面化学反应。界面捕获的电子可与表面吸附的含氧物质如 O_2 反应，生成 $O_2^{-\cdot}$、氧自由基等各种活性物种；界面捕获的空穴具有强氧化性，可氧化表面吸附的还原性物质。形成的导带电子–价带空穴对可以氧化分解有机物。电子和空穴的复合显然不利于光催化反应，因此提高 TiO_2 光催化活性和效率的方法大多是针对减少电荷复合来实现的，如负载重金属等。

尽管 TiO_2 是性能优异的光催化剂，但其禁带宽度较大（3.2 eV），只有波长不大于 387 nm 的紫外光才能激发 TiO_2 产生导带电子–价带空穴对，相当于太阳能中只有 4%的能量可以被用来激发 TiO_2，占太阳能中 50%以上能量的可见光将被浪费。而有机染料对可见光有很强的吸收，因此研究人员利用半导体 TiO_2 实现光催化降解有机染料污染物[32,36]。机理简单阐述如下：染料接受光照后，其电子发生跃迁（约在 10^{-15} s 以内)，使染料分子处于激发态（Dye^*）；处于激发态的电子不稳定，容易往 TiO_2 的导带传递电子，产生导带电子和染料正离子自由基（$Dye^{+\cdot}$）。除了反应的热力学要求外，染料和 TiO_2 的导带还要存在较大的轨道耦合，为电子传递提供可能性。导带电子可以捕获吸附的 O_2，生成 $O_2^{-\cdot}$、$OH^\cdot$、$OOH^\cdot$ 等活性氧物种[37-38]，之后经过一系列复杂的自由基反应，染料分子被降解成 CO_2、H_2O、无机盐等。

研究人员利用 ESR 对 $OH^{\cdot}$ 和 $O_2^{-\cdot}$ 等活性氧物种进行检测，捕捉到了染料可见光光解过程中产生的 $O_2^{-\cdot}$，证明了表面 O_2 获得导带电子被还原的第一步。利用 ESR 自旋捕捉技术也观察到 $OH^{\cdot}$ 存在于水溶液降解体系中。进一步研究表明，没有染料分子参与时，$OH^{\cdot}$ 自由基是 UV 光激发 TiO_2 生成的价带空穴与 H_2O 等反应生成，或是由于 O_2 得导带电子后继续得电子生成；在有染料分子参与时，$OH^{\cdot}$ 是由超氧自由基 $O_2^{-\cdot}$ 进一步反应生成。在染料可见光光催化降解过程中产生的 $OH^{\cdot}$ 自由基和 UV 光直接激发 TiO_2 产生的 $OH^{\cdot}$ 自由基机理不同。中国科学院赵进才院士及马万红研究员等的研究证明 $O_2^{-\cdot}$ 的生成速率与染料降解速率成正比[39,41]，这表明活性氧物种在染料降解过程中起着非常重要的作用。

尽管上述电荷分离等基本机理已得到实验证实，但是具体的反应机理仍然不清晰且存在很多争议。

2.1.3　氧自由基的实验测量手段

在上述三种体系的研究中，电子自旋共振 ESR 被用来捕捉活性氧物种 $OH^{\cdot}$、$O_2^{-\cdot}$、$HO_2^{\cdot}$ 等[17,42,43]。ESR 是测量液相、固相或气相样品中含有未配对电子即具有顺磁性物种的一项技术[44]。ESR 光谱在不同实验条件下，通过原位测量催化剂表面或反应溶液中等顺磁物质的自旋哈密顿（Hamiltonian）参数来给出其特征峰。ESR 还可以对含导带电子的半导体、含过渡金属离子（Mn^{2+}、Fe^{3+}、Cu^{2+}、VO^{2+} 等）及部分稀土离子等物质进行测量。

ESR 极其灵敏，在条件合适的情况下，检测限可达 10^{11} spins · g^{-1}、10^{13} spins · mL^{-1} 或 10^{-8} mol · L^{-1}[45]。ESR 检测自由基浓度的阈值约为 10^{-8} m。因此，无法用其检测低浓度、寿命短的自由基物种[46]。此时，需要使用自旋捕捉技术[47-48]，加入有机硝酮或亚硝基化合物捕捉剂制备长寿命的 R_2N–$O^{\cdot}$ 自由基（图 2–1–1），以方便 ESR 进行检测。

较常用的捕捉剂是 5，5–二甲基–1–吡咯啉–N–氧化物（5，5–dimethyl–1–pyrroline N–oxide，DMPO）和 POBN（4–pyridyl–1–oxide–N–t–butylnitrone）。但是，使用自旋捕捉方法面临的问题是捕捉效率和生成复合物的稳定性。例如，DMPO 捕捉 $OH^{\cdot}$ 的效率只有约 33%[49]，$OH^{\cdot}$ 与 α–苯基–N–4–丁基硝酮（N–tert–butyl–α–phenylnitrone，PBN）

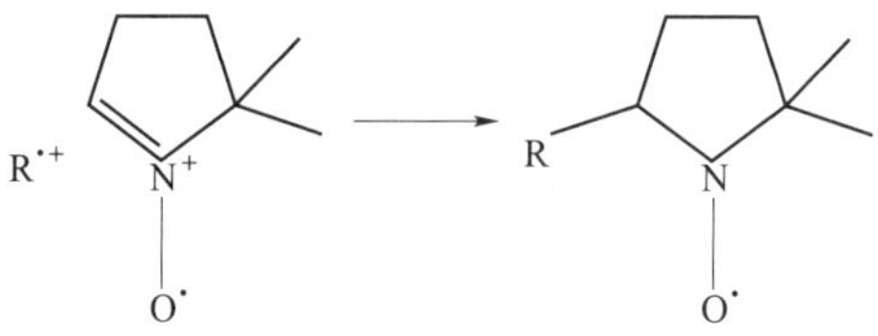

图 2-1-1 自旋捕捉剂如 DMPO 捕捉活性自由基 R· 生成相对稳定的自由基

加合物的半衰期只有 38 s[50]。

值得注意的是，当体系内有氧化剂存在时，使用自旋捕捉剂要非常谨慎。例如，Bilski 等发现[51]，溶液体系中$^1O_2$ 可以氧化 DMPO 生成游离态 OH· 和 DMPO-OH，这容易导致将游离态的 OH· 误以为是体系中早已存在的物质。

2.1.4 凝聚相体系小结

综上所述，无论是化学家希望通过改进或开发新型催化剂以得到高反应性、高稳定性的催化效果，还是生物学家、医学家希望开发新的含抗氧化剂的药物来延长人类寿命，清晰准确地认识涉及氧自由基的化学过程是非常必要和迫切的。然而，生物等凝聚相体系中氧自由基活性高、浓度低、寿命短、周围环境复杂多变，用常规手段很难精确直接得到关于氧自由基的信息。因此，需要建立简单有效的模型来对氧自由基进行研究。近年的研究表明，气相团簇可作为复杂体系中活性位点的理想模型。

2.1.5 团簇模型体系中氧自由基的研究

2.1.5.1 氧自由基在团簇领域中的研究进展

1. 阶段一：实验为主导

人们对事物的认识是一个循序渐进的过程，总是遵循发现问题、解决问题然后再提出新的问题、寻求新的方法这样一个循环。

20 世纪六七十年代，质谱技术[52]及 Guided Beam 技术等得到快速发展[53]，随之涌现出大批关于气相离子-分子反应（Ion-Molecule Reaction）的研究。当时，人们意识到气相团簇是介于原子分子与宏观凝聚相之间的物质实体[54-56]，但与凝聚相体系有差别[57]；指出离子-分子反应的意义为在无溶剂的环境中，第一次定量研究了一些重要反应的热力学，例如 Brönsted 和 Lewis 酸碱体系[58]；在消除了溶液反应中溶剂效应的影响后，可以通过对比更好地理解溶剂化效应；通过研究离子-分子反应得到的反应速率和碰撞截面等信息有利于定量理解等离子体中的过程，得到其反应动力学数据[53]。这段时期内，科学界内出现了一批杰出的科学家：Paul Kebarle 教授利用质谱手段对比研究了气相及液相中的离子反应；Michael T. Bowers 教授及 Timothy Su 教授发展了一套计算离子-分子反应碰撞速率的理论——平均偶极定向（Average Dipole Orientation，ADO）理论[59-61]等。团簇科学领域随着 Smalley、Curl 和 Kroto 三人发现 C_{60}团簇获得 1996 年诺贝尔化学奖而达到一个顶峰[62]。尽管气相团簇研究在此时进行得如火如荼，但是如何将气相研究的结论与凝聚相研究联系起来，以及是否可以在气相团簇中找到共性的规律等却并不清晰。

值得注意的是，这段时期，科研人员已经开始关注气相中活性氧物种。D. K. Bohme 于 1969 年报道了氧原子阴离子 O^- 与 CH_4、C_2H_6、C_3H_8 及 n-C_4H_{10}的反应，发现均可发生 H 原子从烷烃转移到 O^-生成 OH^-的反应[63]。后来，Lee 和 Grabowski 对氧原子阴离子 O^-化学进行了系统总结[64]。关于 O^-的若干相关研究表明，氧原子阴离子 O^-与烷烃的反应中只存在 H 原子转移通道[65]。1998 年，A. A. Viggiano 等利用温度选择离子流动管（Temperature-Selected Ion Flow Tube）对氧原子阴离子 O^-与 CH_4、C_2H_6、C_3H_8、n-C_xH_{2x+2}($x=4-12$)的反应进行了系统研究，发现除了存在 H 转移通道生成 OH^-之外，还存在脱附通道生成 H_2O、n-C_xH_{2x}及电子 e^-[66]。另外，从 20 世纪八九十年代开始，人们意识到冰箱中使用的制冷剂氯氟烃对臭氧层的破坏性很大，开始寻求各种替代品。研究可以进入大气层分解替代品的物质极其重要，考虑到这些物质都含氢原子，而且大气中 $OH^\cdot$ 自由基含量丰富，因此反应 $CH_4+OH^\cdot \rightarrow CH_3^\cdot+H_2O$ 引起了科学家们的极大兴趣[67]。1986—2000 年前后，有大量关于此反应的实验和理论研究的报道[67-71]。

关于团簇的研究有很多，此处主要介绍过渡金属氧化物团簇领域与氧自由基相关的研究进展。研究人员对过渡金属氧化物团簇领域的研究探索经历了一个发展过程：从 M-O 双原子体系，到 $MO_{2,3,4,\dots}$单金属多原子体系，直到今天普遍研究的多金属原子氧化物团簇体系。1979 年，美国的 J. L. Beauchamp 教授利用 Mn^+ 与 N_2O 反应制备生成 MnO^+，进而与 C_2H_4 反应，生成 C_2H_4O 和 $MnCH_2^+$[72]。1981 年，Manfred M. Kappes 和 Ralph H. Staley 利用离子回旋共振质谱观察到气相中 Fe^+/FeO^+体系可以利用 N_2O 为氧化剂催化氧化 CO 生成 CO_2[73]，该过程分两步进行：

$$Fe^+ + N_2O \rightarrow FeO^+ + N_2 \quad (2-1-1)$$

$$FeO^+ + CO \rightarrow Fe^+ + CO_2 \quad (2-1-2)$$

这一工作是气相研究中首例涉及过渡金属物种的催化反应，具有非常重要的意义。这项工作引起了人们对于 FeO^+团簇的强烈兴趣。1984 年，美国的 B. S. Freiser 教授等通过质谱实验研究后认为 FeO^+及 Fe^+都不与甲烷发生反应[74]。1990 年，德国 Helmut Schwarz 教授等利用傅里叶变换离子回旋共振（Fourier-Transform Ion-Cyclotron Resonance，FTICR）质谱仪观测到 FeO^+与 CH_4 有三条反应通道：

$$FeO^+ + CH_4 \rightarrow FeOH^+ + CH_3^{\cdot} \quad (2-1-3)$$

$$\rightarrow FeCH_2^+ + H_2O \quad (2-1-4)$$

$$\rightarrow Fe^+ + CH_3OH \quad (2-1-5)$$

并用 CH_2D_2 和 CD_4 进行了同位素验证实验[75]。1992 年，该组利用碰撞活化（Collisional Activation）质谱结合从头算分子轨道（Ab Initio MO）计算（MP2/ECP-DZ）对［Fe，C，H_4，O］体系进行了系统研究，证明了气相中存在 FeO^+与 CH_4 反应的若干种中间体，并给出了构型[76]。

Kappes 和 Staley 工作的另一个重要意义为：人们更多地关注金属离子与 O_2[77]及惰性气体的反应；科研人员不仅开始注意氧化物团簇的其他反应，而且逐渐把目光转移到多原子体系等较大的团簇上。1986 年，H. Kang 和 J. L. Beauchamp 报道了 CrO^+氧化乙烯生成乙醛[78]，氧化乙烷生成乙醇的反应[79]；1989 年，Beauchamp 教授利用 FTICR 质谱对 OsO_{0-4}^+团簇与 CH_4、C_2H_4、C_2H_6、CO、SiH_4 及其他小分子的反应进行了系统研究。根据 $OsO_4^+ + H_2 \rightarrow OsO_4H^+ + H$ 这一反应，推断 OsO_4^+团簇是氧中心阳离子自由基[80]，并且表示希望能够使用从头算来进一步研究反应机理及正电荷在反应中的作用等。这项工作较早地在过渡金属氧化物团簇研究中引入氧自由基这一概念，但是并未对过渡金属氧化物团簇中的氧自由基进行严格定义。1990 年，美国的 A. W. Castleman Jr. 教授利用质谱手段研究了（$(MgO)_n^+$($n\leq 90$)）团簇[81]，并与体相 MgO 进行了对比；1992 年，该组人员研究了 $MO_{3,5}^-$（M 为 Nb、Ta、W）团簇与 HCl 及 H_2O 的反应，发现主要以吸附和置换产物为主[82]；1995 年，美国的 Lai-Sheng Wang 教授利用光电子能谱研究了 CuO_2^-团簇[83]。但是由于当时只有一篇文献对 OCuO 结构进行了计算（从头算方法）[84]，因此 Wang 等无法对观测到的谱带做精细的归属[83]；由此，也可以看出当时的理论计算在团簇研究领域应用还不够广泛。1997 年，Vladimir B. Goncharov 等在研究（$(MoO_3)_n^+$）团簇时发现，由于（$(MoO_3)_{n-1}MoO_2-O^+$）键强度较弱，导致其在与 CO 及环丙烷的反应中非常容易失去氧原子[85]。1999 年，Helmut Schwarz 教授等在研究 TiO_2^+和 ZrO_2^+体系与 CH_4 和 H_2O 的反应时发现，团簇可以从 CH_4 和 H_2O 中夺取氢原子[86]。可以发现，这段时期世界上众多的科学家对离子-分子反应做了大量研究；同时，仪器手段也得到一定的发展，研究人员可以利用光解等手段对团簇的内部反应进行研究[87-89]；虽然大多数团簇体系原子个数较少，少量工作结合了量子化学计算，但计算精度不够等导致科研人员对这些活性团簇的结构并不十分清楚；而且所报道的含不同过渡金属的氧化物团簇无规律，科研人员无法判断 FeO^+、$(MoO_3)_n^+$、OsO_4^+等这类活性团簇是否具有共性等。虽然当时从头算法已被应用到一些小体系计算中，但是对于上述含过渡金属的体系，用从头算方法则计算代价过于昂贵。密度泛函理论（Density Functional Theory，DFT）发展之后，应用 DFT 计算的研究表明，这些团簇均含有氧自由基[90-91]。

2. 阶段二：理论计算的发展

团簇研究中另一支柱是理论计算，按照计算类别可以分为分子力学、半经验方法、DFT 和从头算。目前，团簇研究的主流方法为 DFT。从前面的介绍中可以看到，从头算也可用于较小团簇结构等的确定[76,92]，如基于 Hartree-Fock 方程的 MP2 和 CCSD（T）等方法[93]。然而，其计算代价昂贵，这就限制了该方法在电子数目较多体系中的应用，如含过渡金属的体系。因此，研究人员更多地采用密度泛函方法[94-95]对含过渡金属的团簇体系进行计算，该方法可以在中等计算量的条件下获得较高的计算精度。例如，西班牙 J. Andrés 教授工作组[96]、德国 Joachim Sauer 教授工作组[97]、美国的 David A. Dixon 教授工作组[98]等都在该领域做出了突出贡献。

DFT 是用电子密度$\rho(r)$而不是波函数来描述体系的方法。波函数是 $3N$ 个坐标的函数（N 为体系的电子数），求解多电子体系的薛定谔方程非常困难。电子密度分布与波函数密切相关，不管电子数目多少，电子密度分布只是空间三个变量的函数。用电子密度函数的方程 $\hat{H}\rho(r)=E\rho(r)$来代替薛定谔方程可以使问题得到极大的简化。

DFT 的发展历史可以追溯到 1964 年，Hohenberg 和 Kohn 证明了基态电子能量 E_0、波函数和所有其他分子的电子性质由基态的电子概率密度 $\rho_0(x,y,z)$唯一确定[94]。DFT 奠定并开创了个至今仍极为活跃的物理和计算化学的新领域，也为 Kohn 赢得了 1998 年度诺贝尔化学奖。尽管 Hohenberg-Kohn 定理证明了不同的密度可产生不同的基态能量，但如何求的体系的 ρ_0 却不清楚。1965 年，Kohn 和 Sham 提出了一个得到 ρ_0 和由 ρ_0 计算 E_0 的实际方法-KS 方法[95]：

$$E(\rho)=E^{\mathrm{T}}(\rho)+E^{\mathrm{V}}(\rho)+E^{\mathrm{J}}(\rho)+E^{\mathrm{XC}}(\rho) \tag{2-1-6}$$

式中：E^{T}为电子动能；E^{V}为电子与原子核吸引势能；E^{J}为库仑作用能；E^{XC}为交换-相关能。

E^{V}和 E^{J}代表了经典的库仑相互作用，是直接的；E^{T}和 E^{XC}不是直接的，是泛函设计的基本问题。Kohn 和 Sham 在构造 E^{T}和 E^{XC}泛函方面取得突破，建立了 Kohn-Sham 密度泛函理论和与 HF 方法相似的自洽场计算方法。随后泛函改进发展很快，尤其是在泛函中引入密度梯度可得到更精确的交换-相关能：

$$E^{\mathrm{XC}}(\rho)=\int f(\rho_\alpha(\boldsymbol{r}),\rho_\beta(\boldsymbol{r}),\nabla\rho_\alpha(\boldsymbol{r}),\nabla\rho_\beta(\boldsymbol{r}))\,d^3\boldsymbol{r} \tag{2-1-7}$$

式中：ρ_α、ρ_β 分别为 α、β 自旋密度。

一般地，将 E^{XC}分成交换和相关两部分：$E^{\mathrm{XC}}=E^{\mathrm{X}}(\rho)+E^{\mathrm{C}}(\rho)$，交换能量泛函包括 S(Slater)、X(Xalpha) 和 B（Becke 88）等。相关能量泛函包括 VWN(Vosko - Wilk - Nusair 1980)、VWNV(Functional V from the VWN 80)、LYP(Lee-Yang-Parr)、PL(Perdew Local)、P86(Perdew 86)、PW91 (Perdew-Wangs 1991 gradient-corrected）等。

计算机技术及密度泛函理论的快速发展，使 DFT 计算成为过渡金属氧化物团簇领域的研究强有力的工具。而且，关于密度泛函理论计算得到的团簇反应相关的热力学及动力学数据也越来越可靠。

3. 阶段三：实验结合理论计算

21 世纪初期，以实验数据与理论计算相结合研究过渡金属氧化物团簇结构及其活性这一研究模式基本形成。质谱[99-101]、光电子能谱[102]、低温基质隔离[103]、红外光解光谱[104-105]等手段被广泛用于获得团簇实验数据；DFT 计算可用来解释实验现象，确定团簇基态构型、计算反应机理等。有了量子化学计算，才使得科研人员可以更深入地探讨过渡金属氧化物团簇结构及反应机理，归纳总结团簇中的共性，建立结构与反应活性的关系；能够真正从分子层面研究断键、成键过程等。2001 年，Castleman 教授等通过研究 $V_xO_y^+$团簇与 C_2H_6 和 C_2H_4 的反应，发现只有（V_2O_5）$_{1\sim3}^+$团簇存在氧转移通道[106]；他们认为，氧化物团簇是否具有活性与团簇的化学计量比关系密切。而且（V_2O_5）$_{1\text{-}3}^+$团簇可能存在相似的构型，使得它们可以容易地将氧原子转移给 C_2H_6 和 C_2H_4。根据碰撞诱导解离（CID）实验、量子化学计算及钒元素的稳定氧化态等信息，研究人员提出（V_2O_5）$_{1\sim3}^+$团簇的结构可能存在两类特征：①团簇中的一个氧原子上含有一个未配对电子，形成氧自由基；②团簇含有过氧单元。DFT 计算表明 $V_2O_5^+$ 含有氧自由基，但是 Castleman 教授于 1998 年报道的关于 $V_xO_y^+$团簇的 CID 实验并不支持这一结论[107]。经过一系列关于 $V_2O_5^+$中形成超氧、过氧单元后钒原子价态变化的讨论，同时考虑到过氧钒体系存在各种氧化反应[108]，研究人员认为（V_2O_5）$_{1\sim3}^+$团簇中含有过氧单元，因此表现出氧转移通道。2003 年，Castleman 教授和德国 Vlasta Bonačić koutecký 教授合作，利用 DFT 计算（B3LYP/TZVP）对 $V_2O_5^+$、$V_4O_{10}^+$ 团簇的构型进行了计算，确认（V_2O_5）$_{1,2}^+$含有氧自由基[109]，给出了可信的团簇结构和反应机理。

科研人员对氧化物团簇正离子的活性进行深入研究的同时，指出氧化物团簇负离子的活性比正离子团簇的弱很多[110-111]。例如，Castleman 教授等发现第 V 族过渡金属氧化物团簇阴离子与乙烷和乙烯不反应[110]；在（V_2O_5）$_{1,2}O^-$及 $V_{39}O^-$团簇与丁烯及丁二烯反应时，存在微弱的氧转移通道[112]。Torsten Siebert 等在用飞秒紫外光激发［V_4O_{11} · C_3H_6］$^-$时发现除了存在分解通道生成 $V_4O_{11}^-$ 和 C_3H_6 之外，还存在氧转移通道生成 $V_4O_{10}^-$和 C_3H_6O[113]。2008[114]—2009 年[111]，Castleman 教授和 Bonačić-Koutecký教授合作，报道了两篇关于锆氧正负离子团簇结构及其活性的研究。$(ZrO_2)_n^+$与 CO($n=2\sim5$)、C_2H_4 及 C_2H_2($n=1\sim4$) 反应时，均存在氧转移通道[114]。对比于锆氧正离子团簇的高活性，锆氧负离子团簇$(Zr_xO_{2x+1})^-$($x=1\sim4$) 的活性弱很多，表现为：可以氧化 CO，强烈吸附乙炔，弱吸附乙烯[111]。可以发现，在上述涉及负离子的反应中，大多以氧转移通道为主，没有关于活化饱和烷烃 C-H 键的报道。2010年，报道了两类可以活化烷烃的过渡金属氧化物团簇负离子：$Zr_2O_5^-$、$Zr_3O_7^-$[115]及 $V_2O_6^-$、$V_4O_{11}^-$[116]，并指出负离子团簇并非不能活化烷烃 C-H 键，只是反应速率常数较金属氧化物团簇正离子慢 2~3 个数量级[116]。在此之后，一些关于负离子团簇活化烷烃C-H 键的报道逐渐增多（表 2-1-1）。

在进行了众多对带电离子团簇的研究后，研究人员也开始关注中性团簇。然而对中性团簇的研究远没有对带电离子研究的详细和深入。这是由于可以利用电场力和磁场力对离子进行控制，但是中性团簇不仅很难被控制，而且需要用电子碰撞或多光子解离等手段使其离子化后才能进行测量，上述这些离子化手段还会使团簇碎裂。近来的研究表明，可以采用真空紫外光（VUV）、软 X 射线或极远紫外激光（EUV）对中性过渡金属氧化物团簇进行单光子离子化（SPI），团簇不会产生碎片峰[117,118]。美国的 Elliot R. Bernstein 教授及其团队在该领域做出突出贡献，他们首先利用激光溅射耦合快速流动反应管实现中性团簇的产生及与小分子的反应后，用 118 nm（10.5 eV）的真空紫外光对团簇进行单光子离子化；然后用质谱进行检测[119-121]。使用 118 nm VUV 光子主要有两个好处：①光子能量为 10.5 eV 时已可以使大部分金属氧化物中性团簇离子化；②每脉冲 $10^{11}\sim10^{12}$ 个光子时，团簇吸收两个及以上光子的可能性很小。具体而言：2007—2008 年，Bernstein 教授等通过实验和理论结合，研究了钒氧中性团簇氧化 SO_2 的反应[122-123]。值得注意的是，凝聚相钒氧化物可以作为氧化 SO_2 生成 SO_3 的催化剂，依据团簇研究提出三个凝聚相中 SO_3 生成的催化循环机理[123]；除 SO_2 氧化反应外，何圣贵研究员与 Bernstein 教授合作研究了中性铁氧团簇氧化 CO 的反应[124]。他们发现，FeO_2 和 FeO_3 团簇对 CO 具有活性，而 Fe_2O_4、Fe_2O_5 及 FeO（可能）显惰性，其中 FeO_2 的反应活性高于 FeO_3 的。同时，还提出三个在 $FeO_{1\sim3}$、$Fe_2O_{3\sim5}$及 $Fe_2O_{2\sim4}$参与下，O_2 氧化 CO 的催化循环。同时，他们指出铁氧团簇活化 CO 有两个关键步骤：①涉及C-Fe

相互作用的中间体的形成；②Fe-O 键的活化。由于 FeO 上 O-O 键断裂是决速步，因此在实际催化剂的设计中，需要考虑 O_2 有效活化问题。团簇研究的一个明显优点是可以从分子水平准确地指出反应的活性位点。例如，含钴及其氧化物的催化剂可以低温氧化 CO[125-126]，相关机理研究不能指出吸附 CO 的 Co 位点其价态是正二价还是正三价，凝聚相 DFT 计算认为 CO 吸附在 Co(Ⅲ) 上[127]。2010 年，Bernstein 教授等对钴氧中性团簇催化氧化 CO 反应进行了研究，利用同时含有 Co(Ⅱ) 和 Co(Ⅲ) 的 Co_3O_4 作为模型，指出 CO 吸附在 Co(Ⅱ) 上，然后与相邻的连接于 Co(Ⅲ) 的氧原子反应生成 CO_2，同时 Co(Ⅲ) 被还原成 Co(Ⅱ)[119]。该研究可以帮助理解实际表面异相催化反应机理。最近，王哲琛等首次合成了中性异核氧化物团簇 $VCoO_4$，并对其氧化 CO 的反应进行了实验和理论研究[120]，该工作填补了中性异核氧化物团簇实验研究的空白。除 Bernstein 教授工作组外，Castleman 教授和 Bonačić-Koutecký 教授合作对 $ZrScO_4$ 和 $ZrNbO_5$ 团簇进行了理论研究[128]。除质谱手段，激光诱导荧光及红外吸收[129-131]等也被用来研究中性团簇的反应活性。

在 DFT 计算的帮助下，通过大量实验，科研人员清晰地认识到活性团簇中的活性位点来源于 $O^{-\cdot}$，其未配对电子或自旋密度局域在氧原子的一个 $2p$ 轨道上。对于含 $O^{-\cdot}$ 团簇可以按电荷状态分为正离子团簇、负离子团簇、中性团簇；按元素种类可以分为金属氧化物团簇、非金属氧化物团簇以及异核氧化物团簇等。

对表 2-1-1 中的团簇进行分析，可以得到一个普遍规律：对于过渡金属氧化物（$M_xO_y^q$）可以通过定义一个物理量 Δ（“氧缺陷指数”）来判断团簇的氧饱和程度[171]。其中，$\Delta=2y-nx+q$，m 为金属 M 的价电子数，q 为团簇电荷数。$\Delta>0$ 为富氧团簇，$\Delta<0$ 为缺氧团簇，$\Delta=0$ 时为氧饱和团簇。分析表明，符合 $\Delta=2y-nx+q=1$ 的氧化物团簇含有 $O^{-\cdot}$ 特征，例如 M 为 Ti、Zr、Hf、V、Nb、Ta、Mo、W 和 Re 等[91,132]。“氧缺陷指数”还可以拓展到异核氧化物团簇即三元体系 $M_{x1}N_{x2}O_y{}^q$，如 $YAlO_3^+$ $(\Delta=1)$[162-163]等：$\Delta=2y-n_1x_1-n_2x_2+q=1$ 对应于团簇含有氧自由基。其中，n_i是非氧元素 M 及 N 的价电子数。此外，少量富氧团簇（$\Delta>0$）也可以含有 $O^{-\cdot}$ 报道了气相富氧过渡金属氧化物团簇 $Zr_2O_8^-$（$\Delta=7$）含有 $O^{-\cdot}$[144]；或含有一个超氧单元的 $La_3O_7^-(\Delta=4)$[148]等。

表 2-1-1 含氧原子自由基的氧化物团簇

氧化物	正离子团簇		中性团簇	负离子团簇
过渡金属氧化物	$(V_2O_5)_{1\sim5}^+$[86,91,132,133] $(Nb_2O_5)_{1\sim3}^+$[86,91,132] $(Hf_2O_5)_{1,2}^+$[91,132] $(MoO_3)_{1,2}^+$[91,132] $(WO_3)_{1\sim3}^+$[91,132,134] $Re_2O_7^+$[91,132] $(CeO_2)_{2\sim6}^+$[135,136] CuO^+[137]	$(TiO_2)_{1\sim5}^+$[91,132,138] $(ZrO_2)_{1\sim4}^+$[86,91,132] $(HfO_2)_{1,2}^+$[91,132] OsO_4^+[80,90] $(Sc_2O_3)_{1\sim22}^+$[91,139] $La_2O_3^+$[91]	VO_3 $(V_2O_5)_{0\sim2}$[140,141] Nb_2O_7[142] Ta_2O_7[142] WO_4[143] Co_3O_4[119]	$(ZrO_2)_{1\sim4}O^-$[111] $Zr_2O_8^-$[144] $(V_2O_5)_{1\sim2}O^-$[116] $Sc_2O_4^-$[145] $Sc_3O_6^-$[146] $ScO_{3\sim4}^-$[147] $La_xO_y^{-a}$[148] $La_2O_4^-$[145] $(CeO_2)_{1\sim21}O^-$[149] $(MO_2)_{3\sim25}O^-$ (M=Ti, Zr)[150]
非过渡金属氧化物	$P_4O_{10}^+$[151] $(Al_2O_3)_{3\sim5}^+$[152] $(MgO)_{1\sim7}^+$[153-155]	SO_2^+[156] $Al_2O_{3,7}^+$[157,158]		
异核氧化物	$AlVO_4^+$[159,160] $V_{4-x}Y_xO_{10-x}^{+b}$[161] $YAlO_3^+$[162,163]	$V_xP_{4\sim x}O_{10}^{+c}$[164,165] VPO_4^+[166] $(V_2O_5)_n(SiO_2)_m^{+d}$[167] $V_xAg_yO_z^{+e}$[168]	$ZrScO_4$[128] $ZrNbO_5$[128]	$AlVO_5^-$[169] $Al_xV_{4\sim x}O_{11-x}^{-f}$[169] $(V_2O_5)_n(SiO_2)_mO^{-g}$[170]

注：a(x, y=2, 4; 4, 7; 6, 10; 3, 7); b(x=0~2); c(x=1~3); d, g (n=1, m=1~4; n=2, m=1); e (x,y,z=1, 1, 3; 2, 2, 4; 2, 4, 7; 3, 1, 8; 3, 3, 9; 4, 2, 11); f (x=1~3)。

在团簇研究初期，科研人员就意识到气相研究和凝聚相体系研究不可等同。1988 年，Castleman 教授就提出一个重要问题：团簇要多大才能够表现出体相性质[55]。虽然团簇研究可以为实际催化体系提供一定的理论依据，得到的结论具有一定的普适性。但是，由于气相团簇原子个数有限、无载体效应等因素影响，团簇中和固相中的 $O^{-\cdot}$ 活性研究还是有较大区别的。

团簇研究可以从以下两个方面接轨实际情况。

（1）制备异核团簇，以理解催化剂中使用不同组分对活性位点结构等的影响，即掺杂效应；

（2）制备大尺寸团簇，例如达到纳米尺寸的团簇来模拟实际体系的活性位点。

目前，国内外相关工作组主要开展小尺寸同核氧化物团簇的研究工作，考虑到接轨情况的需要，科研人员渐渐开始对异核氧化物团簇以及大尺寸氧化物团簇进行探索研究。但由于仪器分辨率及团簇产生等因素的限制，这两个方面也是气相领域研究的难点。

2.1.5.2　研究工作

在较为清晰地认识团簇上 $O^{-\cdot}$ 自由基之后，希望在前人研究的基础上，对团簇中担载 $O^{-\cdot}$ 的基底部分进行调控，研究基底调控如何影响 $O^{-\cdot}$ 与 CH_4、CO 等重要分子的反应。在揭示反应机理的同时，阐明团簇中自由基的活性及其调控方法，丰富团簇中的氧自由基化学。同时，建立团簇体系与实际体系的关系，试图回答对于团簇领域至关重要的问题。

通过运用质谱（飞行时间质谱及傅里叶变换离子回旋共振质谱）结合密度泛函理论计算的方法；通过制备两类含 $O^{-\cdot}$ 的异核氧化物团簇 $YAlO_3^+$ 和 $V_3PO_{10}^+$ 及担载 $O^{-\cdot}$ 的纳米尺寸的钛氧和锆氧微粒研究它们与 CH_4、CO 反应，对当前团簇科学领域的热点问题及 CH_4 活化和 CO 氧化等进行了系统研究。这些工作深入解释了掺杂对于调控结构以及活性的意义；率先为 CO 在以 TiO_2、ZrO_2 为载体的催化剂上低温氧化过程中，$O^{-\cdot}$ 作为活性物质参与反应提供了有力证据等。具体内容如下。

1. 在同核氧化物团簇体系中引入其他元素：掺杂效应

（1）我们研究制备了钇-铝、钒-磷两类异核氧化物体系，利用配备激光溅射团簇产生源的 FTICR 制备了异核体系 $YAlO_3^+$ 并研究了其与 CH_4 的反应。质谱结果表明，$YAlO_3^+$ 与 CH_4 存在单一、高效的 H 原子转移通道。DFT 计算表明，$YAlO_3^+$ 中氧原子自由基与 Al 原子相连（Al-$O^{\cdot-}$）；$YAlO_3^+$ 活化 CH_4 生成 $CH_3^{\cdot}$ 是热力学和动力学允许的反应，生成 CH_2O 热力学受阻。因此，在 CH_4 活化反应中，对比 $Al_2O_3^+$（生成 $CH_3^{\cdot}$ 和 CH_2O 两条反应通道）和 $Y_2O_3^+$（不反应）体系，$YAlO_3^+$ 不仅将 $Y_2O_3^+$ 的自旋密度由离域状态变成局域状态，从而提高其反应性；而且通过引入第二/三电离能较低的 Y 原子，改变了 $Al_2O_3^+/CH_4$ 的反应机理，提高其选择性（反应由双通道变成单通道）。

（2）另一类异核氧化物团簇 $V_3PO_{10}^+$ 的研究和理论计算结果表明，其具有与 $X_4O_{10}^+$（X=V,P）相似的四面体结构，$O^{\cdot-}$ 与 P 原子相连。质谱结果显示，在相同的反应条件下，$V_4O_{10}^+$ 与 CH_4 的反应速率比 $V_3PO_{10}^+$ 与 CH_4 反应速率快 2.5 倍。由于 CH_4 从 $V_3PO_{10}^+$ 的自由基端（P-$O^{\cdot-}$）进攻的常规反应路径不能解释反应速率的差别，需要考虑 CH_4 从 X=O 一端进行反应；或者这一差异是由 V-O 与 P-O 本身性质的不同而导致的。机理需要自旋密度由 X-$O^{\cdot-}$ 转移到 X=O。对于高对称性体系 $V_4O_{10}^+$ 和 $P_4O_{10}^+$ 团簇，自旋密度转移过程可以发生；对于引入磷原子的对称性较低的 $V_3PO_{10}^+$ 团簇，该过程动力学受阻。CH_4 的存在，可以降低自旋密度在 $V_4O_{10}^+$ 及 $V_3PO_{10}^+$ 中的转移能垒。通过对比可以发现：一方面，精细地调节团簇的组成，可以改变团簇中 $O^{\cdot-}$ 的成键位置及团簇对称性，进而影响反应活性；另一方面，在光催化 CH_4 活化过程中，表面一价氧 O_s^-（$O_s^{2-}+h^+ \rightarrow O_s^-$）具有与 $O^{\cdot-}$ 相似的成键结构，CH_4 可以和已经存在于氧化物表面的氧空穴反应，也可以先吸附在非活性位点，进而与可转移的光生空穴发生反应。

2. 大尺寸钛氧、锆氧团簇阴离子与 CO 活性研究

我们通过使用激光溅射产生系列团簇（XO_2）$_nO^-$（X=Ti，Zr；n=3~25），用高分辨率反射式飞行时间质谱（Time-of-Flight Mass Spectrometer，TOF-MS）、碰撞诱导解离耦合 TOF/TOF 串联质谱分别研

究$(XO_2)_nO^-$与 CO 的反应以及 CO 在$(ZrO_2)_nO^-$上的吸附状态。实验表明：在室温下，$O^{-\cdot}$自由基在$(TiO_2)_n$和$(ZrO_2)_n$微粒上与 CO 反应可以分别生成气态和吸附态的 CO_2。对于 CO 的低温氧化，在$(TiO_2)_nO^-$及$(ZrO_2)_nO^-$体系中观测的不同的反应模式与凝聚体体系中 Au/TiO_2 及 Au/ZrO_2 催化剂上 CO 的氧化行为的差异相吻合。DFT 计算证明，$(XO_2)_{3-8}O^-$团簇均含有 $O^{-\cdot}$；进一步研究表明，由于 Ti 的 $3dz^2$ 轨道能量低于 Zr 的 $4dz^2$ 轨道能量，中间体$(TiO_2)_nOCO^-$的解离（CO_2+（$TiO_2)_n^-$）易于$(ZrO_2)_nOCO^-$的解离。本体系的研究为 $O^{-\cdot}$ 参与 CO 在 Au/TiO_2 及 Au/ZrO_2 上的低温氧化过程提供了有力证据，并指出 CO_2 在活性位点的慢脱附有可能是导致 ZrO_2 催化剂活性较差而且容易积碳失活的原因。另外，可以通过使用价电子轨道能量不同的金属作为氧自由基的载体部分，控制 CO_2 脱附这一环节。

2.2　Y-Al 异核氧化物团簇活化 CH_4 和催化氧化 CO

2.2.1　$YAlO_3^+$活化 CH_4

甲烷是天然气的主要成分，是目前人类主要的能源之一，也是生产含有附加值产物的重要原料。由于巨大的经济利益和科学挑战，室温下甲烷的功能化是当今化学界的一个热门话题。含有金属氧化物的非均相催化剂是活化甲烷中惰性 C-H 键最有效的途径之一[172-173]。该类反应的催化剂中经常使用铝元素和钇元素。据报道，γ-Al_2O_3 可以催化 D_2/CH_4 和 CH_4/CD_4 反应中的 H/D 交换[174]；活性 Al-O 路易斯酸/路易斯碱对被认为是 γ-Al_2O_3(110) 面上活化 C-H 键的关键物种[175]；有 H_2O 存在时，γ-Al_2O_3 的反应活性增强[176]；另外，在 CH_4 的氧化反应中，金属钇和 YO_2 可以作为催化促进剂或载体使用[172,177]。

关于气相中金属氧化物团簇和甲烷反应的研究，可以为理解催化过程的基元反应或设计新型高效催化剂提供有价值的信息[101,178,182]。在气相团簇活化甲烷的相关研究中，已报道了四类反应：

$$[(M_xO_y)O]^+ + CH_4 \rightarrow [(M_xO_y)OH]^+ + CH_3 \qquad (2\text{-}2\text{-}1)$$

$$[(M_xO_y)O]^+ + CH_4 \rightarrow [(M_xO_y)]^+ + CH_3OH \qquad (2\text{-}2\text{-}2)$$

$$[(M_xO_y)O]^+ + CH_4 \rightarrow [(M_xO_y)CH_2]^+ + H_2O \qquad (2\text{-}2\text{-}3)$$

$$[(M_xO_y)O]^+ + CH_4 \rightarrow [(M_xO_y)H_2]^+ + CH_2O \qquad (2-2-4)$$

式中：CH_4 中 H 原子转移［反应式（2-2-1）］被认为是甲烷氧化耦联的关键步骤[183-185]；反应式（2-2-2）是甲烷制备甲醇的气相反应；PtO_2^+[186]、CrO_2^+[187] 和 $Al_2O_3^+$[158] 可以与 CH_4 反应制得甲醛（反应式（2-2-4））。很多含有端氧自由基（$O_t^{\cdot}$，自旋密度接近 1 μ_B）的阳离子作为活性中心可以生成 $CH_3^{\cdot}$；这些团簇不仅包括同核氧化物阳离子，如 MgO^+[154]、FeO^+[76]、MoO^+[188]、$ReO_3(OH)^+$[189]、OsO_4^+[80]、$V_4O_{10}^+$[133]、$(Al_2O_3)_x^+ (x=3\sim5)$[152]、$Al_2O_7^+$[157] 以及其他体系，还包括非金属氧化物团簇如 SO_2^+[156] 和 $P_4O_{10}^+$[151]。同时，还包括异核氧化物团簇如 $AlVO_4^+$[159]、$V_xP_{4-x}O_{10}^+ \ (x=2,3)$[164,165]、$V_2O_5(SiO_2)_x^+ (x=1\sim4)$[167] 和 $V_{4-x}Y_xO_{10-x}^+ (x=1,2)$[161,190] 等。

目前，详细的实验和理论研究表明 $Y_2O_3^+$ 不能在室温下活化甲烷，因为该团簇缺少 $O_t^{\cdot}$ 自由基[91,132]。DFT 计算表明，$Y_2O_3^+$ 中未配对的自旋密度离域在两个桥氧原子上（每个氧原子上自旋密度为 0.57 μ_B）[91]。铝和钇在元素周期表中同为典型的三价金属元素，但是与惰性的 $Y_2O_3^+$ 具有相同化学计量数的 $Al_2O_3^+$ 却可以在室温下与甲烷反应生成甲基自由基（氢原子转移，HAT 通道）和甲醛，生成比例为 35∶65，即

$$Al_2O_3^+ + CH_4 \rightarrow Al_2O_3H^+ + CH_3^{\cdot} \qquad (2-2-5)$$

$$Al_2O_3^+ + CH_4 \rightarrow Al_2O_2H_2^+ + CH_2O \qquad (2-2-6)$$

$$Y_2O_3^+ + CH_4 \rightarrow \text{不反应} \qquad (2-2-7)$$

整体反应效率 $\Phi \approx 7\%$[158]。对比于 $Y_2O_3^+$，$Al_2O_3^+$ 含有一个 $O_t^{\cdot}$ 单元[157]。

因此，研究与活性的 $Al_2O_3^+$ 和惰性的 $Y_2O_3^+$ 具有相同化学计量数的钇铝异核氧化物团簇，即 $YAlO_3^+$，针对 CH_4 的活性是很有意义和必要的。通过这一研究，可阐明掺杂效应对甲烷活化的影响[178]。

2.2.1.1 研究方法

1. 实验手段

实验中所使用的配有外部离子源的 Bruker Spectrospin CMS 47X FTICR 质谱仪与以前文献中描述的相类似[191-193]，此处只给出简略的描述。通过波长为 1 064 nm 的 Nd∶YAG 激光照射摩尔比为 1∶1 的 Y/Al

混合靶，使用含0.5% O_2 的He作为载气。离子在通过一系列电势场和离子透镜之后，转移到ICR腔中并被囚禁在7.05 T的超导磁场中。之后，选质的 $YAlO_2^+$ 与通入ICR腔中的脉冲 N_2O（约 2×10^{-4} Pa）反应生成 $YAlO_3^+$。在与脉冲的氩气（约 2×10^{-4} Pa）碰撞达到热平衡后，$YAlO_3^+$ 被选质出来，用来研究 $YAlO_3^+$ 与通过漏阀进入ICR腔中的 CH_4 发生的反应。实验上观察的反应速率可以用准一级动力学近似来计算，计算中需要对离子规的灵敏性和所测气体压力进行校正。所得的速率常数误差为±30%[194]。达到热力学平衡的团簇温度为298 K[194]。

2. 理论计算

所有计算在Gaussian 09软件中进行，并且应用杂化B3LYP交换-相关泛函[195-197]。我们对Al、C、H、O原子用TZVP基组[198]，对Y原子用三ζ加极化函数基组（Def2-TZVP）[199-200]进行计算。团簇的几何构型优化时不固定原子位置。频率计算用来验证反应中间体和过渡态分别有0个及1个虚频。IRC计算用于验证过渡态是否连接局域最小值。给出的能量（eV）已经经过零点能校正。

3. 实验和计算结果及讨论

$YAlO_3^+$ 团簇与 CH_4、CD_4 和 CH_2D_2 反应的质谱图如图2-2-1所示，从图中看到，$YAlO_3^+$ 可以在室温下通过HAT通道活化 CH_4，即

$$YAlO_3^+ + CH_4 \rightarrow YAlO_3H^+ + CH_3^{\cdot} \qquad (2-2-8)$$

反应式（2-2-8）的速率常数为 1.05×10^{-10} $cm^3\cdot s^{-1}\cdot molecule^{-1}$，对应反应效率 $\Phi=11\%$[60]。从 $YAlO_3^+/CH_2D_2$ 计算得到的分子内动力学同位素效应为2.3±0.2。对比于惰性的 $Y_2O_3^+$，$YAlO_3^+$ 上观测到了氢原子转移通道；同时，在该通道中，$YAlO_3^+$ 的反应活性不低于 $Al_2O_3^+$。另外，在 $Al_2O_3^+$ 上观测到的第二条反应路径，即生成甲醛的过程，在 $YAlO_3^+$ 团簇上没有发生。

DFT计算可以用来解释 $YAlO_3^+$ 对比 $Al_2O_3^+$ 和 $Y_2O_3^+$ 反应活性的差异，因此我们对 $YAlO_3^+/CH_4$ 体系发生氢原子转移和生成甲醛的通道做了计算。结果表明，$YAlO_3^+$ 最稳定构型包含Y-O-Al-O四元环构型，并且含有一个与Al原子相连的 $O_t^{\cdot}$ 单元（图2-2-2结构1中蓝色等值面）。相应地 $O_t^{\cdot}$ 连接于Y原子的构型（$Al(\mu\text{-}O)_2Y\text{-}O_t^{\cdot+}$）比最稳定构型能量高1.99 eV，所以在下面的计算中没有后续讨论。

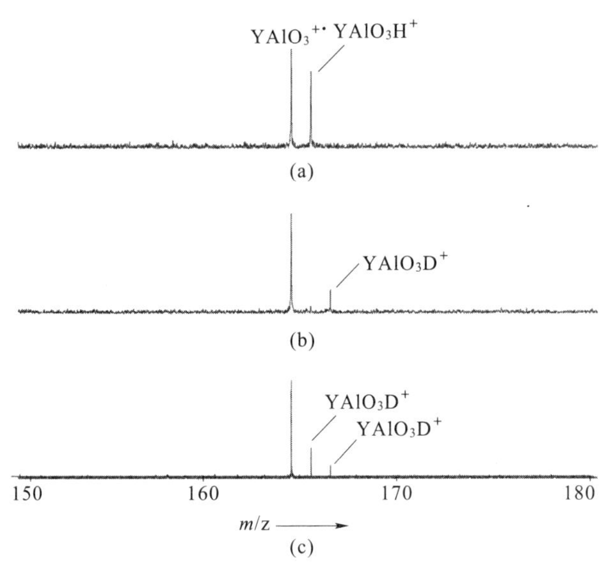

图 2-2-1 $YAlO_3^+$团簇与 CH_4(4×10^{-6} Pa，反应时间 4 s)、CD_4(4×10^{-6} Pa，反应时间 4 s）和与 CH_2D_2(7×10^{-6} Pa，反应时间 2 s）反应的质谱图（附彩图）

(a) $YAlO_3^+$团簇与 CH_4 反应；(b) $YAlO_3^+$团簇与 CD_4 的反应；(c) $YAlO_3^+$团簇与 CH_2D_2 的反应

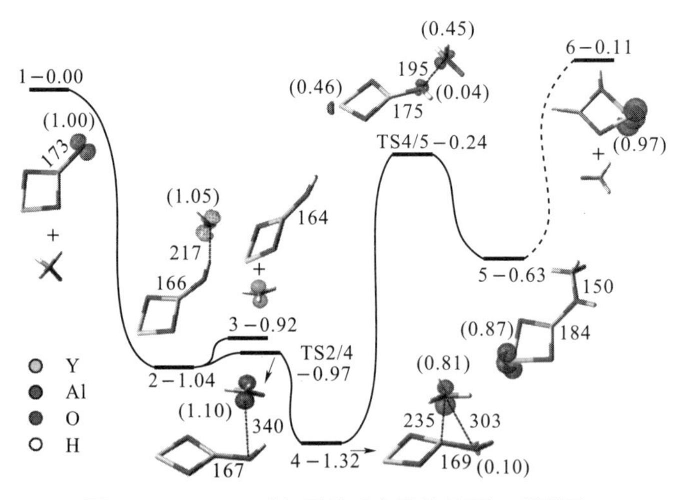

图 2-2-2 $YAlO_3^+$与甲烷反应的势能面（附彩图）

图 2-2-2 所示的能量（eV）均以反应物能量为零点计算，并经过零点振动能校正。一些关键的键长（pm）用蓝色标出。未配对电子分布用深蓝色等值面表示，数值以 μ_B 为单位写在括号中。从中间体 5~6

的具体反应步骤没有计算。

由图 2-2-2 可以看到，H 原子从甲烷转移到 $YAlO_3^+$的 $O_t^{\cdot}$（1→2→3）是放热过程而且没有能垒。在该反应的势能面上不能优化得到复合物 $YAlO_3^+ \cdot CH_4$；而且在反应过程中，一步生成中间体 2，即形成 $CH_3^{\cdot}$ 松散地结合到新生成的氢氧基团旁。这一复合物会进一步解离得到 $YAlO_3H^+$ 和 $CH_3^{\cdot}$（产物 3）。

我们注意到一个有趣的问题：$YAlO_3^+$和 $Al_2O_3^+$都含有相似的 Al-$O_t^{\cdot}$ 单元作为活性位点。但是，与 $Al_2O_3^+$团簇相比，为什么 Y 原子的存在会增加 $YAlO_3^+$ 的选择性？在 $Al_2O_3^+/CH_4$ 体系中，甲醇复合物 $[Al_2O_2(HOCH_3)]^+$（图 2-2-3，中间体 7）通过 $Al_2O_3^+$的端氧直接插入 CH_4 的 C-H 键中而形成，即

$$X^{Ⅲ}Al^{Ⅲ}O_3^+ + CH_4 \rightarrow [X^{Ⅱ}Al^{Ⅲ}O_2(HOCH_3)]^+ (X = Y 或 Al) \tag{2-2-9}$$

在这一步中，释放了足够的能量（-3.12 eV）来克服生成甲醛时所涉及的能垒[158]。与之形成鲜明对比，Y-Al 掺杂体系的甲醇复合物结构 5 只比其反应物能量低0.63 eV；另外，后续反应只能通过过渡态 TS4/5(-0.24 eV）来进行，而在势能面上 TS4/5 比 HAT 通道的产物 3/$CH_3^{\cdot}$ 的能量高。

图 2-2-3 中所示的能量（eV）均以反应物能量为零点计算，并经过零点振动能校正。未配对电子分布用深蓝色等值面表示，数值以 μ_B 为单位写在括号中。从反应物 1 到 5 用红色点线表示，该过程涉及从甲烷到团簇的氢原子转移（1→2）、$CH_3^{\cdot}$ 部分的转移（2→TS2/4→4）以及形成 C-O 键（4→TS4/5→5）（图 2-2-2）。

这种较大的差异是由铝钇元素自身不同的性质所决定的。如图 2-2-3 所示，$[Al_2O_2(HOCH_3)]^+$和 $[YAlO_2(HOCH_3)]^+$中未配对电子分别位于 Al(2) 和 Y(1) 原子上。因此，这两个原子在 $[XAlO_3]^+ + CH_4 \rightarrow [XAlO_2(HOCH_3)]^+$反应中由 $XAlO_3^+$中的三价被还原到 $XAlO_2(HOCH_3)^+$中的二价，如反应式（2-2-9）。钇原子和铝原子的第二/第三电离能（IE）分别为 12.23/20.52 eV 和 18.83/28.45 eV[201]。因此，在反应式（2-2-9）中，$Al_2O_3^+$团簇中 Al 还原所释放出的能量比 $YAlO_3^+$中

Y原子还原放出的能量多。这解释了为什么中间体［$Al_2O_2(HOCH_3)$］$^+$(结构7)比［$YAlO_2$（$HOCH_3$）］$^+$(结构5)稳定。另外，计算表明生成中间体5放出的能量较少(图2-2-2)，不足以用来克服生成甲醛所涉及的能垒。在图2-2-2中给出的$YAlO_2H_2^+$团簇结构是由DFT计算得到的最稳定构型，其他异构体如［$HY(\mu$-$OH)(\mu$-$O)Al$］$^+$和［$Y(\mu$-$OH)_2Al$］$^+$能量比最稳定构型能量分别高0.73 eV和0.68 eV。

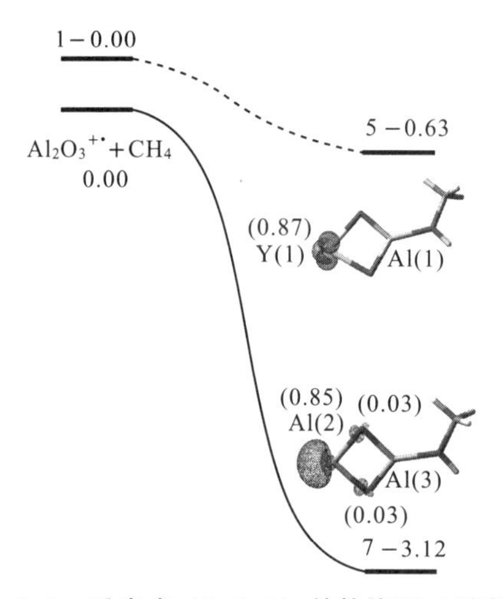

图2-2-3 反应式（2-2-9）的势能面（附彩图）

2.2.1.2 结论

我们的实验和理论研究表明，惰性的钇氧团簇掺入Al原子后，在室温活化甲烷过程中表现出了反应活性。$YAlO_3^+$团簇是目前我们所知的能够室温下活化甲烷C-H键的最小的过渡金属异核氧化物体系。同时，由于掺杂效应，$YAlO_3^+$的反应模式和$Al_2O_3^+$差别很大，只表现出单一的反应通道，即氢原子转移通道。

在甲烷分子室温活化过程中，对比于$Al_2O_3^+$，$YAlO_3^+$团簇表现出高的选择性；对比于$Y_2O_3^+$，$YAlO_3^+$团簇表现出高的反应性（图2-2-4）。在催化过程中，催化剂的反应性和选择性经常是矛盾体，并且与催化剂表面结构密切相关。该研究给出了一个具体的例子，详细阐述了掺杂是如何改变选择性和反应性的；同时，指出不同的元素具有不同的性质，进而导致合成物质性质的差异。

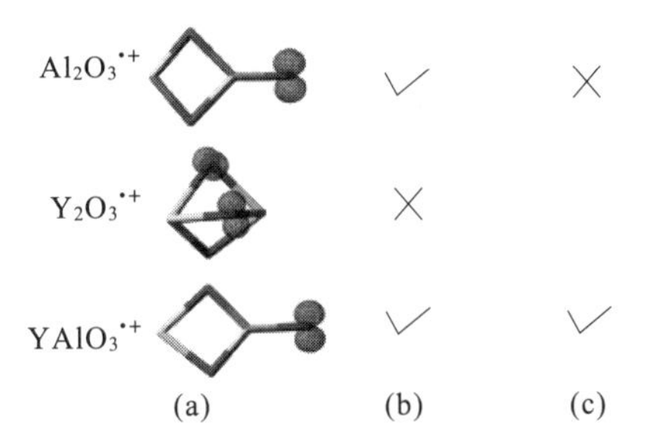

图 2-2-4　$Y_2O_3^+$、$Al_2O_3^+$及 $YAlO_3^+$团簇室温活化 CH_4 的反应性和选择性对比图

(a) 甲烷活化；(b) 反应性；(c) 选择性

2.2.2　$YAlO_x^+$及 $Y_2O_x^+(x=2,3)$催化氧化 CO

化石燃料的燃烧或化学物质大规模的相互转化时会产生有害物质，如 CO 或氮氧化合物，其中 N_2O 是一种温室气体，它产生温室效应的能力是 CO_2 的 300 倍[202]，并且它是一种众所周知的可以破坏臭氧层的气体[203-205]。催化转化这些有害物质对保护环境及提高社会经济效益是非常重要的。在转化这些有害物质时常涉及氧化还原反应，尽管这些氧化还原反应是放热过程，但由于存在高的反应能垒而导致在室温或者升高温度时反应不能直接发生，即

$$N_2O+CO \rightarrow CO_2+N_2 \qquad (2-2-10)$$

此反应 $\Delta_r H=-357\ kJ \cdot mol^{-1}$，反应能垒为 193 $kJ \cdot mol^{-1}$。这时，需要使用催化剂来使上述过程有新的、低能垒的反应路径[206]。气相化学中第一例均相催化反应式（2-2-10）是由 Kappes 和 Staley 报道的过渡金属阳离子作催化剂的过程[73]。Kappes 和 Staley 利用 ICR 质谱手段，观测到如下反应：

$$Fe^+ + N_2O \rightarrow FeO^+ + N_2 (k_1 = 0.7\times10^{-10} cm^3 \cdot s^{-1} \cdot molecule^{-1}) \qquad (2-2-11)$$

$$FeO^+ + CO \rightarrow Fe^+ + CO_2 (k_1 = 9\times10^{-10} cm^3 \cdot s^{-1} \cdot molecule^{-1}) \qquad (2-2-12)$$

这是一项开创性的工作，在这之后，出现了许多相关的研究报道[186,188,207-210]。近来，这些研究开始被用来解释一些催化过程中的具体问题，如催化剂中毒等；这些实验也表明催化剂上团簇的尺寸和电荷状

态[211-214]对其活性有显著影响。例如，Pt_7^+团簇的活性物种有Pt_7^+，Pt_7O^+，$Pt_7O_2^+$和Pt_7CO^+，在室温下单位活性中心上转化的反应物分子数（Turnover Number）大于500。如果Pt_7^+吸附多于一个CO，则完全丧失反应活性。因此，可以看出我们能够在严格的分子层次上研究不同尺寸团簇的覆盖效应。另外，单点催化剂[215-222]是催化领域中的一个热点，如何合理表征和鉴定单点催化剂成为当今化学界的一个挑战。选质的异核金属氧化物团簇气相实验可以为这个课题提供直接的依据。例如，双金属氧化物团簇$AlVO_4^+$/$AlVO_3^+$可以在室温下催化CO/N_2O体系发生氧化还原反应[160]。在CO存在时，团簇$AlVO_4^+$可以被有效地还原成$AlVO_3^+$；当加入N_2O后，上述过程的逆反应可以发生。这两个过程均没有副产物，而且相对于碰撞速率的反应效率Φ分别为59%和65%。更有意思的是，这一对氧化还原反应是在团簇的$Al-O_t^{\cdot}$单元上进行的；如果该氧化还原反应发生在Al=O键上，则此过程的热力学和动力学都没有竞争优势。因此，可以用小尺寸异核氧化物团簇来证明催化剂“活性位点”的存在及其作用[114,128,138,162,180,223]。

考虑到气相异核氧化物团簇中掺杂效应对体系活性等的影响是非常值得讨论的内容，我们研究并报道了$YAlO_2^+$/$YAlO_3^+$及$Y_2O_2^+$/$Y_2O_3^+$体系与CO/N_2O的反应。

2.2.2.1 研究方法

1. 实验手段

实验中所使用的配有外部离子源的Spectrospin CMS 47X FTICR质谱仪与2.1节及前面文献中描述的相类似，此处只给出简略的描述。通过波长为1 064 nm的Nd：YAG激光照射摩尔比为1∶1的Y/Al混合靶，使用含0.5% O_2的He作为载气。离子在通过一系列电势场和离子透镜之后，转移到ICR腔中并被囚禁在7.05 T的超导磁场中。经过与脉冲Ar（约2×10^{-4} Pa）碰撞达到热力学平衡后，$YAlO_2^+$、$Y_2O_2^+$和$Y_2O_3^+$团簇被选质出来，用来研究与通过漏阀进入ICR腔中的N_2O或CO的反应。实验上观察的反应速率可以用准一级动力学近似来计算，计算中需要对离子规的灵敏性和所测气体压力进行校正。所得的速率常数误差为±30%。达到热力学平衡的团簇温度为298 K。

2. 理论计算

所有计算在 Gaussian 09 软件中进行，并且应用杂化 B3LYP 交换-相关泛函。我们对 Al、C、N、O 原子用 TZVP 基组，对 Y 原子用三ζ加极化函数基组（Def2-TZVP）进行计算。团簇的几何构型为对所有原子自由优化得到。频率计算用来验证反应中间体和过渡态是否分别有 0 个及 1 个虚频。IRC 计算用于验证过渡态是否连接局域最小值。给出的能量（单位 $kJ \cdot mol^{-1}$）已经经过零点能校正。

3. 实验和计算结果及讨论

如图 2-2-5（a）所示，经过选质且达到热力学平衡的团簇 $YAlO_2^+$ 可以和 N_2O 反应生成 $YAlO_3^+$，反应速率常数为 $9.1\times10^{-12}\ cm^3 \cdot s^{-1} \cdot molecule^{-1}$，相对于碰撞速率的反应效率 $\Phi=1\%$。副产物 $YAlO_3H^+$ 是由于体系中存在的微量杂质如 H_2O 或残存的碳氢化物等与 $YAlO_3^+$ 发生了氢原子转移反应[190]。如果将 CO 和 N_2O 的混合气体（1∶19）通入反应池中[图 2-2-5（b）]，$YAlO_3^+/YAlO_2^+$ 的离子强度比例与图 2-2-5（a）所示的离子强度比例相比降低了。很明显，CO 存在时，$YAlO_3^+$ 发生了还原反应。这样，就在室温下形成了一个完整的催化循环。图 2-2-5（e）和图 2-2-5（f）分别展示了 $YAlO_2^+$ 与 N_2O 及 N_2O 和 CO 混合物反应的时间演变。可以看出，由于 CO 可以还原 $YAlO_3^+$，因此 CO 的存在减缓了 $YAlO_2^+$ 团簇信号的下降[图（2-2-5（f））中黑色方格线的降低速率低于图 2-2-5（e）中的降低速率]。我们用 $YAlO_2^+$[A] $\leftrightarrow$ $YAlO_3^+$[B] $\rightarrow$ $YAlO_3H^+$[C] 模型[224]，估算了从 $YAlO_3^+$ 生成 $YAlO_2^+$ 的反应速率常数为 $5.3\times10^{-10}\ cm^3 \cdot s^{-1} \cdot molecule^{-1}$（$\Phi=77\%$）。由于团簇源中不能直接产生 $YAlO_3^+$，而通过 $YAlO_2^+$ 生成的 $YAlO_3^+$ 强度较低，无法将其选质再来测 $YAlO_3^+ + CO \rightarrow YAlO_2^+ + CO_2$ 的反应速率常数，所以只能通过动力学模拟的方法，具体模拟公式如下：

$$A=A_0(\lambda_2-\lambda_1)^{-1}[(\lambda_2-k_1)\exp(-\lambda_1 t)-(\lambda_1-k_1)\exp(-\lambda_2)] \tag{2-2-13}$$

$$B=A_0k_1(\lambda_2-\lambda_1)^{-1}[\exp(-\lambda_1 t)-\exp(-\lambda_2-t)] \tag{2-2-14}$$

$$C=A_0[1-\lambda_2(\lambda_2-\lambda_1)^{-1}\exp(-\lambda_1 t)+\lambda_1(\lambda_2-\lambda_1)^{-1}\exp(-\lambda_2 t)] \tag{2-2-15}$$

式中：$\lambda_1=1/2(p-q)$；$\lambda_2=1/2(p+q)$；$p=k_1+k_2+k_3$；$q=(p^2-4k_1k_2)^{1/2}$；k_1、k_2 和 k_3 分别为反应 $YAlO_2^+ + N_2O \rightarrow YAlO_3^+ + N_2$、$YAlO_3^+ + CO \rightarrow YAlO_2^+ + CO_2$ 和 $YAlO_3^+$+杂质$\rightarrow YAlO_3H^+$ 的速率常数。

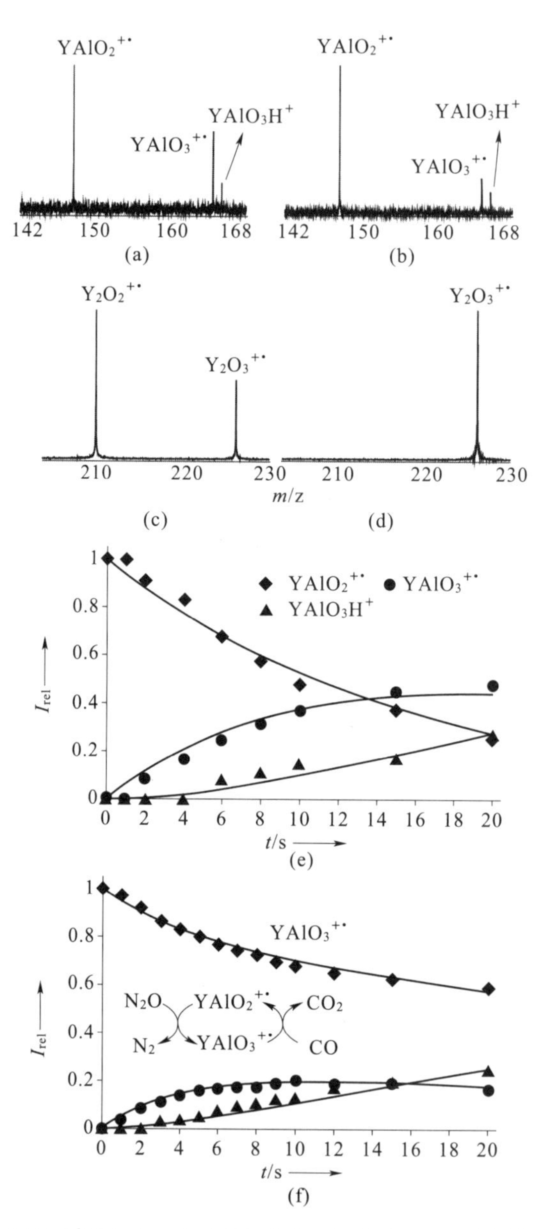

图 2-2-5 $YAlO_2^+$与 N_2O、CO 以及 $Y_2O_2^+$与 N_2O、CO 的反应时间演变图

(a) $YAlO_2^+$与纯 N_2O (1.9×10^{-5} Pa) 反应，反应时间 $t=8$ s； (b) $YAlO_2^+$与 1 : 19 的 CO(1.0×10^{-6} Pa) 和 N_2O(1.9×10^{-5} Pa) 的混合气体反应，$t=8$ s；(c) $Y_2O_2^+$与 N_2O(5.8×10^{-7} Pa) 应，$t=5$ s；(d) $Y_2O_3^+$与 CO(1.0×10^{-5} Pa) 反应，$t=10$ s；(e) 和 (f) 给出了 $YAlO_2^+$与纯 N_2O 和 (1 : 19) CO 和 N_2O 的混合气体反应的动力学模拟，(f) 中插入了表现催化氧化物的循环图

如图 2-2-5（c）所示，同核氧化物团簇 $Y_2O_2^+$能被 N_2O 氧化成 $Y_2O_3^+$，反应速率常数为 4.2×10^{-10} $cm^3\cdot s^{-1}\cdot molecule^{-1}$（$\Phi=60\%$）。然而对比于异核体系，CO 不与 $Y_2O_3^+$发生反应。即使加大 CO 压力（增加至 1×10^{-5} Pa）及延长反应时间（增加到 10 s），$Y_2O_3^+$在可观测范围内不能被 CO 还原。

为了研究 $Y_2O_n^+$和 $YAlO_n^+$体系在 N_2O/CO 氧化还原反应中表现出不同的催化活性的原因，应用 B3LYP 对反应机理进行研究。如图 2-2-6（a）结构 1 所示，异核团簇 $YAlO_2^+$，最稳定构型具有 C_{2v}对称性，自由基主要局域在铝原子上（0.87 μ_B）。而 $Y_2O_2^+$中（图 2-2-7（a）中结构 9），具有 D_{2h}对称性，未配对电子等值离域在两个桥氧上。在结构 1 和 N_2O 的离子分子反应中，可以形成中间体 2 和中间体 3。中间体 2 对应 N_2O 吸附在 $YAlO_2^+$的 Y 原子上的构型，中间体 3 对应 N_2O 吸附在 Al 原子上。中间体 2 比中间体 3 热力学更稳定，这种热力学优势可以通过静电效应来解释。N_2O 与团簇通过静电相互作用结合，由图 2-2-8 可以看出，$YAlO_2^+$中 Y 原子带正电多于 Al 原子端，所以外来的亲核 N_2O 分子与 Y 原子结合（中间体 2）所释放的能量大于与 Al 原子的结合能（中间体 3）。中间体 2 和中间体 3 可以通过过渡态TS2/3相互转化，此过渡态能量比反应物能量低（图 2-2-6）。从中间体 2 中直接脱附 N_2，相对于反应物需要 58 $kJ\cdot mol^{-1}$的活化能，生成产物为 $[Al(\mu-O)_2Y-O_t]^+$（该结构在图中没有给出）。$[Al(\mu-O)_2Y-O_t]^+$的能量比 $[Y(\mu-O)_2Al-O_t]^+$（结构 5）高 192 $kJ\cdot mol^{-1}$。因此在本小节中，没有对这条反应路径做过多的讨论。在 $[Y(\mu-O)_2Al-O_t]^+$中，自旋密度局域在 $Al-O_t$ 键的氧原子上（$\mu_B=1.0$）。形成结构 5 的过程中，自旋通过 3→TS3/4→4 这一步骤发生转移；中间体 3 中，自旋密度局域仍主要在铝原子上。

图 2-2-6 所示能量（$kJ\cdot mol^{-1}$）均以反应物能量为零点计算，并经过零点振动能校正。一些关键的键长以 pm 为单位标出。Mulliken 自旋密度分布的数值以 μ_B为单位写在括号中。

图 2-2-7 所示的能量（$kJ\cdot mol^{-1}$）均以反应物能量为零点计算，并经过零点振动能校正。一些关键的键长以 pm 为单位标出。$[Y(\mu-O)_2Y]^+$(9)、$[Y(\mu-O)_3Y]^+$(12)和 $[Y(\mu-O)_2YO_t]^+$(13)上 Mulliken 自旋密度分布的数值以 μ_B为单位写在括号中。

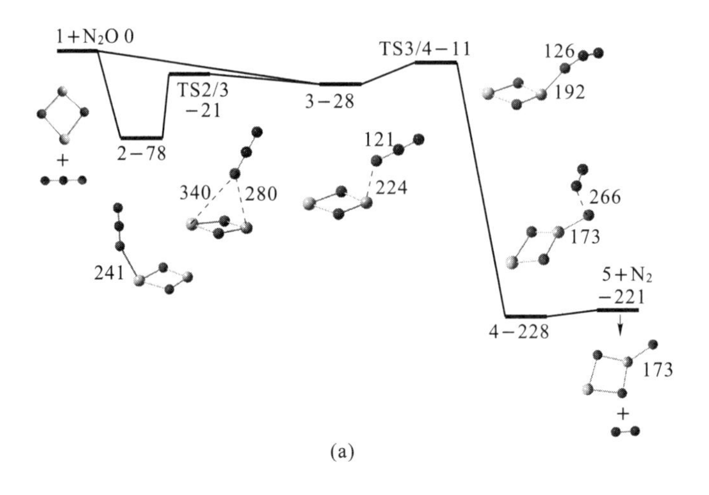

(a)

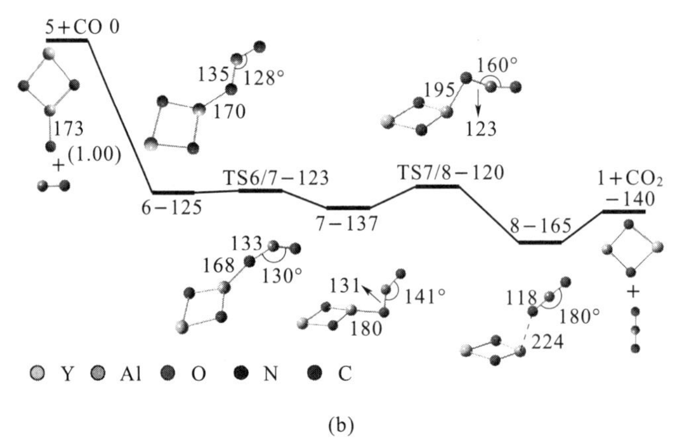

(b)

图 2-2-6 $YAlO_2^+$与 N_2O 和 $YAlO_3^+$与 CO 的反应势能面

(a) $YAlO_2^+$与 N_2O 的反应；(b) $YAlO_3^+$与 CO 的反应

由于过渡态 TS3/4 的能量只比反应物低 11 kJ · mol^{-1}，尽管反应 $YAlO_2^+ + N_2O \rightarrow YAlO_3^+ + N_2$ 在热力学上有优势（放热 221 kJ · mol^{-1}），但是在动力学上不占优势，所以导致我们在实验上观测到其室温下反应速率较慢。DFT 的计算精度可能不优于 10 kJ · mol^{-1}[225]，因此 TS3/4 的能量可能更接近于反应物。

$YAlO_3^+$(5)和 CO 的反应没有明显的反应能垒。但是，对比 CO 还原 $AlVO_4^+$的一步过程[160]，在 5/CO 体系的势能面上从中间体 6 中释放 CO_2 单元涉及了较多的步骤。

对于 $Y_2O_2^+$ 和 N_2O 的反应完全不同于上述描述的过程。如

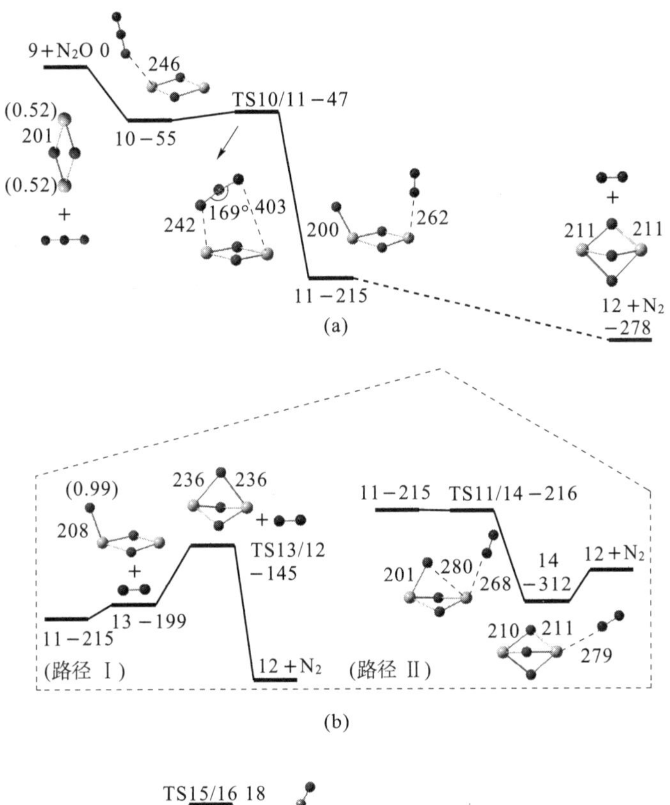

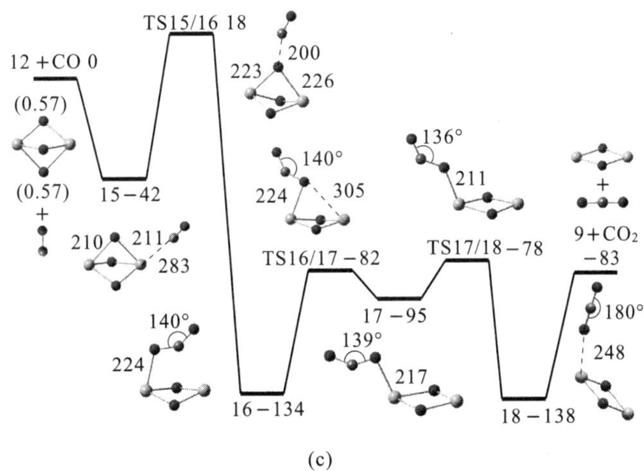

图 2-2-7 $Y_2O_2^+$与 N_2O 和 $Y_2O_3^+$与 CO 的反应势能面

(a) Y_2O_2 与 N_2O 的反应；(b) $Y_2O_3^+$与 CO 的反应；(c) 11→12 的反应步骤

图 2-2-7 (a) 所示，复合物 10 通过将 N_2 转移到配位数少的 Y 原子一

端形成 11 而实现结构调整。从 11 到终产物 12+N_2，有两条可能的路径。路径 I 为直接释放 N_2，生成［$Y(\mu-O)_2Y-O_t$］$^+$(13)，13 通过克服反应能垒 TS13/12 形成最终产物［$Y(\mu-O)_3Y$］$^+$［图 2-2-7（b）左侧图］。路径Ⅱ［图 2-2-7（b）右侧图］为 N_2 释放发生在［$Y(\mu-O)_2Y-O_t$］$^+$异构化之后（11→TS11/14→14→12）。从动力学角度，路径Ⅱ比路径 I 有优势。与之前报道的关于 $Y_2O_3^+$的构型一致，团簇 12 的最稳定构型具有三个桥氧且对称性为 C_{2v}。在团簇 12 中，自旋离域在两个桥氧原子上。对于 $YAlO_3^+$，与团簇 12 结构相似的构型（［$Y(\mu-O)_3Al$］$^+$）比团簇 5 能量高 110 kJ · mol^{-1}，因此不可能参与到催化循环中。

尽管 $Y_2O_2^+$/N_2O 体系生成 $Y_2O_3^+$是热力学和动力学均允许的过程，CO 还原 $Y_2O_2^+$却因为存在高的反应能垒而动力学受阻不能发生［图 2-2-7（c）］，这与实验结果一致。因此，在 $Y_2O_x^+$团簇上，N_2O/CO 的催化过程不能形成一个完整的循环。

$Y_2O_3^+$和 $YAlO_3^+$在与 CO 反应中表现出截然不同的反应性证明了自旋态在化学反应中十分重要[136,149,190,226]。在 $YAlO_3^+$(5)中，自旋密度已经局域到 Al-O_t 的氧原子上，不需要生成“准备态”（Prepared State），因此反应无能垒。而在 $Y_2O_3^+$(12)中，自旋离域在两个桥氧上，缺乏“准备态”，导致在氧原子转移过程中产生了一个能垒。

4. 结论

$Y_2O_x^+$和 $YAlO_x^+$体系在 N_2O/CO 氧化还原反应中所表现的出不同催化活性出人意料。进一步的研究表明其活性的差异（图 2-2-8）是出自完全不同的原因。每一个单独的氧化还原步骤都符合热力学催化氧原子转移过程的条件，团簇的氧原子亲和势(Oxygen-Atom Affinities，*OAs*)介于 $OA(N_2)$= 164 kJ · mol^{-1}和 $OA(CO)$= 521 kJ · mol^{-1}之间[182]。对于异核团簇 $YAlO_3^+$，N_2O 的还原是反应的瓶颈；对于 $Y_2O_2^+$，其与 N_2O 的反应可以发生，但是 CO 在 $Y_2O_3^+$的氧化过程是动力学受阻的。这种不同的反应活性是由掺杂效应引起的。该效应分别控制了 N_2O 还原及 CO 氧化过程中的局域电荷和自旋分布[101,161]。从更普遍的角度来看，对比于同核氧化物团簇，异核氧化物团簇的活性可以提高[162]、降低[101,161]或者无明显变化[128]，或者在某些体系中产物分布发生了变化[165,227-228]。这些研究为通过利用选择性的团簇掺杂来控制反应过程提供了依据和可能性。

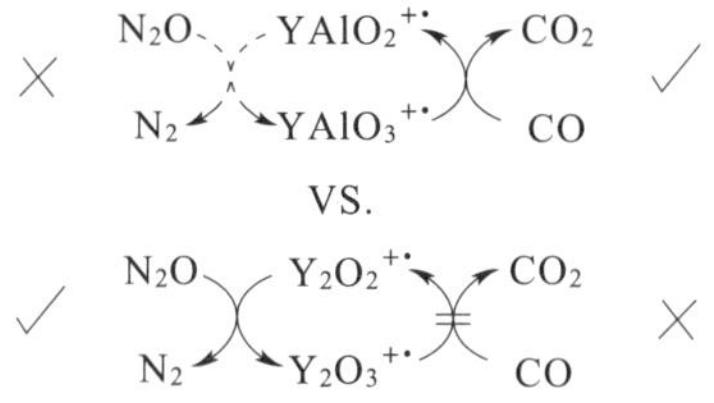

图 2-2-8 $Y_2O_x^+$ 与 $YAiO_x^+$ 团簇室温催化 N_2O/CO 的对比图

2.3 $V_3PO_{10}^+$ 团簇活化 CH_4

甲烷是制作各种人造材料和产品的重要原料之一，同时也是重要的能源之一[229]。由于惰性的 C-H 键、较大的 HOMO-LUMO 带隙和高的 pK_a 值[5]，甲烷活化在实际操作中是一个需要高温高压等苛刻条件的过程。过去十年间，由于巨大的经济利益[184,229]和科研价值[181]，室温下甲烷活化的研究一直备受工业界[230-231]和气相化学界[76,152,154,188]关注。其中，从 CH_4 上夺取一个氢原子生成 $CH_3^{\cdot}$ 被认为是甲烷脱氢氧化的决定性一步[183-184,232]。

CH_4 活化的气相研究可以为如何实现甲烷在温和条件下 C-H 键断裂提供理论指导。一些已报道的在室温下对 CH_4 有反应活性的团簇已经在第 1 章中列出，此处不再赘述。不难发现，这些有活性的团簇均含有 $O_t^{\cdot}$ 单元作为活性位点。

气相团簇化学中，研究人员较多地关注同核氧化物团簇和碳氢化物的反应，对异核氧化物团簇与碳氢化物的反应研究较少。在该研究报道之前，本工作组报道了首例对 CH_4 有反应活性的异核氧化物团簇 $AlVO_4^+$[159]，该团簇反应速率常数可达 10^{-10} $cm^3 \cdot s^{-1} \cdot molecule^{-1}$ 量级。

在众多的对甲烷有反应活性的团簇中，由 Schwarz 教授工作组报道的金属氧化物团簇 $V_4O_{10}^+$ 和非金属团簇 $P_4O_{10}^+$ 有很多共同点。例如，它们具有相似的构型、相似的自旋密度分布以及与甲烷反应时表现出相同的反应性等[133,151]。据报道，两个反应的一级反应速率常数也非常接近，分别为 $k_1(P_4O_{10}^+/CH_4) = 6.4 \times 10^{-10}\ cm^3 \cdot s^{-1} \cdot molecule^{-1}$，$k_1(V_4O_{10}^+/CH_4) = 5.5 \times 10^{-10}\ cm^3 \cdot s^{-1} \cdot molecule^{-1}$。$P_4O_{10}^+/CH_4$ 和 $V_4O_{10}^+/CH_4$ 的反应机理研究表明甲烷活化是在 $X-O_t^{\cdot}$ 键(X=V 或 P)上进行，而且无反应能垒。令人诧异的是，由于氧原子亲和能及 $X_4O_{10}^+$ 电离能的不同，导致在与 C_2H_4 的反应中，$X_4O_{10}^+$ 表现出完全不同的反应性[233]：$P_4O_{10}^+/CH_4$ 体系的产物是比例约为 1∶1 的 $P_4O_9OH^+/C_2H_3$ 和 $P_4O_{10}/C_2H_4^+$；$V_4O_{10}^+/CH_4$ 体系的产物是 $V_4O_9^+/C_2H_4O$。

综上所述，研究 V-P 异核氧化物团簇，如 $V_3PO_{10}^+$ 的结构和针对甲烷的反应性与 $X_4O_{10}^+$ 是否一致是一个有意思的课题；另一个研究 V-P-O 团簇的原因是由于 VPO 是工业上制备马来酸酐有效的催化剂[234-237]，研究该类团簇对认识 VPO 催化剂也有帮助。

2.3.1 研究方法

2.3.1.1 实验手段

实验中使用的脉冲激光溅射/超声喷射及快速流动反应管和以前文献中描述的相类似[238-239]，此处只给出简略的描述。通过激光照射一个旋转同时平动的靶产生高温金属等离子体；等离子体与脉冲载气（0.5% O_2/He）中的 O_2 分子发生反应生成 $V_xP_yO_z^+$ 团簇。靶由钒磷粉末按摩尔比为 4∶1 混合后压制而成。经过多次实验，在该状态下 $V_mP_{4-m}O_{10}^+$(m=3,4)产生稳定，适合后续实验研究。激光的具体参数为：波长为 532 mn（Nd^{3+}：钇铝石榴石固体脉冲激光的二倍频），每脉冲能量是 5~8 mJ，脉宽约 8 nm，频率 10 Hz。尽管已经使用高纯气体(He 和 O_2 纯度为 99.995%)，但配气系统中存在的少量水仍会与产生的团簇结合，生成一些含水化合物，如 $M_xO_y(H_2O)_z^q$(z>0，M 是金属原子)。为了减少这些杂质对团簇分布的影响，载气 O_2/He 在进入脉冲阀(General Valve，Series 9）之前通过一个长 10 m 的铜管进行低温冷却(T=77 K）以除去气体中的水分子等杂质。气体通道中（2 mm 直径×25 mm 长度）产生的团簇经过超声膨胀后冷却，在快速流动反应管中(6 mm 直径×60 mm 长度）与 CH_4 或 CD_4 反应。反应气通过第二个脉冲阀（General Valve，Series 9）被送入距团簇产生池 20 mm 处的反应管中。通过文献[124]中的方法，在 $T=350$ K 时快速流动反应管中的瞬间压力约为 200 Pa，载气的温度为 300~400 K。在快速流动反应管中反应后，反应气和载气离开反应管通过 skimmer（3 mm 直径）后进入飞行时间质谱进行质量分析。微通道板探测器产生的离子信号通过数字示波器处理（LeCroy WaveSurfer 62Xs），平均 500~1 000 次累积形成一张质谱图（每一次对应一次激光溅射）。

2.3.1.2 理论计算

DFT 计算在 Gaussian 03 软件中进行，应用杂化 B3LYP 交换-相关泛函[195-197]，结合 TZVP 基组[198]对 $V_3PO_{10}^+$的构型和反应机理进行研究。B3LYP/TZVP 已被证明在中等计算强度下，可以得到合理的钒氧化合物、磷氧化合物及碳氢化合物的能量[109,133,151,233,240-242]。团簇的几何构型优化时不固定原子位置。频率计算用来验证反应中间体和过渡态是否分别有 0 个及 1 个虚频。IRC 计算用于验证过渡态是否连接局域最小值。给出的能量（eV）已经经过零点能校正。

2.3.2 实验和计算结果

2.3.2.1 实验结果

1. 团簇的产生

异核氧化物团簇 $V_xP_yO_z^+$的飞行时间质谱图如图 2-3-1 所示，在 0.5% O_2/He 的载气条件下产生。因为靶中 V 的含量多于 P 的含量，所以产生的团簇中丰度最高的是 $V_xO_y^+$。在质量数为 65~410 a. m. u. 的质谱中可以观察到五种 $V_xP_yO_z^+$团簇：VPO_{3-9}^+、$VP_2O_{12-14}^+$、$VP_4O_{7,8}^+$、$V_2PO_{7,8,10}^+$和 $V_3PO_{9-12}^+$。符合化学计量比的团簇是 $V_xP_{4-x}O_{10}^+(x=1\sim3)$，即 $VP_3O_{10}^+$、$V_2P_2O_{10}^+$和 $V_3PO_{10}^+$，其中由于靶中 P 含量较少，所以只产生了 $V_3PO_{10}^+$团簇。我们尝试通过增加 P 在靶中的比例产生稳定的 $VP_3O_{10}^+$或 $V_2P_2O_{10}^+$分布，但是 P 含量增多后，靶变脆易碎，不能进行实验。

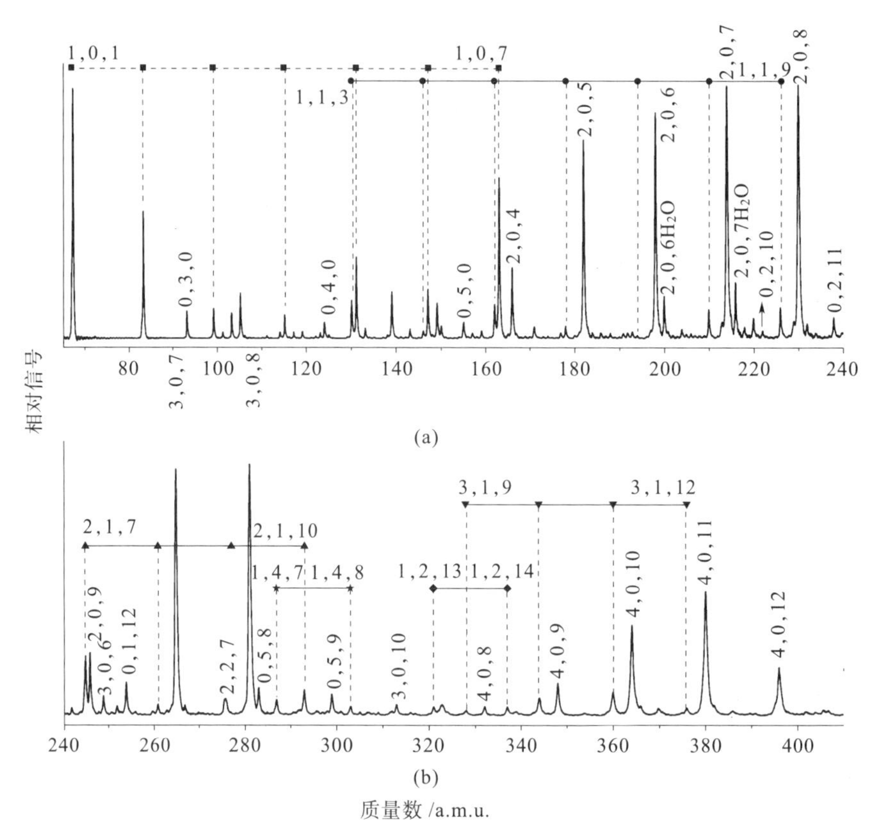

图 2-3-1　$V_xP_yO_z^+$团簇产生的飞行时间质谱图

产生条件为 0.5% O_2/He（3 atm）的载气。数字 x、y、z 代表 $V_xP_yO_z^+$团簇。

2. $V_3PO_{10}^+$和 $V_4O_{10}^+$与 CH_4 的反应

$V_3PO_{10}^+$和 $V_4O_{10}^+$与不同浓度的 CH_4 反应的飞行时间质谱，如图 2-3-2 所示。随着 CH_4 浓度的升高［图 2-3-2（b）和图 2-3-2（c）］，$V_3PO_{10}^+$（344 a. m. u.）和 $V_4O_{10}^+$（364 a. m. u.）的峰强度下降，质量数为345 a. m. u.（$V_3PO_{10}H^+$）和 365 a. m. u.（$V_4O_{10}H^+$）的峰强度增高。使用 CD_4 的氘代实验［图2-3-2（d）和图2-3-2（e）］证明了 $V_mP_{4-m}O_{10}^+$（m=3，4）可以活化甲烷：$V_mP_{4-m}O_{10}^+ + CD_4 \rightarrow V_mP_{4-m}O_{10}D^+ + CD_3^{\cdot}$。尽管 $V_3PO_{10}^+$和 $V_4O_{10}^+$都可以夺取 CH_4 中的氢原子，但是 $V_4O_{10}^+/CH_4$ 体系的反应速率常数明显比 $V_3PO_{10}^+/CH_4$ 的快，这一点可以从反应谱中 $V_3PO_{10}H^+$/

$V_3PO_{10}^+$和 $V_4O_{10}H^+/V_4O_{10}^+$的相对强度看出。一级反应速率常数 k_1（$V_mP_{4-m}O_{10}^+ + CH_4 \rightarrow V_mP_{4-m}O_{10}H^+ + CH_3^{\cdot}$）($m$ = 3，4）可以用 $k_1 = \ln(I_0/I)/(\rho\Delta t)$来求得，其中，$I_0$ 和 I 分别是团簇 $V_mP_{4-m}O_{10}^+$与 CH_4 反应前后的峰强度，ρ 是反应气 CH_4 的分子束密度，Δt 是快速流动反应管中反应时间。定义 $K = k_1(V_4O_{10}^+ + CH_4)/[k_1(V_3PO_{10}^+ + CH_4)] = \ln[I_0(V_4O_{10}^+)/I(V_4O_{10}^+)]/\ln[I_0(V_3PO_{10}^+)/I(V_3PO_{10}^+)]$。式中，$K$ 不依赖 CH_4 的密度ρ 和反应时间 Δt，这两个量也是在实验中不容易准确测定的参数。根据图 2-3-2（b）～（e）可以得到 K 值分别为 2.35、2.19、2.82 和 2.53，K 的平均值为 2.47 ± 0.21。值得注意的是，$P_4O_{10}^+/CH_4$和 $V_4O_{10}^+/CH_4$ 反应速率常数相近。通过已经报道的动力学同位素效应 $KIE = k_1(V_4O_{10}^+/CH_4)/[k_1(V_4O_{10}^+/CD_4)]$（KIE = 1.35 ± 0.28）[133]和以上的 K 值，$k_1(V_3PO_{10}^+/CH_4)/[k_1(V_3PO_{10}^+/CD_4)]$约为 1.59±0.35，这个值很接近 $P_4O_{10}^+/CH_4$ 体系的 KIE 值（KIE = 1.6）[151]。

2.3.2.2　计算结果

1. $V_3PO_{10}^+$团簇的结构

为了得到 $V_3PO_{10}^+$团簇的最稳定构型，我们对其可能的几何构型做了优化，并且通过已经报道的 $V_4O_{10}^+$和 $P_4O_{10}^+$团簇的最稳定结构可知团簇中不含有 O-O 键。我们尝试了若干个含有 O-O 单元（超氧或过氧）的构型，其能量均比图 2-3-3 中给出的 $V_3PO_{10}^+$最稳定构型高很多。值得注意的是，例如基因遗传算法[243]等特殊方法经常被用来寻找大的复杂体系的全局最稳定构型，但是由于 $V_3PO_{10}^+$团簇相对较小且不存在 O-O 键，因此通过猜测可以得到该团簇的最稳定构型。

B3LYP 计算预测了一些能量较低的构型（IS1-IS4，能量差在 1 eV 之内，图 2-3-3）。这些异构体均是二重态。我们也得到了其他构型，但由于相比于 IS1，其能量差大于 1 eV，所以没有列出。$V_3PO_{10}^+$的最稳定构型是一个稍有变形的四面体笼子结构，具有 C_s对称性。一个价电子从 P=O 双键（1.46 Å）失去，生成了 P-O 单键（1.60 Å）。P-O 键上的未配对电子局域在氧原子的一个 2p 轨道中，形成了氧自由基中

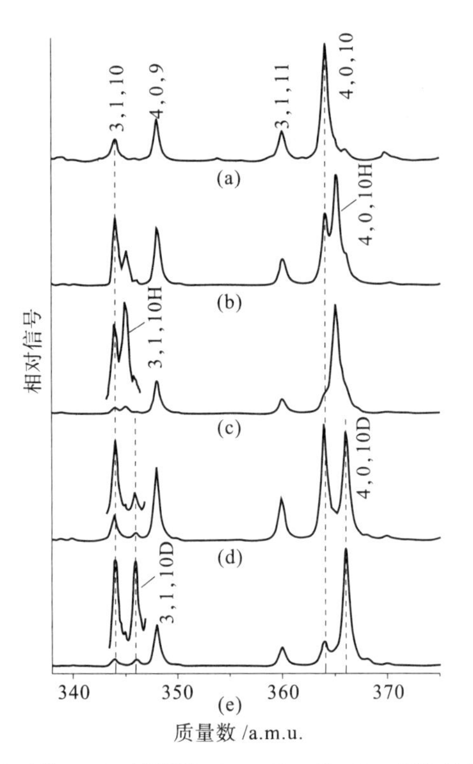

图 2-3-2　$V_3PO_{10}^+$和 $V_4O_{10}^+$团簇与 He、CH_4 和 CD_4 反应的飞行时间质谱图

(a) $V_3PO_{10}^+$和 $V_4O_{10}^+$团簇与 He 的反应；(b)(c) $V_3PO_{10}^+$和 $V_4O_{10}^+$与 CH_4R 的反应；

(d)(e) $V_3PO_{10}^+$和 $V_4O_{10}^+$与 CD_4 的反应

（谱（b）~（f）中所对应的快速流动反应管中气压分别约为 0.3 Pa CH_4、0.7 Pa CH_4、0.4 Pa CD_4、1.0 Pa CD_4。数字 x、y、z 代表 $V_xP_yO_z^+$团簇；x、y、z、X 代表 $V_xP_yO_zX^+$团簇，X 为 H 或 D。谱图（b）~（d）中，$V_3PO_{10}^+$部分被放大）

心 $P-O_t^{\cdot}$。这样，团簇 $V_3PO_{10}^+$可视为是 $V_4O_{10}^+$中一个 $V-O_t^{\cdot}$ 键被 $P-O_t^{\cdot}$ 键代替。异构体 IS2 含有与 IS1 相同的笼状结构，但是自旋密度局域在 $V-O_t^{\cdot}$（1.75 Å）上。IS2 的能量比 IS1 能量高 0.77 eV，这表明 $V_3PO_{10}^+$中含有未配对电子的氧原子与 P 原子连接而不是与 V 原子连接。在 $V_4O_{10}^+$、$P_4O_{10}^+$和 $V_3PO_{10}^+$($x=1\sim3$) 团簇中，含有自由基氧原子一端称为自由基端，其余三个 $V=O_t$ 或者 $P=O_t$ 被称为非自由基端。

2. $V_mP_{4-m}O_{10}^+$（$m=0$，3，4）与 CH_4 的机理

DFT 计算表明，CH_4 与 $V_3PO_{10}^+$的自由基端反应没有能垒，而且势

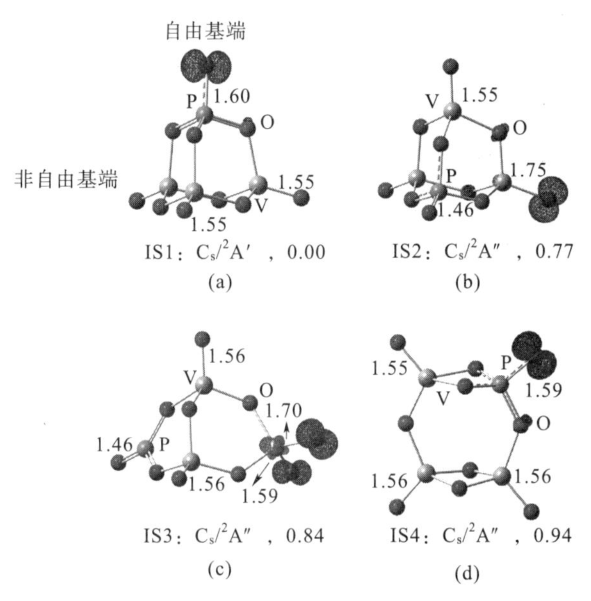

图 2-3-3　DFT 优化得到的 $V_3PO_{10}^+$ 构型图（相应的能量（ΔH_{0K}，（单位 eV），未配对自旋密度用蓝色等值面表示，给出的键长单位为（Å））（附彩图）

(a) IS1；(b) IS2；(c) IS3；(d) IS4

能面与 $V_4O_{10}^+/CH_4$ 及 $P_4O_{10}^+/CH_4$ 的势能面相似。三个反应的 ΔH_{0K} 和相对反应速率常数 K 如下：

$$V_3PO_{10}^+ + CH_4 \rightarrow V_3PO_{10}H^+ + CH_3^\cdot\ (\Delta H_{0K} = -1.006\ \text{eV}, K = 1.00) \tag{2-3-1}$$

$$V_4O_{10}^+ + CH_4 \rightarrow V_4O_{10}H^+ + CH_3^\cdot\ (\Delta H_{0K} = -0.913\ \text{eV}, K = 2.47) \tag{2-3-2}$$

$$P_4O_{10}^+ + CH_4 \rightarrow P_4O_{10}H^+ + CH_3^\cdot\ (\Delta H_{0K} = -1.192\ \text{eV}, K = 2.87) \tag{2-3-3}$$

通过研究发现，甲烷从 $V-O_t^\cdot$ 或 $P-O_t^\cdot$ 位点与团簇反应这一机理不能解释异核体系与同核氧化物体系反应速率常数的差异，因此必须寻求新的反应机理。

图 2-3-4（a）展示了 DFT 计算的从 $V_mP_{4-m}O_{10}^+$（$m=3$，4）的非自由基端活化 CH_4 的反应路径。计算表明 CH_4 与 $V_3PO_{10}^+$ 及 $V_4O_{10}^+$ 的非自由基端存在弱相互作用，分别生成 I1 及 I3。I1 和 I3 中的自旋密度分布与 $V_3PO_{10}^+$ 及 $V_4O_{10}^+$ 的自旋密度分布相近。接下来，C-H 键活化需要

自旋密度从自由基端转移到与 CH_4 弱结合的非自由基端，此过程对 $V_3PO_{10}^+/CH_4$ 和 $V_4O_{10}^+/CH_4$ 体系分别涉及过渡态 TS12 和 TS34。在过渡态中，自旋密度分布在两个 O_t 原子及相邻的桥氧原子 O_b 上。CH_4 在 $V_3PO_{10}^+$团簇上发生氢原子转移反应时（R1→I1→TS12→I2→P1），C-H 键活化能垒很高（0.218 eV），因此在 $V_3PO_{10}^+$中团簇内部的自旋密度转

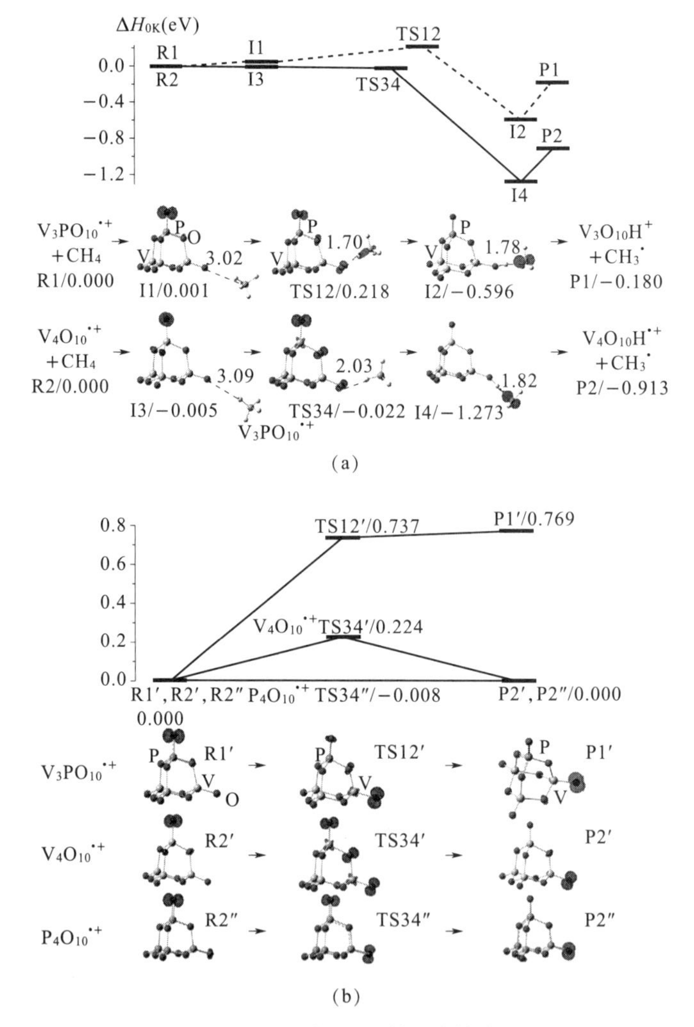

图 2-3-4 $V_3DO_{10}^+$和 $V_4O_{10}^+$与 CH_4 的反应势能面以及 $V_mP_{4-3}O_{10}^+$ 团簇的自旋密度分布（附彩图）

(a) $V_3PO_{10}^+$和 $V_4O_{10}^+$与 CH_4 反应的势能面曲线及自旋密度分布；

(b) $V_mP_{4-m}O_{10}^+$（m 为 0，3，4）团簇上自旋密度的转移

移不可能发生（或者速率很低）。对于在 $V_4O_{10}^+/CH_4$ 体系中（R2→I3→TS34→I4→P2），当不考虑零点校正能（ZPE）时，TS34 能量比中间体 I3 能量高 0.122 eV；当考虑 ZPE 时，TS34 能量比中间体 I3 能量低 0.017 eV。因为 B3LYP 没有考虑色散效应[244]，高估了中间体 I3 和 TS34 的相对能量，而且对中间体 I3 的高估程度大于 TS34。所以，中间体 I3 和 TS34 的能量可能比反应物能量低得多。TS34 的能量（小于-0.022 eV）表明局域在 $V-O_t^{\cdot}$ 上的自旋密度可以容易地转移到 $V=O_t$ 上，与吸附的 CH_4 发生反应，最终导致 CH_4 可以在 $V_4O_{10}^+$ 的 $V=O_t$ 端被活化。

图 2-3-4 所示能量均以反应物能量 ΔH_{0K}，单位（eV）为零点计算，未配对自旋密度用蓝色等值面表示。给出的键长单位为 Å。

图 2-3-4（b）展示了 $V_mP_{4-m}O_{10}^+$（$m=0$，3，4）团簇内自旋密度转移的势能面曲线。对于 $P_4O_{10}^+$，考虑 ZPE 时，TS34″的能量比 R2″低 0.008 eV；不考虑 ZPE 时，TS34″的能量比 R2″高 0.027 eV。值得注意的是，DFT 中判断自洽场能量收敛的标准是 1×10^{-8} hartree（2.721×10^{-7} eV），因此 0.008 eV 的能量值是可信的。结果表明在 $P_4O_{10}^+$中，非自由基端转换成自由基端是非常容易的。因此，由于存在这一转化过程，$P_4O_{10}^+$中由原来的一个活性位点增加到四个可以与甲烷反应的活性位点。对于 $V_3PO_{10}^+$ 及 $V_4O_{10}^+$，团簇内部自旋密度转移需要分别克服 0.737 eV 和 0.224 eV 的能垒。

2.3.3　讨论

2.3.3.1　C-H 键活化的新机理

图 2-3-2 中的反应结果展示了一个很有意思的室温下甲烷在 $V_3PO_{10}^+$ 及 $V_4O_{10}^+$ 上活化的对比反应。目前，已发表的关于 CO、CH_4、C_2H_2 和 C_2H_4 的活化都是在 $O^{\cdot}$ 位点上进行的[86,110-111,114,132,151,156,159,188,241]。本研究考虑了团簇内自旋密度转移（SD 转移），以及对甲烷中 C-H 键活化的影响。实验和理论研究表明，SD 转移可能可以用来解释 $V_4O_{10}^+$（及 $P_4O_{10}^+$）相对于 $V_3PO_{10}^+$ 表现出的高反应活性。由于在 $V_4O_{10}^+$ 和 $P_4O_{10}^+$ 体系中存在温和的 SD 转移，团簇中三个惰性位点（$M=O_t$）可以转化为活性位点。这样，增加了体系有效的活性位点。然而对于 $V_3PO_{10}^+$，SD 转移需要克服

一个较高的反应能垒，所以只有一个有效活性位点。$V_4O_{10}^+$、$P_4O_{10}^+$及$V_3PO_{10}^+$体系中活性位点个数的不同导致了其与甲烷反应活性的不同。

我们用 RRKM 理论（Rice Ramsberger Kassel Marcus）[245] 估测了T=350 K 时 SD 转移的速率。RRKM 理论根据下式计算：

$$k(E)=gN^{\ddagger}(E-E^{\ddagger})/\rho(E)/h \tag{2-3-4}$$

式中：g 为对称因子；$\rho(E)$ 为中间体在能量，$E[=E_{vib}(V_mP_{4-m}O_{10}^+)+E_{vib}(CO)+E_b+E_k]$下的态密度（$E_{vib}$为振动能；$E_b$ 为反应物的结合能；$E_k=\mu v^2/2$，μ 为反应物的约化质量，$v=1\ 000$ m/s）；$N^{\ddagger}(E-E^{\ddagger})$ 为能垒为$E^{\ddagger}$的过渡态中态的总数；h 为普朗克常数。

计算得到 I3→TS34→I4 的转化速率约为 $1.28\times10^9\ s^{-1}$，这表明甲烷在 $V_4O_{10}^+$的非自由基端活化是较快的，并且这类反应在甲烷活化中较为关键。然而，I1→TS12→I2 的转化速率为 $4.88\times10^5\ s^{-1}$，这表明甲烷在$V_3PO_{10}^+$团簇上的非自由基端活化较慢，且不足以和自由基端活化过程竞争。RRKM 理论计算得到振动温度为 350 K 时，在 $V_4O_{10}^+$和 $P_4O_{10}^+$中的 SD 转移速率常数分别为 $8.69\times10^8\ s^{-1}$和 $5.41\times10^{12}\ s^{-1}$，在 $V_3PO_{10}^+$中 SD 转移不能发生。

2.3.3.2 诱导团簇活化和光催化甲烷转化机理

$V_3PO_{10}^+$和 $V_4O_{10}^+$中 SD 转移能垒分别为 0.737 eV 和 0.224 eV [图 2-3-4（b）]。甲烷分子的参与显著降低了 $V_3PO_{10}^+$和 $V_4O_{10}^+$团簇中 SD 转移的能垒（0.218 eV 和−0.022 eV）。因此得出结论：CH_4 等小分子的存在可以诱导含 $O^{\cdot}$ 团簇中惰性键（非自由基端）提高其反应活性。在半导体上发生的异相光催化氧化有机或无机化合物的初始过程中，会产生空穴-电子对（h^+-e^-）。监控氧化物表面带电物质的活性是光催化过程中的关键问题。$O_{(s)}^-$（一个未配对电子分布在表面吸附的氧原子上）是一种空穴捕捉剂（$O_{(s)}^{2-}+h^+\rightarrow O_{(s)}^-$）[17]。$V_4O_{10}^+$、$P_4O_{10}^+$及$V_3PO_{10}^+$团簇中的 $O_t^{\cdot}$ 与表面的 $O_{(s)}^-$具有相似的成键性质。该研究阐述了 $O^-(h^+)$ 是如何在体相材料中转移以及甲烷的存在是如何促进这种转移过程的。氧化物上甲烷的光催化转化[246-247] 对于 H_2 的制备以及其他潜在的应用很重要（如 $CH_4+2H_2O\rightarrow4H_2+CO_2$）。这项研究表明在设计或使用光催化甲烷的材料时，至少有两种甲烷活化的机理需要考虑：

①CH_4可以被已经存在于氧化物表面的空穴（$O_{(s)}^-$）直接活化；②CH_4首先吸附在表面的非活性位点上；然后光生空穴移动到该吸附位点与 CH_4 反应。

2.3.3.3 对实验结果的其他解释

除团簇内 SD 转移机理之外，也可能由于 $V_3PO_{10}^+$ 中 $P-O_t^{\cdot}$ 键与 $V_4O_{10}^+$中 $V-O_t^{\cdot}$ 键性质不同。所以 $[V_3O_9P-O_t^{\cdot}]^+/CH_4$ 势能面和 $[V_3O_9V-O_t^{\cdot}]^+/CH_4$ 的不同，最终导致 $V_3PO_{10}^+/CH_4$ 体系反应速率较慢这一实验现象。在今后理论计算条件允许的情况下，研究 $V_mP_{4-m}O_{10}^+$（m=0，3，4）$/CH_4$ 体系的多维势能面是一个很有意义的课题。然而，我们当前的研究表明团簇内 SD 转移在具有高对称性的 $V_4O_{10}^+$和 $P_4O_{10}^+$中可以快速发生，且很有可能提高甲烷活化的反应性。

2.3.4 结论

我们生成了一系列异核氧化物 $V_xP_yO_z^+$团簇，并且对比研究了在相同实验条件下 $V_4O_{10}^+$和 $V_3PO_{10}^+$与甲烷的反应。$V_4O_{10}^+$和 $V_3PO_{10}^+$都可以在室温下夺取甲烷中的一个氢原子。然而，$V_4O_{10}^+/CH_4$ 体系的反应速率比 $V_3PO_{10}^+/CH_4$ 快 2.5 倍。DFT 计算结果表明，$V_3PO_{10}^+$可以看成是 $V_4O_{10}^+$中 $V-O_t^{\cdot}$ 键被一个 $P-O_t^{\cdot}$ 键代替，甲烷从 $V_3PO_{10}^+$的 $P-O_t^{\cdot}$ 键一端反应是无能垒的过程，显然我们需要提出一个新的机理来解释反应速率的差异：由于 $V_4O_{10}^+$和 $P_4O_{10}^+$团簇内存在温和快速的 SD 转移过程，三个非活性位点可以转化为活性位点。而在 $V_3PO_{10}^+$中的 SD 转移需要克服明显的反应能垒，因而该团簇中活性位点只有一个。对比异核体系，$V_4O_{10}^+$和 $P_4O_{10}^+$较多的活性位点很有可能是导致其高反应活性的原因。

2.4 CO 在纳米级（XO_2）$_n$ O^-（X=Ti，Zr；n=3~25）团簇上的氧化反应

分子氧低温氧化 CO 在净化空气、污染控制以及燃料气体净化等方面有许多潜在的应用[248-250]。例如，TiO_2 担载 Au 是常用的 CO 氧化的催化剂，它可以在-60 ℃时仍保持催化活性[251]。科研人员对 Au/TiO_2

及其他相关体系如 Au/ZrO_2、Au/CeO_2[252-268]等进行了长期的研究，希望能够从分子层面上理解其高活性的原因。然而，实验条件不同，研究人员对反应机理、活性位点的性质以及载体效应等的结论一直存有争议[266]。目前，科学界普遍承认在 Au/TiO_2 或其他催化剂如 Co_3O_4[249]上进行的 O_2 低温氧化 CO 的过程中，活性氧物种参与了反应[248-250,254-258]。在氧气活化和解离过程中（$O_2 \rightarrow O_2^{-\cdot} \rightarrow O_2^{2-} \rightarrow O^{-\cdot} \rightarrow O^{2-}$），超氧自由基（$O_2^{-\cdot}$）、过氧物种（$O_2^{2-}$）以及原子氧自由基（$O^{-\cdot}$）是活性物种[259]。

研究人员通过使用拉曼、红外及电子自旋共振光谱等手段证明了超氧和过氧物种参与了在 Au/TiO_2[16]及相关催化剂[12,258]上进行的 CO 低温氧化过程。与之形成鲜明对比的是，尽管在 Au 的参与下，O_2^- 与 CO 反应可以生成 O^-［反应式（2-4-1）］，但是目前仍未有明确的证据表明 O^-是否参与了催化反应：

$$O_2^- + CO \xrightarrow{Au} O^- + CO_2 \qquad (2-4-1)$$

进一步，生成的 O^-在 Ti^{4+}/Ti^{3+}的参与下，可以活化第二个 CO：

$$O^- + CO + Ti^{4+} \rightarrow CO_2 + Ti^{3+} \qquad (2-4-2)$$

凝聚相体系中，活性氧物种的寿命短、浓度低[2,260]，对其进行直接表征有一定的困难。近年来，研究表明气相金属氧化物团簇[103,121,179,181-182,221,223,261-264]的研究可以为揭示活性氧物种（尤其是具有高活性的 O^-[101,128,139,178,190,265]）参与的反应机理提供依据。气相中关于含 O^-的阴离子和 CO 的反应为[64]

$$O^- + CO \rightarrow CO_2 + e^- \qquad (2-4-3)$$

在气相中，我们合成了达到纳米级尺寸的钛氧和锆氧化物团簇阴离子 $(MO_2)_nO^-$（M = Ti，Zr；$n = 3 \sim 25$）。通过球体模型可以估算团簇尺寸：体相 TiO_2 和 ZrO_2 的密度分别为 4.23 $g \cdot cm^{-3}$和 5.68 $g \cdot cm^{-3}$，因此 $(TiO_2)_{17}$和 $(ZrO_2)_{15}$团簇直径可达到 1 nm。通过研究 $(MO_2)_nO^-$团簇和 CO 的反应可从分子层面上揭示反应机理。在氧化环境下，Au 和氧化物载体间存在电荷转移，导致生成正电荷的 Au 和负电荷的氧化物[266]。目前，已有确凿证据表明在 Au/TiO_2 和 Au/ZrO_2 催化氧化 CO 的过程中，载体 TiO_2 和 ZrO_2 通过在 Au 与氧化物交界处的表面提供活性氧物种来直接参与反应[254-256]。另外，关于 Au/TiO_2[251]和 Au/ZrO_2[257]催化氧化 CO 的对比研究发现两种催化剂的催化行为完全不同，Au/TiO_2 的反应活性和稳定性均优于 Au/ZrO_2。因此，作为解释 Au/

TiO_2 和 Au/ZrO_2 体系中载体效应的第一步，我们研究了载体材料——钛氧和锆氧化物团簇阴离子。尽管文献中已经报道了较多关于钛氧化物和锆氧化物团簇的研究，但是对于达到纳米级尺寸的该类团簇还没有实验方面的报道。

2.4.1 研究方法

2.4.1.1 实验手段

所使用实验装置与以前文献中描述的相类似[139,267]，此处只给出简略介绍。通过激光溅射 Ti（Zr）靶，使用 1%的 N_2O/He 作为载气产生 $M_xO_y^-$（M 为 Ti 和 Zr）团簇。生成的团簇与脉冲通入快速流动反应管中的气体（10% CO/He 或 N_2/He）反应，时间约为 60 μs。为了除去体系中微量的水，载气和反应气在进入真空体系之前需通过一个长 10 m 的铜管进行低温冷却（$T \approx 200$ K）。在 $T=295$ K 时快速流动反应管中的瞬间压力约为 220 Pa，此时对应碰撞速率为 $5\times10^7\ s^{-1}$[267]。在与 CO 反应前，团簇内的振动已接近室温[139,267]。我们利用高分辨反射式TOF-MS来研究反应，用 TOF/TOF-MS 来进行 CID 实验。此处用于 CID 实验的二级质谱增加了成 Z 形的两个反射区，所以其分辨率较之前报道的[267]有所提高。

2.4.1.2 理论计算

DFT 计算在 Gaussian 03 软件中进行，应用杂化 B3LYP 交换-相关泛函[195,197]来研究 $(MO_2)_nO^-$（M 为 Ti 和 Zr；$n=3\sim8$）的结构。当金属氧化物团簇包含多于 10 个原子时，该团簇就会有大量可能的构型。我们用 Fortran 代码编辑的基因遗传算法（Genetic Algorithm，GA）可以准确给出与文献中报道的 $Al_8O_{12}^+$[243]最稳定构型相同的结果。首先，对 Ti、Zr、O 采用 LanL2DZ 基组[268]，由 GA 产生 $(TiO_2)_nO^-$和$(ZrO_2)_nO^-$（$n=4\sim8$）约 200 个初始构型；然后，我们对其中最稳定的 20（或多于 20）个构型用较大的基组再次优化得到最终构型。其中，对 Ti、O 原子用 TZVP 基组[198]，对 Zr 原子用 D95V 基组结合斯图加特/德雷斯顿相对有效核心势[199]（在 Gaussian 程序中简写作 SDD）。该研究中报道的所有构型均是采用 B3LYP 方法，对 Ti、O、C、H 原子使用 TZVP 基组，对 Zr 和 Au 原子使用 SDD 基组。

进而我们对 $Ti_3O_7^- + CO \rightarrow Ti_3O_6^- + CO_2$ 和 $HAu_2TiO_4 + CO \rightarrow HAu_2TiO_3 + CO_2$ 反应进行了 DFT 计算。在反应中间体和过渡态的几何构型优化中采用 Berny 算法，用 IRC（Intrinsic Reaction Coordinate）计算来检验得到的过渡态是否准确连接两边的稳定中间体。变分过渡态理论（The Variational Transition State Theory，VTST）[269] 用来计算 CO_2 从中间体 $(MO_2)_nOCO^-$（M = Ti，Zr；n = 3 ~ 5）上脱附的反应速率。中间体 $(MO_2)_nOCO^-$ 体系包含的能量有：$(MO_2)_nO^-$ 和 CO 的振动能（E_{vib}），质心系动能（E_k），以及（$(MO_2)_nO^-$ 和 CO 的结合能（E_b）。E_{vib} 和 E_b 可以从 DFT 计算中得到；$E_k = \mu v^2/2$，其中 μ 是约化质量，v 是团簇束的速度（≈1 km/s）。VTST 计算中需要将 $(MO_2)_n$ 和 CO_2 部分的距离固定于一系列不同的值，然后优化 $(MO_2)_nOCO^-$ 的结构。态个数和态密度可以用直接计算法（Direct Count Method）[270] 通过 DFT 计算中的振动频率得到（采用简谐振动近似，具体参见文献［124］）。

2.4.1.3 实验结果

图 2-4-1 展示了反应管中，激光溅射产生的 $Ti_xO_y^-$ 和 $Zr_xO_y^-$ 团簇与 CO 反应的质谱节选图。钛和锆都含有稳定的同位素。图 2-4-1(a)、(e) 分别为 $Ti_5O_{11}^-$ 和 $Zr_4O_9^-$ 的同位素分布模拟图，这与我们在实验中观测到的二者的同位素分布[图 2-4-1（b）、(f)]相一致。结果表明，H_2O 这一经常影响金属氧化物团簇分布[239,265,271,274] 的物质在本实验中可以忽略不计。质谱图2-4-1（c）、(g) 显示：与 CO 反应后，$Ti_5O_{11}^-$ 和 $Zr_4O_9^-$ 团簇的强度明显下降，而更为富氧的 $Ti_5O_{12}^-$ 和 $Zr_4O_{10,11}^-$ 强度在实验误差范围内没有变化。图 2-4-1（d）、(h) 是由反应后质谱图［图 2-4-1（c）、(g)］减去反应前质谱图［图 2-4-1（b）、(f)］得到的差谱，峰高度为正值的部分表示产物，为负值的峰表示反应物。从差谱图 2-4-1（d）可以看到，$Ti_5O_{11}^-$ 强度的减弱引起了 $Ti_5O_{10}^-$ 团簇信号的出现，$Zr_4O_9^-$ 强度的减弱引起了 $Zr_4O_9CO^-$ 而非 $Zr_4O_8^-$ 团簇的出现［图 2-4-1（h）］。

数字 x，y 表示 $M_xO_y^-$，M = Ti（图 2-4-1 左侧图）或 Zr(图 2-4-1

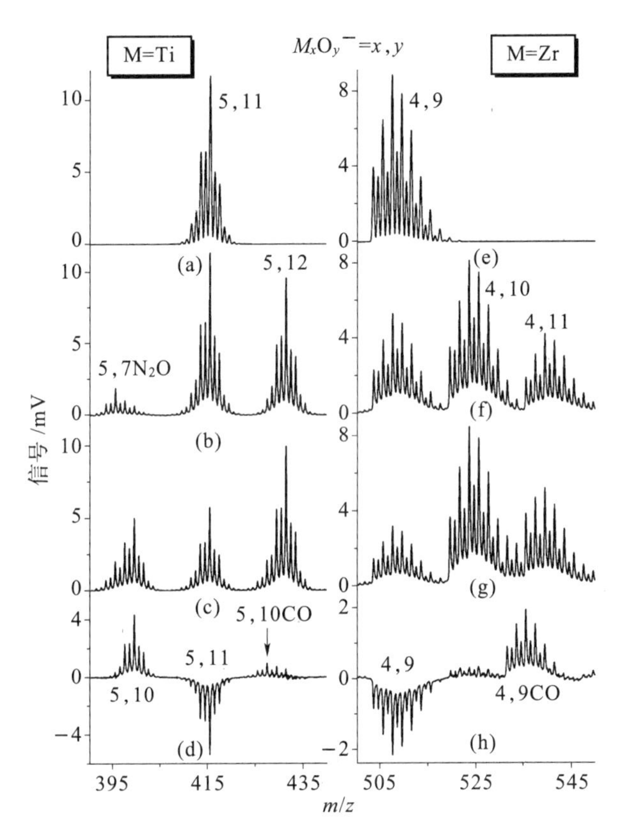

图 2-4-1　$Ti_5O_y^-$（c）和 $Zr_4O_y^-$ 团簇（g）分别与 1.4 Pa 和 0.6 Pa CO 反应的质谱图

右侧图)。图中给出反应管中通入 N_2 的背景图2-4-1（b）、(f）和差谱图(d) = (c) - (b)，(h) = (g) - (f) 和模拟的 $Ti_5O_{11}^-$ 及 $Zr_4O_9^-$ 同位素分布图 2-4-1（a)、(e)。

我们发现团簇 $Ti_5O_{11}^-$ 和 $Zr_4O_9^-$ 的反应模式在 $(TiO_2)_nO^-$ ($n=3\sim25$) 和 $(ZrO_2)_nO^-$ ($n=3\sim25$) 系列中普遍存在（图 2-4-2 展示了 $n=10\sim20$ 的差谱图)。实验表明，在钛氧团簇上发生了氧转移反应（反应 2-4-4)：

$$(TiO_2)_nO^- + CO \rightarrow (TiO_2)_n^- + CO_2 (n=3-25) \qquad (2-4-4)$$

在锆氧团簇上发生了 CO 吸附反应：

$$(ZrO_2)_nO^- + CO \rightarrow (ZrO_2)_nOCO^- (n=3-25) \qquad (2-4-5)$$

反应式（2-4-4）和式（2-4-5）可能发生在尺寸更大的 $(MO_2)_nO^-$

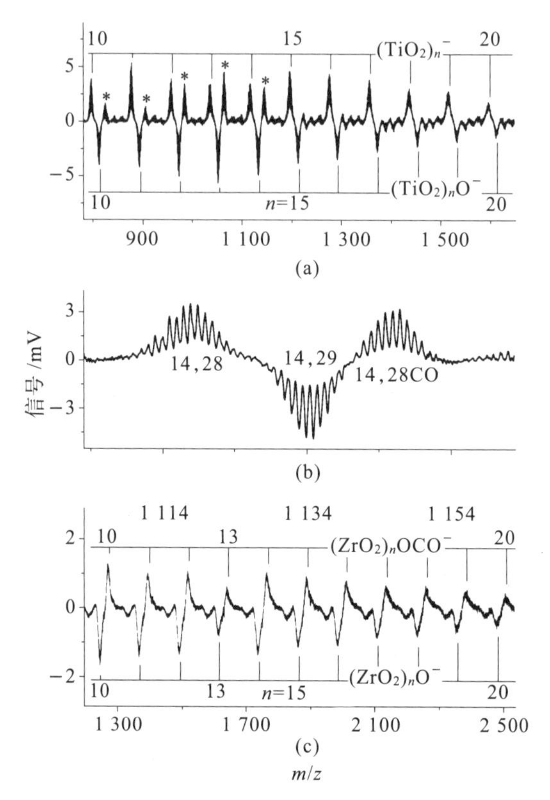

图 2-4-2 团簇 $Ti_{10\sim20}O_y^-$ 和 $Zr_{10\sim20}O_y^-$ 与 CO 反应的差谱图

（标注 * 的峰是（TiO_2）$_n$$CO^-$（$n$=10~14）团簇。图（b）展示了图（a）中部分放大的图谱）

（M=Ti，Zr；n>25）团簇上，但是由于这些团簇产生的强度不够大，导致在质谱上无法观测。我们将 CO 吸附产物$(ZrO_2)_nOCO^-$（n=3~9）选质出来，对其进行 CID 实验。结果显示 CO 吸附的团簇释放出 CO_2（图 2-4-3），这表明吸附的 CO 在 ZrO_2 团簇上被氧化形成了 CO_2：

$$(ZrO_2)_nOCO^- \xrightarrow{\Delta(\text{CID 在 He})} (ZrO_2)_n^- + CO_2 \quad (n=3\sim9) \quad (2-4-6)$$

值得注意的是，在（TiO_2）$_n$$O^-$体系中，只有 $Ti_4O_9^-$（n=4）可以吸附 CO 生成 $Ti_4O_9CO^-$。该体系在 CID 实验中，失去的是 CO 而非 CO_2（图 2-4-3）。另外，$Ti_4O_{10}^-$ 和（TiO_2）$_n^-$（n=3~14）团簇也可以吸附一个 CO 分子（图 2-4-2），这些吸附产物的形成是由相对较强的 Ti-CO 相互作用引起的。

在快速流动反应管中团簇的反应速率常数可用准一级速率常数

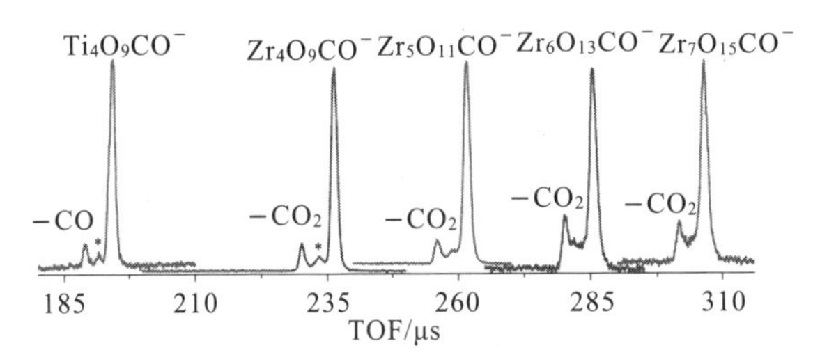

图 2-4-3　团簇 $Ti_4O_9CO^-$和（ZrO_2）$_{4\sim7}$$OCO^-$的 CID 质谱图

（碎片峰分别对应失去 CO 和 CO_2 的产物。标注 * 的峰是由于残存于二级 TOF-MS 两个反射区中的氦气导致的）

(k_1)[124] 来计算。反应式（2-4-4）和式（2-4-5）的速率常数在 10^{-11} $cm^3 \cdot s^{-1} \cdot molecule^{-1}$量级。例如，$k_1$($Ti_5O_{11}^-$+CO) 和 k_1($Zr_5O_{11}^-$+CO) 分别约为 3×10^{-11}和 7×10^{-11} $cm^3 \cdot s^{-1} \cdot molecule^{-1}$。我们对 $Ti_5O_{11}^-$和 CO 的碰撞速率应用硬球和经典[59-61]平均偶极子定向（Average Dipole Orientation，ADO）理论进行计算，结果分别为 7.3×10^{-10}和 6.9×10^{-10} $cm^3 \cdot s^{-1} \cdot molecule^{-1}$。$Ti_5O_{11}^-$和 CO 的反应效率 k_1/k_{ADO}约为 4%。类似地，$Zr_5O_{11}^-$和 CO 的反应效率约为 10%。

2.4.1.4　计算结果

图 2-4-4 给出了 DFT 计算得到的(MO_2)$_n$$O^-$($M$=Ti，Zr；$n$=3~8) 最稳定构型。$Ti_3O_7^-$、$Zr_3O_7^-$和 $Zr_4O_9^-$的结构已有报道[111]。我们计算得到 $Zr_4O_9^-$的构型稍有不同，如图 2-4-4 所示，(TiO_2)$_n$$O^-$和（$ZrO_2$）$_n$$O^-$的拓扑学结构在 n=3，6，7 时彼此相同，在 n=4，5 时相近。DFT 计算的最大团簇 $Ti_8O_{17}^-$和 $Zr_8O_{17}^-$最稳定构型非常不同：前者有四个 Ti-O_t 键，接近 C_{3v}对称性；后者只有一个 Zr-O_t 键，而且构型更为紧密。图 2-4-4 给出的所有构型都含有一个位于氧 2p 轨道(O_{2p})上的、数值为 1 μ_B的未配对自旋密度（Unpaired Spin Density，UPSD）。这些含有相同 UPSD 分布的氧原子构成了 O^-阴离子。所有能量较低的团簇异构体均含有相似的 UPSD 分布：每个异构体的氧原子都含有 1 μ_B 的 UPSD。可以看到，(TiO_2)$_{3\sim8}$$O^-$和（$ZrO_2$）$_{3\sim8}$$O^-$都是原子氧自由基相连的团簇。

我们进一步详细研究了 $Ti_3O_7^-$和 CO 的反应机理［图 2-4-5（a）］。

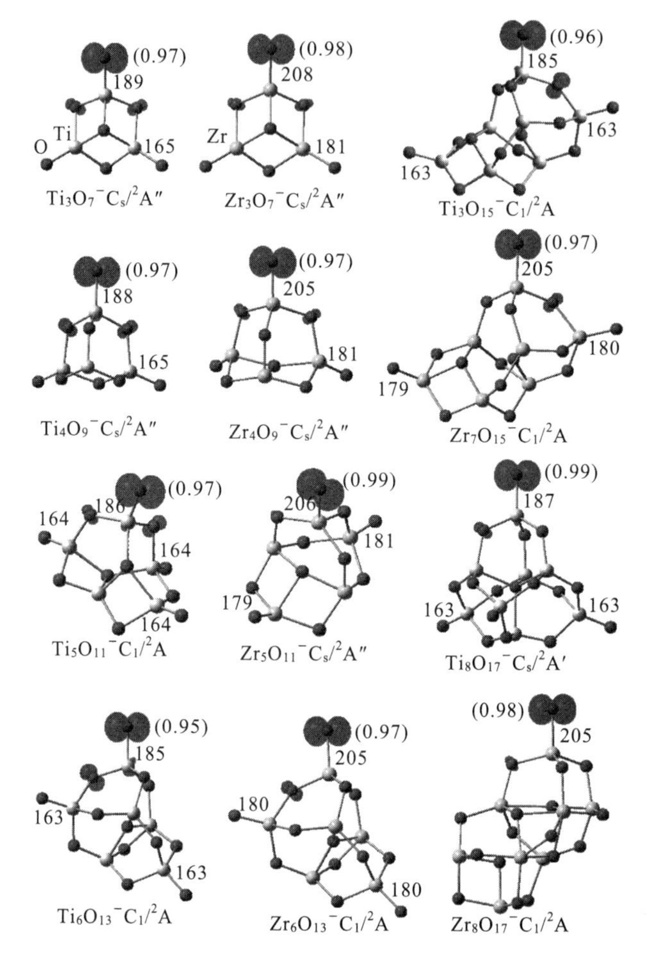

图 2-4-4 DFT 计算得到的（MO_2）$_n$$O^-$（M 为 Ti，Zr；$n$=3~8）的最稳定构型及未配对自旋密度分布

（标出了 M-O_t 键长（pm）和未配对自旋密度（μ_B）分布，列在括号中）

反应初始得到一个结合能(0.04 eV) 小的复合体 IM1。CO 进一步接近团簇可以生成 CO_2^-(中间体 IM2)。在此过程中，CO 的氧化($CO+O^- \rightarrow CO_2^-$) 释放出大量的热（1.67 eV)，致使 CO_2 分子脱附(IM2→IM3→$Ti_3O_6^-$+CO_2)。值得注意的是，图 2-4-5（a）中的 IM1 和 TS1 可能不是真实存在的物种，因为它们属于范德华型团簇，而 DFT 计算可能不能很好地描述这类团簇。

同时，我们应用 DFT 计算优化反应中间体（MO_2）$_n$$OCO^-$（如

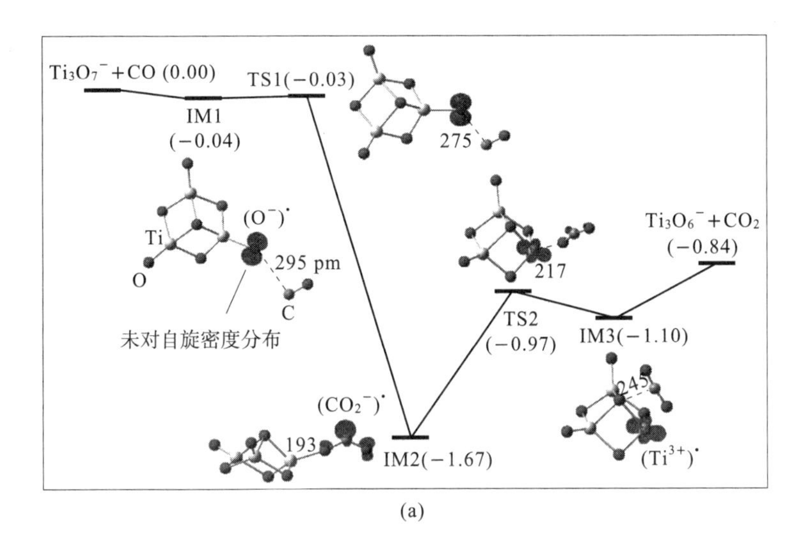

(a)

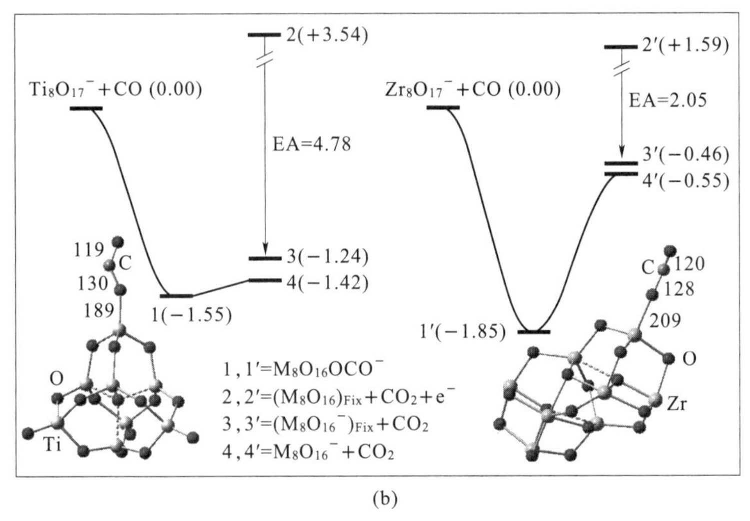

(b)

图 2-4-5　DFT 计算曲线

(a) $Ti_3O_7^-$+CO→$Ti_3O_6^-$+CO_2 的反应路径；(b) CO 与 $M_8O_{17}^-$ (M 为 Ti 和 Zr) 反应中 CO 吸附和 CO_2 脱附的简化势能面

(键长单位为 pm。所示反应中间体 (IM1~IM3；1 和 1′)、过渡态 (TS1 和 TS2) 以及产物 ($Ti_3O_6^-$+CO_2；4 和 4′) 的能量ΔH_{0K}) 均以反应物能量为零点计算，并经过零点振动能校正。2/3 和 2′/3′的能量是将 M_8O_{16}的构型参数固定在与 1 和 1′的 M_8O_{16}部分相同的位置得到的)

图 2-4-5 (a) 中的 IM2) 的构型，即 CO 氧化吸附于图 2-4-4 中 $(MO_2)_nO^-$的最稳定构型上，相关能量列在表 2-4-1 中。图 2-4-5 (b)

显示了 $Ti_8O_{17}^-$+CO 和 $Zr_8O_{17}^-$+CO 反应体系的对比。表 2-4-1 第 2 列显示 CO 氧化性吸附在钛氧(1.5~1.7 eV)和锆氧(1.7~1.8 eV) 体系上所释放的能量相近。尽管 $(TiO_2)_nO^-$ 和 $(ZrO_2)_nO^-$ 氧化 CO 生成 CO_2 都是放热过程（ΔH_{Total}<-0.5 eV，表 2-4-1 中的第 3 列），但 CO_2 的脱附过程却十分不同。CO_2 从 $(ZrO_2)_nOCO^-$ 上脱附［$\Delta H_{D-CO2}\geqslant$0.96 eV，见表 2-4-1 中的第 4 列和图 2-4-5（b）］比从 $(TiO_2)_nOCO^-$ 上脱附（$\Delta H_{D-CO2}\leqslant$0.83 eV）更难。在每个 CO 的吸附产物 $(TiO_2)_{3-8}OCO^-$ 和 $(ZrO_2)_{3-8}OCO^-$ 上（图 2-4-5 中的 IM2、1 和 1′），CO_2 单元都呈弯曲状（∠O-C-O = 132°~134°）并且 UPSD 为 1 μ_B。因此，CO_2 单元为紧密结合在团簇上的 CO_2^- 阴离子自由基(表 2-4-1 中第 5 列)。在 CO_2 从 $(MO_2)_nOCO^-$ 上脱附过程中，CO_2^- 的净电荷转移到 $(MO_2)_n$ 部分，将离子 M^{4+}(M 为 Ti 或 Zr) 还原成 M^{3+}［图 2-4-5（a） 中 $Ti^{4+}+e^-$(IM2)→Ti^{3+}(IM3)］。轨道分析表明在 $(MO_2)_n+e^-\rightarrow(MO_2)_n^-$ 的过程中，电子填充到主要由 $3d_{z^2}$（M 为 Ti）和 $4d_{z^2}$（M 为 Zr）原子轨道构成的最低未占据轨道（The Lowest Unoccupied Molecular Orbital，LUMO）中。因为 $3d_{z^2}$ 比 $4d_{z^2}$ 能量低（见表 2-4-1 中第 9 列 LUMO 轨道的能量），对于 n=3~8 的团簇，$(TiO_2)_n$ 的电子亲核势（Electron Affinity，EA）高于 $(ZrO_2)_n$ 的 EA（表 2-4-1 中第 8 列）。$(TiO_2)_n$ 和 $(ZrO_2)_n$ 团簇在 n=3，6，7 时具有相同的拓扑学结构，而小体系（n=3）Ti 的 EA 值只略高于 Zr 的 EA 值（表 2-4-1 中的第 6 列）。这与 Ti 的 3d 轨道能量显著低于 Zr 的 4d 轨道能量这一事实相左（使用类氢离子体系原子轨道能量计算公式：$E=-R\ (z^2/n^2)$，R 为 Rydberg 常数（数值为 13.6 eV）可以得到 3d 和 4d 轨道能量差为 0.66 eV)。另外，实验测得 ZrO_2 的 EA(1.64±0.03 eV[275]) 甚至比 TiO_2 的 EA (1.59±0.03 eV[276]) 高。表 2-4-1 中第 6 列给出的 EA 值与团簇尺寸具有强烈依赖性：对 Ti 体系，n=3，8 时 EA 分别为 3.10 和 4.78 eV；对 Zr 体系，n = 6，8 时 EA 分别为 3.34 eV 和 2.05 eV。为进一步理解 $(TiO_2)_n$ 及 $(ZrO_2)_n$ 团簇的 EA，需要考虑除原子轨道相对能量（3d 对比 4d 或对于 n = 1 体系为 5 s 对比 6s[275]）之外的因素。结果表明，$(MO_2)_n$（M 为 Ti 和 Zr；n=3~8）团簇表现出的 EA 的尺寸依赖性可以用 Nd_{z^2}（对 Ti，N=3；对 Zr，N=4）和邻近氧原子的 2p 轨道的相互作用解释。表 2-4-1 中第 7 列表明由于$(TiO_2)_n$ 的 EA 值大于$(ZrO_2)_n$ 的，导致

$[(TiO_2)_n^-]_{Fix}$和$(TiO_2)_n^-$的能量差大于$[(ZrO_2)_n^-]_{Fix}$和（$ZrO_2)_n^-$的能量差（ΔE_{Relax}），这使得 CO_2 从（$TiO_2)_nOCO^-$脱附时较从（$ZrO_2)_nOCO^-$体系中更为容易（比较图 2-4-5（b）中 3→4 和3′→4′）。

表 2-4-1 DFT 计算的（$MO_2)_nO^-$+CO（M=Ti，Zr）的能量[a]

Ti								
1	2	3	4	5	6	7	8	9
n	ΔH_{A-CO} [b]	ΔH_{Total} [b]	ΔH_{D-CO2} [b]	ΔE [c]	ΔE_{EA} [c]	ΔE_{Relax} [c]	ΔE_{ADE} [b]	E_{LUMO} [d]
3	−1.67	−0.84	0.83	4.02	3.10	0.09	3.02	−4.78
4	−1.66	−1.28	0.38	3.82	3.10	0.34	3.27	−4.68
5	−1.53	−1.21	0.32	4.60	4.13	0.15	4.00	−5.67
6	−1.54	−1.24	0.30	4.29	3.84	0.15	3.32	−5.27
7	−1.52	−1.34	0.28	4.39	3.93	0.18	3.06	−5.31
8	−1.55	−1.42	0.13	5.09	4.78	0.18	4.64	−6.14
Zr								
3	−1.78	−0.60	1.18	4.13	2.94	0.01	2.74	−4.51
4	−1.72	−0.63	1.09	4.11	2.99	0.03	2.40	−4.53
5	−1.78	−0.76	1.02	3.74	2.68	0.04	2.40	−4.16
6	−1.71	−0.70	1.01	4.41	3.34	0.06	3.14	−4.83
7	−1.70	−0.74	0.96	4.34	3.32	0.06	2.59	−4.79
8	−1.85	−0.55	1.30	3.44	2.05	0.09	1.60	−3.41

注：a：为了阅读方便，对每一列进行标号。b：T = 0 K 以下反应过程的焓变：$(MO_2)_nO^-+CO\rightarrow(MO_2)_nOCO^-(\Delta H_{A-CO})$；$(MO_2)_nO^-+CO\rightarrow(MO_2)_n^-+CO_2(\Delta H_{Total})$；$(MO_2)_nOCO^-\rightarrow(MO_2)_n^-+CO_2(\Delta H_{D-CO2})$；$(MO_2)_n^-\rightarrow(MO_2)_n^+e^-(\Delta E_{ADE})$。$c$：以下体系的能量差：$[(MO_2)_n]_{Fix}+CO_2+e^-$和（$MO_2)_nOCO^-$（$\Delta E$）；$[(MO_2)_n]_{Fix}+e^-$和$[(MO_2)_n^-]_{Fix}$（$\Delta E_{EA}$）；$[(MO_2)_n^-]_{Fix}$和（$MO_2)_n^-$（$\Delta E_{Relax}$）。$[(MO_2)_n]_{Fix}$和$[(MO_2)_n^-]_{Fix}$的几何构型参数是使用（$MO_2)_nOCO^-$中的（$MO_2)_n$部分，见图 2-4-5 中（$MO_2)_nOCO^-$结构（IM2、1 和 1′）。$d$：中性$[(MO_2)_n]_{Fix}$的最低未占据轨道能量。

CO_2 从中间体（$MO_2)_nOCO^-$（M=Ti、Zr；n=3~5）脱附的反应速率常数 k_d可由 VTST 计算方法[269]得到，列在表 2-4-1 中。（$TiO_2)_nOCO^-$体系 k_d的数值较大（$10^8\sim10^{11}$ s^{-1}），而（$ZrO_2)_nOCO^-$体系 k_d的数值较小（$10^5\sim10^7$ s^{-1}）。由于团簇和氦气碰撞的速率约为 5×10^7 s^{-1}，中间体（$ZrO_2)_nOCO^-$可以在碰撞中稳定存在，而（$TiO_2)_nOCO^-$会解离成

$(TiO_2)_n^-$和 CO_2（我们的结果与 Castleman 工作组报道的“在（ZrO_2）$_{3,4}$ O^-和 CO 单次碰撞（无背景气冷却）时，生成（ZrO_2）$_{3,4}$[-111]”这一结果略有不同）。DFT 计算的结果及估算速率 k_d 与实验数据 [反应式（2-4-4）对比反应式（2-4-5）$(ZrO_2)_nOCO^-$在 CID 反应中失去 CO_2，反应式（2-4-6）] 很好地吻合。

2.4.2 讨论

2.4.2.1 研究大尺寸过渡金属氧化物团簇的重要性

科学界广泛研究过渡金属氧化物团簇的活性，希望能够从分子水平理解相关氧化物体系的催化机理。含有氧自由基（O^-）的过渡金属氧化物团簇可以在热力学碰撞下有效活化包括 CO[85,111,114,134,136,138,160,210,267] 等小分子。不含 O^- 的过渡金属氧化物团簇在相同的实验条件下显惰性[132,136,139,144,167,265,267,277]，这也表明氧自由基在低温氧化反应中的重要性。然而，大多数过渡金属氧化物研究都是针对包含 3~5 个金属原子的小体系。团簇领域的研究人员及其他相关领域如实际催化等都应该关心一个重要的问题：从团簇中提炼出的氧自由基化学能否应用于体相材料中，或者是否至少可以应用于纳米粒子中呢？此部分关于钛氧和锆氧纳米级大尺寸团簇的研究希望能为阐明这一问题做一些贡献。

质谱研究给出了（MO_2）$_nO^-$（M 为 Ti 和 Zr；$n=3\sim25$）团簇的实验数据。如果使用体相 TiO_2 和 ZrO_2 的密度，那么 $Ti_{25}O_{51}^-$和 $Zr_{25}O_{51}^-$的直径分别为 1.15 和 1.20 nm。DFT 计算（图 2-4-4）表明观察到的反应活性 [反应式（2-4-4）至反应式（2-4-6）] 是由于含 O^-的（MO_2）$_{3-8}O^-$团簇氧化了 CO。以目前的计算条件想要对更大团簇（MO_2）$_nO^-$（$n>8$）的全局最稳定构型做计算非常难。然而，根据（MO_2）$_{3\sim8}O^-$团簇所有的最低构型（图 2-4-4）和其主要的能量较低的构型都含有 O^-这一事实，可以推断出对团簇（MO_2）$_nO^-$（$n>8$），其活性位点也是 O^-自由基。我们的研究为之前提出的重要问题（团簇化学的普适性）做出了正面积极的回答。

尽管有望把从团簇化学中得到的结论应用到体相研究中，表 2-4-1 中的第 4 列表明对大团簇和小团簇，其热力学数据非常不同：CO_2 从 $Ti_8O_{16}OCO^-$上脱附需要的能量（0.13 eV）小于从 $Ti_3O_6OCO^-$上脱附所需的能量（0.83 eV）。随着团簇尺寸的增加（$n=3\rightarrow8$），CO_2 从 $(TiO_2)_nOCO^-$ 上脱附所需能量的降低与 $(TiO_2)_n$ 的EA值的升高（表2-4-1中第6列，ΔE_{EA}）相关。尽管此处是由 $(MO_2)_nOCO^-$ 中 $(MO_2)_n$ 部分的构型（未对 $(MO_2)_n$ 做优化）计算得到 ΔE_{EA}，但我们用理论计算得到 $(TiO_2)_n$ 的电子结合能与Hua-Jin Zhai 和Lai-Sheng Wang 教授报道的用光电子能谱（The Photoelectron Spectroscopy，PES）测量得到 $(TiO_2)_n^-$ 的垂直电离能（Vertical Electron Detachment Energies，VDE）[278]符合得很好：实验测得 $(TiO_2)_n^-$ 的VDE值从 $n=3$ 时的3.15 eV增加到 $n=8$ 时的4.70 eV。对 $(TiO_2)_n^-$ 团簇的PES研究发现，$n=8$，9，10时，Ti-3*d* 及O-2*p* 的衍生带（Derived Band）及能隙（Energy Gap）的相对位置几乎是一样的（±0.1 eV）[278]，这表明图2-4-5（b）中得到的关于 $Ti_8O_{17}^-+CO$ 的热力学数据对于反应体系较大的团簇（$(TiO_2)_nO^-+CO$（$n>8$））可能也适用。

对于Zr体系，表2-4-1中的第4列说明 CO_2 脱附能（ΔH_{D-CO2}）随着团簇尺寸增加($n=3\rightarrow7$）只降低了0.22 eV。ΔH_{D-CO2} 在 $n=8$ 时增加到1.30 eV，这与 $(ZrO_2)_nO^-$ 从 $n=7$ 变到8时团簇结构的变化有关：$(ZrO_2)_n$ 部分在 $n=8$ 时没有 $Zr-O_t$ 键，结构紧密（图2-4-4）。在大的钛氧和锆氧团簇上，CO_2 脱附能量的巨大差异（0.13 eV对比1.30 eV）表明发生在体相 TiO_2 和 ZrO_2 上的CO氧化会很不相同。

2.4.2.2 与凝聚相体系的相关性

达到纳米尺寸的钛氧和锆氧阴离子团簇可以用来模拟在 Au/TiO_2 和 Au/ZrO_2 催化剂中由电荷转移[266]生成的负电性氧化物载体。已经证明CO在 Au/TiO_2 及相关催化剂中的氧化过程中，氧化物载体通过在Au与氧化物相互作用的界面处提供活性氧物种而直接参与反应[254-256]。另外，Au/TiO_2 和 Au/ZrO_2 催化剂在CO氧化过程中表现出完全不同的反应活性[251,255,257]。因此，基于当前的研究，我们提出了 Au/TiO_2 和 Au/ZrO_2 催化剂在CO低温氧化过程中的反应机理（图2-4-6）。在 Au/TiO_2 体系上，CO与 O^- 自由基阴离子［反应式（2-4-1）］反应不会生成长寿命的吸附态 $CO_{2(ad)}$，而在 Au/ZrO_2 体系中却生成了此类物质。

气相团簇的反应和凝聚相表面的反应固然会有显著差别。首先，气相团簇中成键所释放的能量不能很快地在环境中耗散，因此增加了团簇

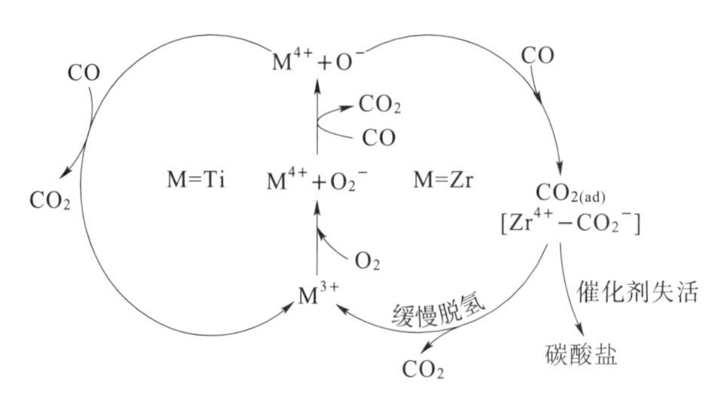

图 2-4-6　Au/TiO_2（左侧）和 Au/ZrO_2（右侧）上涉及 O_2^- 和 O^- 自由基的 CO 低温氧化机理（金可能参与 O-O 键活化）

体系的有效温度[279]。尽管如此，气相团簇研究对解释表面反应仍然是有贡献的。表 2-4-2 中的第 5 和第 6 列表明室温或者低温（230 K）时，CO_2 从 TiO_2 体系脱附进行得很快，而在 ZrO_2 体系上则很慢。由于 ZrO_2 体系表面吸附的 $CO_{2(ad)}$（或 CO_2^-）不能及时地脱附形成 $CO_{2(gas)}$，生成的 CO_2^- 与 O^{2-} 反应形成碳酸盐 $[CO_2^-+O^{2-}+M^{x+}\rightarrow CO_3^{2-}+M^{(x-1)+}]$[280]，活性位点被占据，最终导致催化剂失活（图 2-4-6 右侧）。

表 2-4-2　估算的 CO_2 解离速率[a]

项目	团簇（T=298 K）[b]			体相[c]		
1	2	3	4	5	6	7
	$n=3$	$n=4$	$n=5$	T=230 K	T=298 K	T=418 K
Ti	1.9×10^{8}	3.6×10^{11}	3.1×10^{10}	$>10^{12}$	$>10^{12}$	$>10^{12}$
Zr	1.1×10^{7}	5.6×10^{6}	6.0×10^{5}	1.2×10^{-10}	3.6×10^{-4}	70

注：a 为了阅读方便，对每一列进行标号。b 由 VTST 计算得到的反应 $(MO_2)_nOCO^-\rightarrow(MO_2)_n^-+CO_2$（M=Ti，Zr）的速率。$c$ 由 $(k_BT/h)\cdot e^{-\Delta G/k_BT}$ 计算得到，其中 ΔG 是吉布斯自由能垒，k_B 和 h 是玻耳兹曼和普朗克常数。ΔG 是 DFT 计算得到的 $M_8O_{16}^-+CO_2$ 和 $M_8O_{16}OCO^-$ 的吉布斯自由能差值［结构见图 2-4-5（b）］。对于 Zr 体系，ΔG 在 T=230 K、298 K 和 418 K 时分别为 1.03 eV、0.96 eV、0.84 eV。对于 Ti 体系，这些值是负数（-0.33～-0.14 eV）。

Konova 等对 CO 在 Au/TiO_2[251] 和 Au/ZrO_2[257] 催化剂上的氧化进行了对比研究，结果表明这两种催化剂分别在 213 K 和 230 K 的低温时仍能保持活性。另外，Au/TiO_2 的稳定性和活性都高于 Au/ZrO_2。例如，室温下，Au/TiO_2 上 CO 转化率大于 90%，可以持续 150 min；而在 Au/ZrO_2 上，初始 CO 转化率仅有 83%，并且催化剂很快失活（50 min 之内）。通过碳平衡分析，吸附的 CO 以及累积的碳酸盐是 Au/ZrO_2 失活的主要原因[257]。我们在图 2-4-6 中提出的反应机理，与 CO 低温氧化过程中 Au/TiO_2 和 Au/ZrO_2 上观察到的反应活性相一致；更重要的是它解释了为什么催化剂 Au/TiO_2 优于 Au/ZrO_2。

其他相关研究也从不同的角度支持图 2-4-6 中提出的反应机理。近期一篇报道[255]应用了产物时序分析（Temporal Analysis，TAP，T=418 K）技术和同位素交换（Isotope Switching）方法，对 Au/TiO_2 和 Au/ZrO_2 表面的含碳物质（Carbon-Containing Surface Species，CCSS）进行了研究。首先使用含有^{13}CO、O_2 和 Ar 的混合气体，向装有新鲜催化剂的 TAP 反应管中通入第 50 个脉冲（约 30 min）；然后换用含有^{12}CO、O_2 和 Ar 的混合气体再通入第 50 个脉冲。在 Au/ZrO_2 上，通入含^{12}CO 的混合气后（第 50 个脉冲之后）仍能观测到$^{13}CO_2$ 产物的生成；而且$^{12}CO_2$ 强度增加很慢，在第 50 个脉冲后仍未到达最终值。与之形成鲜明的对比，在 Au/TiO_2 上，初始阶段没有 CCSS，反应表面储存的少量可释放的 CCSS（积碳物质为^{12}C 组成）在用^{13}CO 后第 5 个脉冲时就已完全被^{13}C 取代。TAP 测量中 Au/ZrO_2 上$^{13}CO_2$ 消失缓慢对应于 CO_2 从锆氧体系脱附很慢，这也与我们在团簇研究中的发现一致（图 2-4-6 及表 2-4-2中的最后一列）。

存在于钛氧和锆氧体系的 O^- 自由基的活性差异［反应式（2-4-1）和（2-4-2）］很好地对应于凝聚相 Au/TiO_2 和 Au/ZrO_2 催化剂在 CO 低温氧化中的不同性能。值得注意的是，Au/CeO_2 催化剂在 CO 低温氧化中也具有与 Au/TiO_2 相似的高反应活性[12,258]。之前报道的（CeO_2）$_nO^-$（n=4~21）团簇和 CO 的反应模式[149]与（TiO_2）$_nO^-$ 的反应模式［反应式（2-4-4）］一致，而非生成吸附产物（CeO_2）$_n$$OCO^-$，这一事实也进一步验证了上述结论。

为了进一步支持原子氧自由基确实参与了 CO 在 Au/TiO_2 及相关体系上的低温氧化，我们用含有超氧 $O_2^{-\cdot}$ 和 Au_2 单元的 HAu_2TiO_4 团簇作为模型，对 CO 在该模型上的氧化过程进行了 DFT 计算，来解释反应式（2-4-1）。该反应全程是无能垒的过程，产物 HAu_2TiO_3 含有一个 O^- 自由基，可以和另一个 CO 分子按照反应式（2-4-2）进行反应。需要注意的是，实际 Au/TiO_2 催化剂远比 HAu_2TiO_4 复杂得多，关于 Au 担载在钛氧团簇体系的实验和理论的深入研究对理解并找到 Au 在 CO 低温

氧化过程中的性质非常重要。我们关于不含 Au 的钛氧和锆氧团簇体系的研究为揭示原子氧自由基在这一重要反应中的作用提供了证据，这将是未来更深入研究的一条关键线索。

2.4.3 本节小结

我们利用质谱（$n=3\sim25$）和密度泛函计算（$n=3\sim8$）相结合的手段研究了阴离子团簇（TiO_2）$_n$$O^-$和（$ZrO_2$）$_n$$O^-$与 CO 的反应。与钛氧及锆氧团簇相连的 O^- 氧化 CO 分别生成气态 CO_2 及团簇表面吸附态 CO_2。反应活性的差异与 Ti 的 3d 轨道及 Zr 的 4d 轨道能量相关，因为团簇中由 d 轨道接受 $CO+(O^-)_{ad}\rightarrow CO_2+(e^-)_{ad}$反应中的一个电子。对于 Ti 体系，$CO_2$ 从反应中间体（MO_2）$_n$$OCO^-$脱附所需能量随团簇尺寸 n 增加而显著减少;而对于 Zr 体系，这种能量变化不明显。与（TiO_2）$_n$$O^-$和（$ZrO_2$）$_n$$O^-$团簇结合的 O^-对 CO 反应活性的差异与凝聚相中 Au/TiO_2 和 Au/ZrO_2 催化剂在 CO 低温氧化中的不同性能相一致，而且证明 O^-参与了这一重要的催化反应。另外，在 CO 氧化反应中，反应产物(CO_2)的脱附或者催化剂的失活直接与 O^-相关；而 O^-与氧化物载体的性质密切相关。本研究对于理解 CO 低温氧化的反应机理及以氧化物为载体的催化剂中 O^-的作用非常重要。

2.5 过渡金属铈钒氧化物 $CeVO_4^+$ 与丙烯反应的研究

过渡金属氧化物团簇可以作为研究金属氧化物催化剂活性中心结构和反应性质的理想模型，因此研究金属氧化物团簇的气相反应具有十分重要的意义。钒氧化物催化剂广泛应用于工业生产和实验室研究中，过渡金属氧化物经常担载在其他材料表面以参与多相催化反应。例如，钒氧化物多担载在多孔材料 SiO_2[281]、Al_2O_3[282]、TiO_2[283]、ZrO_2[283]和 CeO_2[284]表面选择性催化氧化烷烃[285-287]、醇[53,54]、硫化物[55]以及烯烃[53]。与同核氧化物团簇的研究相比，异核氧化物团簇的研究较少，与之相关的一些结果也是最近才有报道。研究异核氧化物团簇如 $Ce_xV_yO_z^{0,\pm1}$有助于研究以氧化物为担载物的催化剂（如 V_2O_5/CeO_2）中担载物与载体之间的化学结构及反应活性。深入了解反应的机理和活性位点对于合理设计催化剂具有重要的指导意义。为了能够从分子水平探

究烯烃活化的机理，一条便捷的途径是在隔离和可控的条件下，研究烯烃与原子团簇，如过渡金属氧化物团簇 $M_xO_y^+$ 的相互作用。在过渡金属氧化物 TMO 离子团簇活化烷烃的不同反应中，有着不同的反应类型。例如在 MoO_2^+ 活化小分子烷烃的反应中，经常存在烷烃的 C–C 键的断裂和脱氢的过程[291]，而在 ReO_2^+ 和乙烯的反应中除了存在氧化（ODH）过程外，还可以观测到水分子脱去的过程等[292]。在钒氧化物活化小分子烷烃的过程中，$(V_2O_5)_{1\sim3}^+$[293,294]、$V_4O_{11}^-$[295]、和 $V_3O_7^+$[296] 的氧转移和 ODH 的反应路径相关文献已有报道，除了以上所提到的同核的过渡金属氧化物团簇外，异核的过渡金属金属氧化物团簇与烷烃的反应也已有所报道。近期，有报道结合飞行时间质谱与 DFT 理论首次指出，异核氧化物团簇 $CeV_2O_7^+$ 能够活化乙烯同时打断 C＝C 键的异核金属氧化物团簇[297]；活性氧物种中过氧自由基（O_2^{2-}）对中性分子具有反应活性，并非之前认为的呈化学惰性[298]。

一些关于同核钒氧化物团簇与碳氢化合物反应的实验研究认为，闭壳层的阳离子离子团簇 $V_xO_y^+$ 在室温下通常呈惰性或者仅有微弱的反应活性[293,299]。而掺杂 Ce 元素的异核氧化物团簇 VO_x/CeO_2 催化剂在烷烃活化等反应中表现出高活性，且该催化剂中存在 $CeVO_4$ 这一活性位点[300,302]。但是，Ce 对于钒氧化物的掺杂对其活性的影响并未有报道。因此，本节中我们利用飞行时间质谱结合量子化学计算对铈-钒异核氧化物阳离子团簇 $CeVO_4^+$ 的结构及其与丙烯反应活性进行了研究。

2.5.1　研究方法

2.5.1.1　实验手段

通过激光溅射一个旋转同时平动的摩尔比为 1∶10 的 Ce/V 混合靶，然后产生高温金属等离子体；等离子体与背景压力 5 atm 的脉冲载气（0.001% O_2/He）中的 O_2 分子发生反应制备反应团簇阳离子 $CeVO_4^+$。所用激光束为一束 532 nm（Nd^{3+}∶YAG 固体脉冲激光器的二倍频光），每脉冲能量为 5~8 mJ，重复频率为 10 Hz 脉冲激光，载气由脉冲阀控制（General Valve，Series 9）。产生的目标团簇（$CeVO_4^+$ 与 $V_3O_7^+$）通过四极杆质量过滤器（QMF）选质后进入线性离子阱（LIT）反应器。在离子阱内，生成的团簇与脉冲载气氦气加热，随后与脉冲的 C_3H_6 反应一段时间（1.1 ms）。C_3H_6 脉冲气体从阱内进入真空系统中，这段停留时间为 T_R 为 19.65 ms。$T_R = V/2CS$，V 为离子阱的真空度（$1.30 \times 10^5\ mm^3$），C 为声速，S 为孔的横截面积（$12.56\ mm^2$）。在反应中 T_R 必须远大于反应时间 T_R（1.1 ms），从而使得 C_3H_6 在离子阱内与 $CeVO_4^+$ 团簇反应的过程中压力保持为一个常数。离子阱内的气体经聚焦后进入飞行时间质谱（TOF-MS）。反应速率的研究方法在前文中已作详细的介绍，反应产物是反应物在离子阱内通过多次碰撞获得的稳定产物。这里所给出的结果为单分子反应碰撞后的反应结果。其准一级反应速率常数 k_1 可用下式求得：

$$\ln \frac{I_R}{I_T} = -k_1 \frac{P_1}{kT} t_R \qquad (2-5-1)$$

式中：I_R 为团簇 $CeVO_4^+$ 反应后的峰强度；P_1 为反应气的分子束密度；t_R 为反应时间；I_T 为我们的反应产物的强度；T 为反应温度；K 为玻尔兹曼常数。

在实验中可以认为实验所用的脉冲气体（C_3H_6）在反应时间的短时间内瞬时反应压力是不变的。因此可以认为反应时间不变，而反应压力随气体的多少变化。反应物的离子强度可以通过与实验数据的拟合从而确定反应速率常数。

2.5.1.2 实验理论计算手段

所有计算在 Gaussian 09 软件中进行，并且应用杂化 B3LYP 交换-相关泛函。我们对 V、C、H、O 原子用 TZVP 基组，对 Ce 原子用 D95V 基组结合斯图加特/德雷斯顿相对有效核心势（在 Gaussian 程序中简写做 SDD）进行计算。团簇的几何构型为对所有原子自由优化得到。过渡态的初始结构通过势能面（Potential Energy Surface，PES）的扫描得到。频率计算用来验证反应中间体和过渡态是否分别有 0 个及 1 个虚频。内坐标 IRC（Intrinsic Reaction Coordinate）计算用于验证过渡态是否连接局域最小值。我们介绍的能量为经过零点校正的 0 K 下的反应焓变 $\Delta H_{0\,K}$ 和标准状况（298.15 K，1 atm）下的反应吉布斯自由能变化 ΔG_{298K}。对 $CeVO_4^+$ 团簇，我们在 B3LYP 计算的基础上，进行了相应的 UCCSD(T)/Genecp 计算。同时，本节中所介绍的所有结构的能量均为考虑了色散矫正后的相对能量。

2.5.2　结果与讨论

2.5.2.1　实验结果

铈元素同位素的自然丰度为 ^{136}Ce（0.19%），^{138}Ce（0.25%），^{140}Ce（88.45%），^{142}Ce（11.11%）。而前两者的含量相对较低，所以本工作中只考虑 ^{140}Ce，异核氧化物铈钒团簇阳离子 $CeVO_4^+$（$m/z=255$）和丙烯反应的质谱实验结果图如图 2-5-1 所示：图 2-5-1（a）示意了飞行时间质谱制备的 $Ce_xV_yO_z^+$ 团簇的飞行时间质谱分布图。在实验中使用的正交镜像滤波器的质量分辨仪能够很好地选出 ^{140}Ce 的质谱图，而在谱图中始终有一个 $m/z=273$ 的峰存在。我们认为这是 $^{140}CeVO_4^+$ 与反应气中的水分子在离子阱中反应生成 $^{140}CeVO_4H_2O^+$ 的结果：

$$CeVO_4^+ + H_2O \rightarrow CeVO_4H_2O^+ \tag{2-5-2}$$

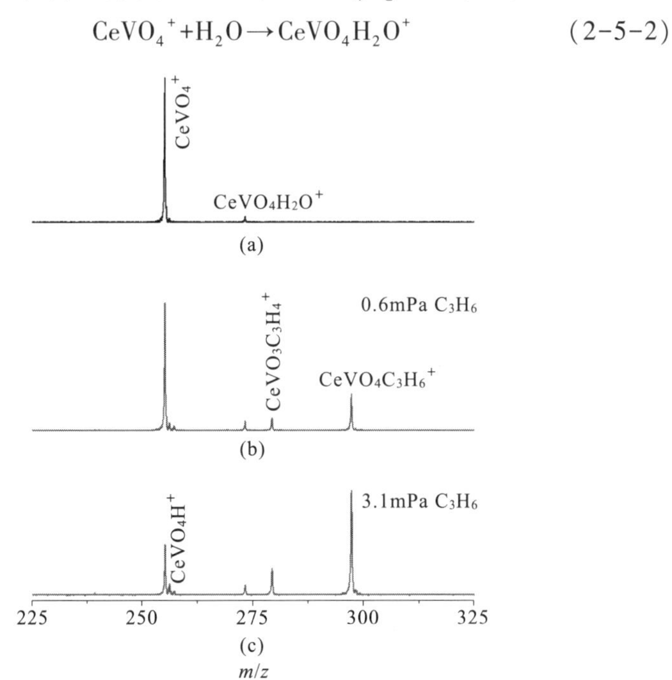

图 2-5-1　$^{140}CeVO_4^+$ 团簇产生及与 0.6 mPa C_3H_6 和与 3.1 mPa C_3H_6 的反应质谱图

（a）选质的 $^{140}CeVO_4^+$ 团簇；（b）$^{140}CeVO_4^+$ 与 0.6 mPa C_3H_6 的反应；

（c）$^{140}CeVO_4^+$ 团簇与 3.1 mPa C_3H_6 的反应

图 2-5-1（b）（c）所示为所制备的团簇 $CeVO_4^+$ 在不同的反应压力

下与丙烯反应的质谱结果图：当在 0.6 mPa 压力下反应 1.1 ms 时能够生成 $CeVO_4C_3H_4^+$和 $CeVO_4C_3H_6^+$，当离子阱内通入更多的丙烯气体时，两种产物的峰都有所增加，从而说明了在离子阱内发生了如下的反应：

$$CeVO_4^+ + C_3H_6 \rightarrow CeVO_4C_3H_6^+ \qquad (2\text{-}5\text{-}3)$$

$$CeVO_4^+ + C_3H_6 \rightarrow CeVO_4C_3H_4^+ + H_2O \qquad (2\text{-}5\text{-}4)$$

除了上述的产物峰之外还存在一个 $m/z = 256$ 的质谱峰，标记为 $CeVO_4H^+$峰，这也是 $CeVO_4^+ + C_3H_6$ 的产物，但是由于其信号过于微弱，所以其在反应通道中可以忽略不计。通常，二元分子团簇在气相中的反应过程可描述为如下的过程：

$$A + B \underset{}{\overset{k_{total}}{\longleftrightarrow}} [AB]^*(\text{亚稳态}) \begin{cases} \xrightarrow{\text{与背景气碰撞}} [AB]\ (\text{稳态}) \\ \longrightarrow \text{单独产物 } C + D \end{cases} \qquad (2\text{-}5\text{-}5a)$$

在我们的实验中

$$CeVO_4^+ + C_3H_6 \overset{k_{total}}{\longleftrightarrow} CeVO_4C_3H_6^+]^*(\text{亚稳态}) \begin{cases} \longrightarrow [CeVO_4C_3H_6]^+(\text{稳态}) \\ \longrightarrow CeVO_3C_3H_4^+ + H_2O \end{cases} \qquad (2\text{-}5\text{-}5b)$$

$CeVO_4^+/C_3H_6$的反应动力学结果在图 2-5-2 中已经给出，随着反应物气体压力的增加，$CeVO_4^+$离子团簇的相对强度减小，而 $CeVO_4C_3H_6^+$和 $CeVO_4C_3H_4^+$的相对强度增加，前者为反应的主要产物。H_2O 的相对强度也随着反应物压力的增加而增加，其和 $CeVO_4C_3H_4^+$的产物相对强度一致。然而，在我们的实验中并没有观测到中性产物的峰，$CeVO_4H_2O^+$随反应压力的增加没有变化，说明 $CeVO_4H_2O^+$是和反应气中的水反应的产物。一级反应的反应速率常数可以根据式（2-5-1）计算。估得得到一级反应速率常数为 $k_1(CeVO_4^+ + C_3H_6) = (1.8 \pm 0.1) \times 10^{-9} cm^3 \cdot s^{-1} \cdot molecule^{-1}$（$\pm 0.1 \times 10^{-9} cm^3 \cdot s^{-1} \cdot molecule^{-1}$的不确定度是标准方差）。根据 Langevin 的理论计算得到的分子碰撞速率常数为 $k_1(CeVO_4^+ + C_3H_6) = 9.8 \times 10^{-10} cm^3 \cdot s^{-1} \cdot molecule^{-1}$，比我们所观测到的分子反应速率常数要小；如果采用 Suand Chesnavich 的捕获理论，考虑进中性反应气的偶极矩和角动量的守恒，那么反应速率常数将会变为 $k_{cap}(CeVO_4^+ + C_3H_6) = 1.05 \times 10^{-9} cm^3 \cdot s^{-1} \cdot molecule^{-1}$，$k_{cap}$和 k_1 的不同之处是由于 C_3H_6 分子的偶极矩（$\mu_D(C_3H_6) = 0.366$ D）。在以前的相关报道中也观察到了类似的现象，如 $AuNbO_3^+/C_2H_6$，Pt_n^+/CO 等体系。这说明团簇的构型以及其和中性分子相互作用时的势能对分子碰撞速率的计算都有重要的指导意义。反应（2-5-5b）的产物分支比为 21%，这主要是根据下式确定：

$$\frac{\sum_{i=1\sim4}\frac{I_i(CeVO_3C_3H_4^+)}{I_i(CeVO_3C_3H_4^+)+I_i(CeVO_4C_3H_6^+)}}{4}$$

式中：I 为质谱的第 $i(i=1\sim4)$ 个峰的峰强。

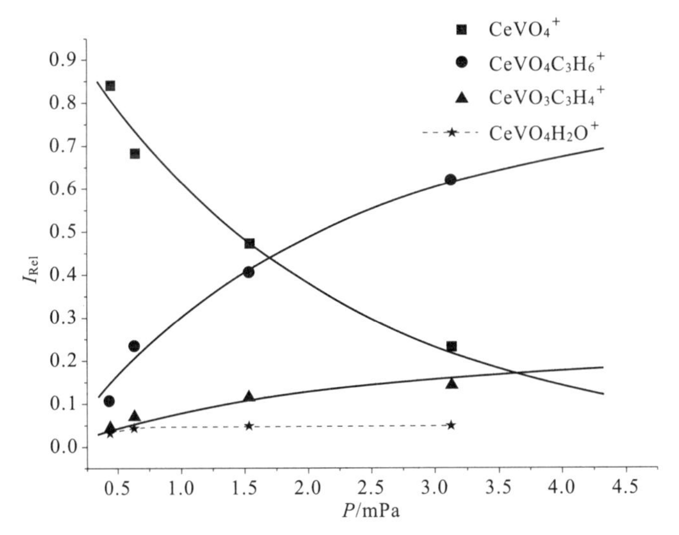

图 2-5-2　实验测得的 $CeVO_4^+$+C_3H_6 反应过程中不同压力下，产物和反应物的相对强度（反应时间为 1.1 ms）

2.5.2.2　理论计算结果

为了得到 $CeVO_4^+$团簇的最稳定构型，我们对其可能的几何构型做了优化筛选，B3LYP 计算预测了一些能量较低的构型（IS1～IS5，能量差在 1 eV 之内，图 2-5-3）。这些异构体均是单重态。我们也得到了其他构型，但由于相比于电子态 IS1，能量差大于 1 eV，这些结构在本书的电子态 SI 中列出。图 2-5-3 中电子态 IS1 的构型是我们计算得到的能量最低的构型，包含一个 Ce-O_b-V-O_b 的四圆环，Ce-O_t 和 V-O_t 指向不同的方向（O_t 指的是端氧，O_b 指的是桥氧），在电子态 IS1 中，Ce 和 V 的氧化态均为其最高氧化态。异构体 IS2 的能量比电子态 IS1 能量高 0.09 eV，在四元环的一侧具有两个 O_t 氧原子的其他结构的稳定性都降低了至少 0.58 eV。本研究同时利用单点 CCSD（T）对电子态 IS1～IS5 的构型能量进行了计算（结果列于结构下的方框内）。总体来看，CCSD

(T) 的能量计算结果与 B3LYP 的结果相一致。由 DFT 计算结果可知，团簇 $CeVO_4^+$的基态为单重态（1A′，C_s 点群）。

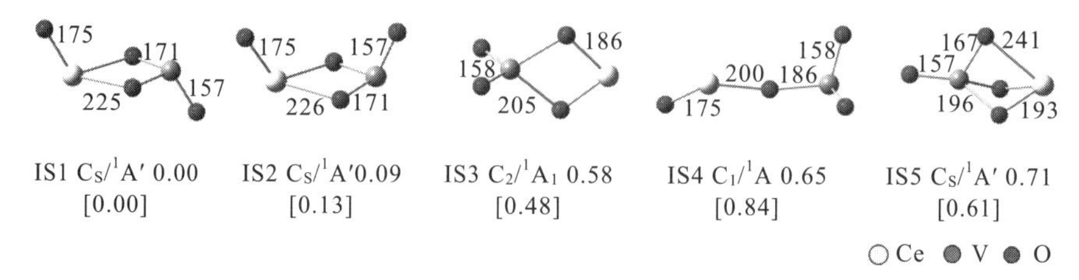

图 2-5-3 DFT 优化得到的 $CeVO_4^+$构型（相应的能量 ΔH_{0K}（eV），IS1~IS5 的电子态，多重度标注在构型下面，单点 CCSD（T）的能量标注在方框中，并且给出部分键长为（Å））

我们进一步详细研究了 $CeVO_4^+$和 C_3H_6 的反应机理，反应的势能面，反应物、中间体、过渡态和产物的结构与相对能量，如图 2-5-4所示。首先初始反应得到一个 C_3H_6 吸附在钒原子的空位上的中间体 I1；然后 C_3H_6 的甲基上的氢原子转移（HAT）到了 V-O_t 原子上；最后反应（I1→TS1/TS2→I2）需要越过一个能垒（ΔH_{0K}=1.20 eV），这个能垒可以用 I1 的结合能来克服（2.02 eV）。当中间体 I2 形成后，V-O_t 键断裂同时形成 C-O_t 键。由图 2-5-4 可见，如果反应沿着单重态势能面进行，形成的中间体 I3 能量为-1.00 eV。然而，如果反应沿着三重态势能面进行，则所形成^{3}I3 的能量为-1.23 eV，而且在以后的反应路径中，三重态势能面所形成的产物的能量较单重态偏低。由此可见，在 TS2/TS3→I3 的形成过程中存在从单重态到三重态的自旋翻转[7]。首先从 I3 开始，势能面开始沿着三重态进行。然后通过过渡态 TS3/TS4 形成 I4，经过第二步的从甲基到 O_b 上的氢转移（HAT），克服一个 TS4/TS5 的能垒后，打破了一个 $CeVO_4^+$中的稳定的四圆环结构并形成了第二个羟基基团。通常来说，O_t 原子的活性要比 O_b 原子的活性高，但在本体系中却是相反的。在形成中间体 I5 后，接着通过过渡态 TS5/TS6 所形成的中间体 I6，V-O_t 键与四圆环又重新形成，然后 I6 可以很容易生成羟基与 Ce 原子相连的中间体 I7。最后为了形成最终的产物水分子，中间体 I7 经过第三步的氢转移（HAT）过程形成反应势能面上能量最低的中间体 I8。最后一步氢转移发生，形成中间体 I9，其中的 H_2O 部分结合于团簇的主体构架上，其结合力已经较弱。接下来 H_2O 可以脱吸附，生成最终产物。反应过渡态及产物 $CeVO_3C_3H_4^+$+H_2O 的能量都显著低于分立反应物的能量之和，因此，上述反应既是热力学可行的，又是动力

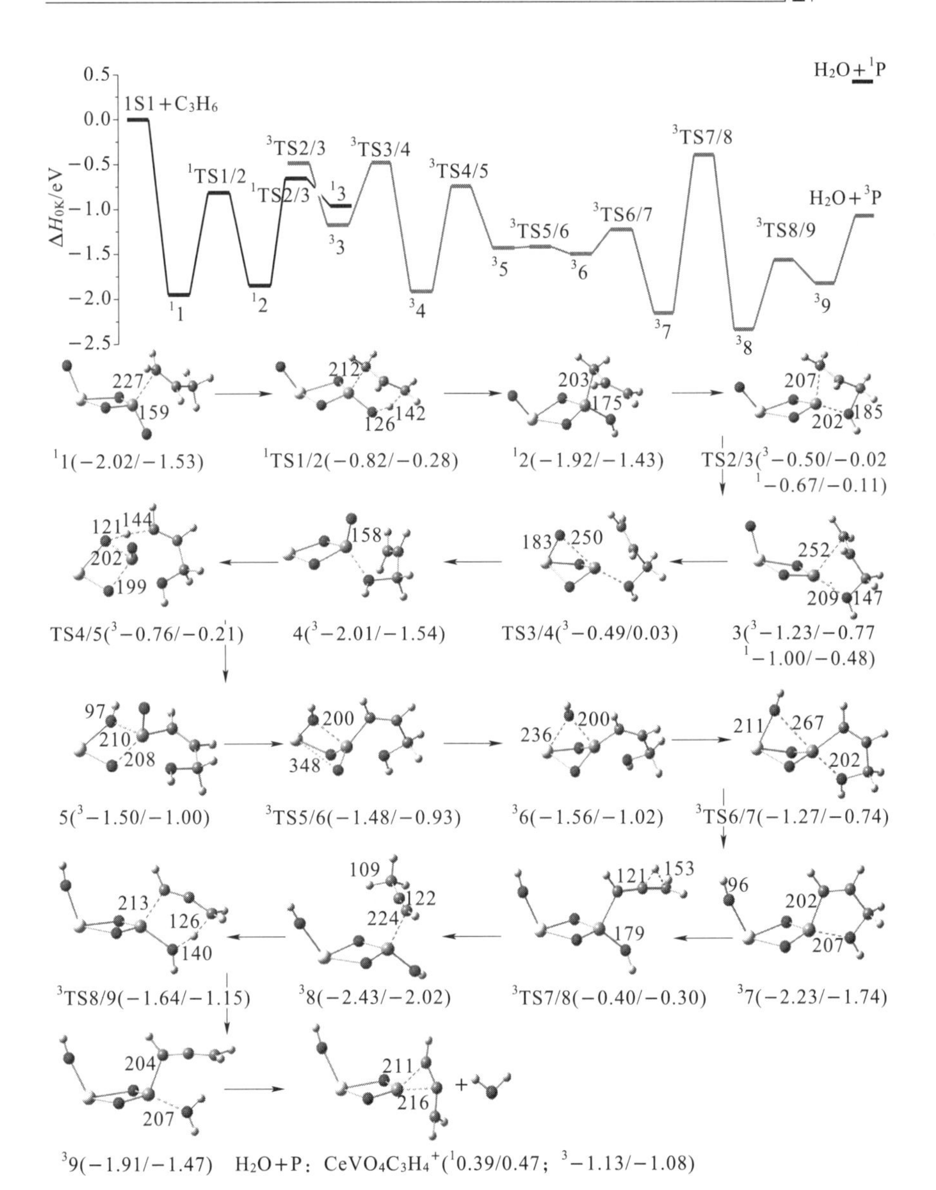

图 2-5-4　DFT 计算的 $CeVO_4^+$ 与 C_3H_6 反应的势能面曲线（反应物、产物、过渡态与中间体的能量均给出，（$\Delta H_{0K}/\Delta G_{298K}$）给出了零点修正能 ΔH_{0K}（eV）和吉布斯自由能 ΔG_{298K}（eV），并且给出部分键长（Å））

学可行的。

值得注意的是，B3LYP 的密度泛函方法并不包括色散力的矫正[72]，从而有可能导致中间体和过渡态的能量偏高[77]。在我们的研究体系

$CeVO_4^+/C_3H_6$ 中，色散力的矫正会导致中间体和过渡态的能量降低 0.20~0.33 eV。下表 2-5-1 中给出了经过色散力矫正后的中间体和过渡态的相对能量。在反应的势能面上，中间体和过渡态（产物除外）的吉布斯自由能 $\Delta G_{298\ K}$ 与热力学的焓值 ΔH_{0K} 能量相差 0.5 eV，^{3}TS3/^{3}TS4 的吉布斯自由能相比于反应物来说能量要高，但是因为中间体 I1 的能量很低（-2.02 eV），团簇 $CeVO_4^+$ 和 C_3H_6 的质量碰撞能（0.19 eV）以及团簇的振动能（0.15 eV，T=298 K），这些能垒是很容易克服的。在反应中势能面上过渡态的吉布斯自由能 $\Delta G_{298\ K}$ 要高于反应物能量的现象以前也有过类似的报道。比如在 $Sc_4O_6^+/n\text{-}C_4H_{10}$ 和 $Sc_4O_7^-/n\text{-}C_4H_{10}$ 的体系中，C-H 键断裂的过渡态能量相对于反应物要高 0.20 eV 和 0.35 eV，但两者的反应速率常数都在 10^{-10} $cm^3 \cdot s^{-1} \cdot molecule^{-1}$，说明其反应是可以发生的[81~82]。除此之外，$La_4O_6^+$ 能够活化 $n\text{-}C_4H_{10}$，其反应速率常数为 $k_1 = 3.5 \times 10^{-10}$ $cm^3 \cdot s^{-1} \cdot molecule^{-1}$，而它的过渡态的吉布斯自由能 $\Delta G_{298\ K}$ 却比反应物高了 0.38 eV。

表 2-5-1 计算得到的 $CeVO_4^+/C_3H_6$ 的反应中中间体、反应物、产物经过色散力矫正的相对能量（$E_{DFT\text{-}D3}$） 单位：eV

分类	IS1+C_3H_6	^{1}I1	^{1}TS1/2	^{1}I2	^{1}TS2/3	^{3}I3	^{3}TS3/4	^{3}I4	^{3}TS4/5	^{1}P+H_2O
$E_{DFT\text{-}D3}$	0.00	-0.25	-0.27	-0.28	-0.30	-0.25	-0.29	-0.31	-0.33	-0.11
分类	^{3}I5	^{3}TS5/6	^{3}I6	^{3}TS6/7	^{3}I7	^{3}TS7/8	^{3}I8	^{3}TS8/9	^{3}I9	^{3}P+H_2O
$E_{DFT\text{-}D3}$	-0.33	-0.31	-0.31	-0.29	-0.24	-0.20	-0.24	-0.24	-0.23	-0.10

根据单分子碰撞理论（RRKM 理论）的计算，势能面上（7→TS7/8→8）过程的最低内转换速率 $k_{conversion} = 2.3\times10^4\ s^{-1}$。He 在离子阱中的有效压力 P_2=3.0 Pa，$CeVO_4^+$ 与 He 的碰撞速率可以由下式估计（最终算的碰撞速率为 $1.3\times10^6\ s^{-1}$）：

$$k_{collision} = P_2\sqrt{\frac{8\pi}{m_{He}k_BT}}(r_{He}+r)^2 \tag{2-5-6}$$

式中：m_{He} 为 He 的相对分子质量；r_{He}(1.40 Å) 为 He 的范德华半径；r(4.26 Å) 为 $CeVO_4^+$ 团簇的范德华半径；k_B 为玻耳兹曼常数；T 为反应气的反应温度。r 的计算公式为 $r=(d_{O\text{-}O}+2r_O)/2$，$d_{O\text{-}O}$（5.47 Å）是 $CeVO_4^+$ 最稳定结构中两个 O_t 原子间的距离，r_O(1.52 Å) 是 O 原子的范

德华半径，比较两个反应速率 $k_{collision}$ 和 $k_{conversion}$，前者大了 50 倍左右，中间体能够通过与 He 原子多次碰撞最终得到稳定的结构，考虑到中间体 I7 是势能面上最稳定的点，其中的一小部分可以转化为我们的产物，这也和我们实验观测到的结果相一致，即 2b 的产率仅占到了 21%。另外，通过 TS7/TS8 后，其相对能量能够降低很多（$\Delta H_{0K} \geqslant -1.23$ eV），所以可以证实反应路径在热力学上也可行。

对于过渡金属氧化物团簇 $M1_{x1}M2_{x2}O_y^{\ q}$，我们可以通过定义一个物理量 Δ 判断团簇富氧（Δ>0）、缺氧（Δ<0）和氧饱和（Δ=0）程度：氧缺陷指数 $\Delta = 2y - n_1x_1 - n_2x_2 + q$，其中 $x_{1,2}$、y 为金属和氧原子的数目，$n_{1,2}$ 为金属原子的最高氧化态，q 为粒子的电荷数，通过以前的研究表明满足 Δ=1 的过渡金属氧化物团簇可能在低温条件下对烷烃都具有很高的反应活性[84-85]。通过 DFT 计算通常可以很好地解释异核金属氧化物与同核金属氧化物反应活性的差异，异核金属氧化物 $CeVO_4^+$ 为闭壳层结构，Δ=0；而同核氧化物团簇 $V_3O_7^+$ 的 m/z(265) 与 $CeVO_4^+$(255) 相似，$V_3O_7^+$ 同样是闭壳层的结构（Δ=0）。因此，我们对同核金属氧化物团簇和丙烯 $V_3O_7^+/C_3H_6$ 体系生成水分子的反应也结合飞行时间质谱与密度泛函理论方法进行了研究。反应测得的实验结果如图 2-5-5所示，反应除了生成 $V_3O_7C_3H_6^+$ 的产物外，同时还有 $V_3O_7C_3H_4^+$ 的产物峰出现，产物为 $V_3O_7C_3H_6^+$: $V_3O_6C_3H_4^+$ = 97 : 3，而 $CeVO_4C_3H_6^+$: $CeVO_4C_3H_4^+$ = 79 : 21，$V_3O_7^+$ 的结构在其他文献中已经有过报道[86]。我们通过 DFT 计算得到 $V_3O_7^+$ 和 C_3H_6 反应生成水分子的路径在热力学和动力学上都是可行的。与 $CeVO_4^+/C_3H_6$ 体系相同的是，$V_3O_7^+/C_3H_6$ 体系同样存在着自旋交叉的过程。$V_3O_7^+$ 活化 C_3H_6 的反应势能面如图 2-5-6 所示，比较异核氧化物 $CeVO_4^+$ 和同核氧化物 $V_3O_7^+$ 活化 C_3H_6 的反应路径可以发现如下不同之处：①反应物的单重态势能面和三重态势能面相交点 CP 位置不同，对于 $CeVO_4^+/C_3H_6$ 和 $V_3O_7^+/C_3H_6$，自旋交叉点的位置分别位于 C−O 键的形成过程（$^1 2 \rightarrow {}^1 TS2/3 \rightarrow {}^3 3$）和 HAT 过程（$^1 2' \rightarrow {}^1 TS2/{}^1 TS3' \rightarrow {}^3 3'$）；②$CeVO_4^+/C_3H_6$ 体系的最高的反应能垒（^{3}TS7/^{3}TS8，−0.40 eV）与 $V_3O_7^+/C_3H_6$ 的反应能垒（^{1}TS2/^{1}TS3′，−0.43 eV）能量接近，但前者的产物（−1.13 eV）相较于后者能量（−0.50 eV）要低，所以前者在热力学上要占优势。由以上两点可以得出，对比于 $V_3O_7^+$，$CeVO_4^+$ 团簇在

与 C_3H_6 反应中表现出高的反应性。

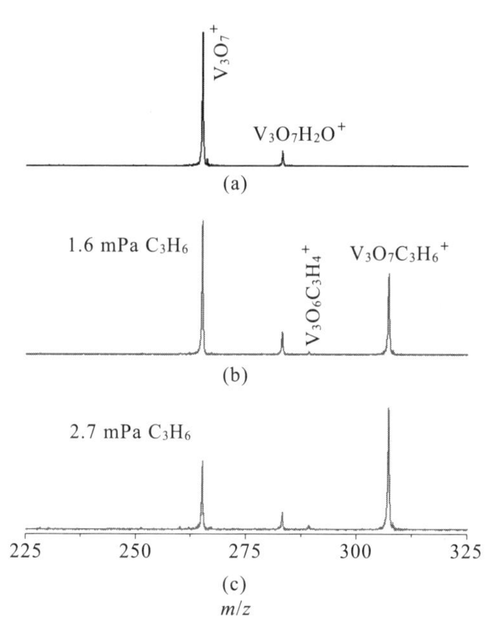

图 2-5-5 $V_3O_7^+$团簇产生及与 1.6 mPa C_3H_6 和与 2.7 mPa C_3H_6 的反应质谱图

(a) 选质的 $V_3O_7^+$团簇；(b) $V_3O_7^+$团簇与 1.6 mPa C_3H_6 的反应；

(c) $V_3O_7^+$团簇与 2.7 mPa C_3H_6 的反应

2.5.3 本节小结

利用飞行时间质谱结合密度泛函理论计算（DFT）研究了闭壳层结构的团簇 $CeVO_4^+$和 C_3H_6 的反应，实验结果表明该反应的产物为 $CeVO_3C_3H_4^+/H_2O$ 与 $CeVO_4C_3H_6^+$，通过 DFT 的研究方法首先对 $CeVO_4^+ + C_3H_6 \rightarrow CeVO_3C_3H_4^+ + H_2O$ 反应机制进行了计算，提出了生成水分子的新的反应机制：反应包含四步氢转移步骤。同时我们对和 $CeVO_4^+$的 *m/z* 相似的闭壳层同核金属氧化物团簇 $V_3O_7^+$氧化丙烯的反应机制也进行了研究，发现异核金属氧化物团簇 $CeVO_4^+$在丙烯的活化方面具有更高的活性。本节的研究为研究异核金属氧化物团簇活化烯烃的反应机制和活性位点提供了重要的理论支持。

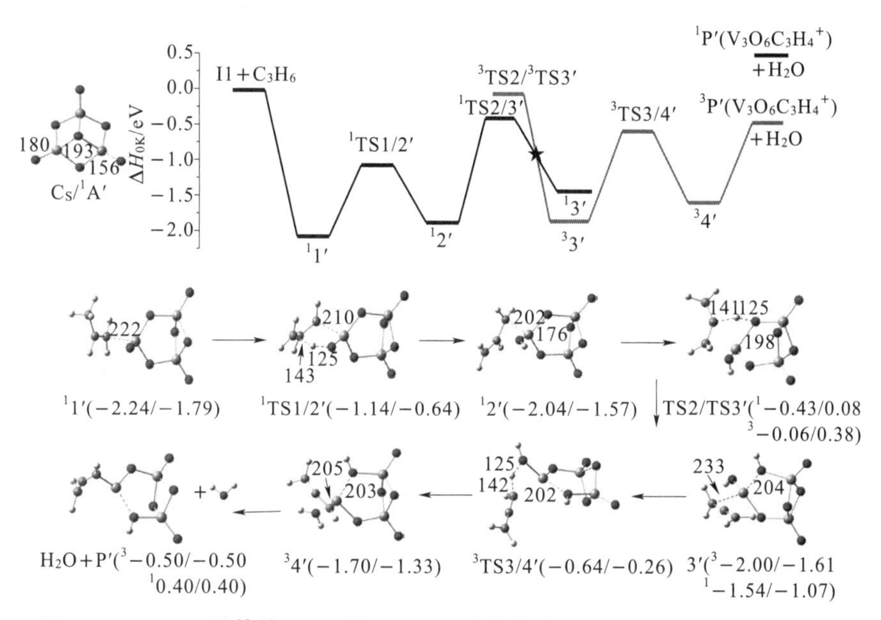

图 2-5-6 DFT 计算的 $V_3O_7^+$ 与 C_3H_6 反应的势能面曲线（反应物、产物、过渡态与中间体的能量均给出，（$\Delta H_{0K}/\Delta G_{298K}$）给出了零点修正能 ΔH_{0K}(eV) 和吉布斯自由能 ΔG_{298K}(eV)，并且给出部分键长（Å））

2.6 电子结构类 Pt 原子的阴离子 $HNbN^-$ 活化烷烃

2.6.1 引言

氮原子填隙地插入到过渡金属的晶格中所形成的金属填隙型化合物被称为过渡金属氮化物（TMNs），因为其兼具了离子晶体、共价化合物和过渡金属三种物质的性质，表现出独特的物理和化学性质。作为性能优良的催化材料的过渡金属氮化物必须要有较高的比表面积，但是传统的冶金方法并不能制成高比表面积的氮化物从而限制了氮化物在催化领域中的应用。过渡金属氮化物被广泛应用于催化研究中始于 1985 年，Stanford 大学的 Boudart 研究小组率先用程序升温反应法制备出了高比表面积的氮化物[303]。1973 年，Levy 和 Boudart[304]发现过渡金属碳化物在一系列催化反应中具有类贵金属 Pt 性质，随后的研究中过渡金属氮化物在催化科学中作为催化新材料同时引起了人们的极大关注[305]，也开辟了新型催化材料研究的新天地。

烷烃的催化尤其是甲烷的活化，由于 C–H 的惰性，低温特别是室温下活化甲烷一直是化学研究中的一个热点问题，被誉为烷烃活化的“圣杯”。Pt($5d^9 6s^1$) 相关的催化剂对于甲烷的活化在凝聚相与气相上都表现出了较高的活性[306-319]。$Pt^{\pm}$离子与 Pt 原子对于甲烷的活化呈现出了不同的活性。Pt^+离子与 Pt 原子能够活化甲烷而 Pt^-离子则呈化学惰性[309,311,317]。随后的广泛研究表明，利用过渡金属的氮化物作为催化剂同样表现出较好的催化性能，而在一些过渡金属氮氢团簇参与的反应中反应活性接近或超过了贵金属催化剂（NMs），过渡金属氮化物在烃类脱氢、氢解和异构化反应中的催化活性，可与贵金属铂、铱相媲美，被誉为“准铂催化剂”。在催化领域，由于贵金属（Pt）的稀缺与昂贵大大限制了其在催化领域的大规模推广应用。因此，用“廉价金属”替代“贵金属”催化剂成为该技术发展的瓶颈，也是催化领域的研究热点和前沿科学。从电子结构水平研究 Pt^q($q=0,\pm1$) 和 TMN 的相似性有助于进一步研究利用 TMNs 催化剂替代 NMs 催化剂。由于催化剂表面结构复杂、活性的影响因素众多，利用现有研究手段，研究人员较难直接获得催化剂活性位点的构效关系。近年的气相研究表明可以利用原子团簇作为模型，从分子、电子结构水平对催化剂活性位的构效关系进行研究。在以前的相关文献中，有过关于非贵金属催化剂活化甲烷的报道，例如 $(La_2O_3)_{3,4}O^-$[70]、$Fe(CO)_2^-$[320] 和 FeC_6^-[321]，而对于过渡金属氮化物催化剂活化烷烃的报道却相对较少。Schwarz 等报道了 $Ni(NH_2)^+$和乙烯的反应[322]，而 Bernstein 进行了 Co_xN_y 与 H_2[323] 反应的活性研究。我们前期在过渡金属氧化物团簇结构及反应活性方面积累的经验为过渡金属氮化物的研究提供了良好的基础，本节利用反射式飞行时间质谱技术、光电子速度成像技术结合密度泛函理论计算对三原子阴离子团簇 $HNbN^-$与烷烃的反应进行了研究。

2.6.2 研究方法

2.6.2.1 实验手段

实验中使用的脉冲激光溅射/超声喷射及快速流动反应管和之前的

小节及以前文献中描述的相类似，此处只给出简略的描述。通过激光照射一个旋转同时平动的靶产生高温金属等离子体；等离子体与脉冲载气（1% NH_3/He）中的 NH_3 分子发生反应生成 $HNbN^-$和 NbN^-团簇。产生的目标团簇通过四极杆质量过滤器（QMF）选质后进入线性离子阱（LIT）。在离子阱内，生成的团簇与脉冲冷却气氦气冷却，随后与脉冲的 CH_4 与 C_2H_6 反应一段时间。在与烷烃反应前，团簇内的振动已接近室温[50,93]。我们利用高分辨反射式 TOF-MS 来研究反应，反应速率的研究方法在前面中已作了详细的介绍[58]，反应产物是反应物在离子阱内通过多次碰撞获得的稳定产物。本节所给出的结果为单分子反应碰撞后的反应结果。其准一级反应速率常数 k_1 可用下式求得：

$$\ln \frac{I_{\mathrm{R}}}{I_{\mathrm{T}}} = -k_1 \frac{P_1}{kT} t_{\mathrm{R}} \tag{2-6-1}$$

式中：I_R为团簇 $HNbN^-$反应后的峰强度；P_1 为反应气的分子束密度；t_R 为反应时间；I_T为我们的反应产物的强度；T 为反应温度；k 为玻耳兹曼常数。

在实验中可以认为实验所用的脉冲气体（CH_4 与 C_2H_6）在反应时间的短时间内瞬时反应压力是不变的。因此，可以认为反应时间不变而反应压力随气体的多少变化。反应物的离子强度可以通过与实验数据的拟合从而确定反应速率常数。除此之外，动力学同位素效应（Kinetic Isotope Effect，KIE），数值上等于较轻同位素参加反应的速率常数与较重同位素参加反应的速率常数的比值。$HNbN^-/CH_4$ 和 $HNbN^-/C_2H_6$ 动力学同位素效应可以表示为 $k_1(HNbN^- + CH_4)/k_1(HNbN^- + CD_4)$ 和 $k_1(HNbN^- + C_2H_6)/k_1(HNbN^- + CH_3CD_3)$，而本实验中 KIE 的影响不大。在其他的一些包含自旋交叉的反应中，如 FeO^+/H_2，KIE 的数值为 $[k_1(FeO^+ + H_2)/k_1(FeO^+ + D_2)] = 2.1 \pm 0.1$[324]。由于氘代烷烃比非氘代烷烃的相对分子质量要大，因此其耦合的概率就更大，导致氘代化物的反应更容易发生自旋交叉，因此 KIE 的数值更大。

2.6.2.2　理论计算手段

本研究中所有计算在 Gaussian09 软件中进行[21]，采用杂化泛函方法 BMK（47%交换-相关泛函）[325]。对 N、C、H、O 原子用 TZVP 基组[326]；Nb 原子用三 ζ 加极化函数基组（def2-TZVP）基组[60]进行计算。我们通过对 20 种密度泛函的理论计算方法进行了测试，结果表明对于 Nb^+-H、Nb^+-CH_2、H-C_2H_5、N-H 键的键能 BMK 的杂化泛函方法给出了与实验接近的预测（表 2-6-1），而且 BMK 的方法对于活化烷烃中的碳氢键的影响最小[327]，BMK 的方法也已应用于气相反应中几种化合物活化烷烃的反应研究[328-329]。但是理论计算的方法是一种近似的研究方法，导致其本身有一定的误差，其中之一便是子相互作用(SIE)[330]。SIE 的作用在 HF 近似的理论中可以有效消除，相应的杂化的密度泛函方法相比纯的泛函方法，因其含有 HF 的交换泛函成分就能有效地减小 SIE 的影响[11]。其中，Pt 原子与烷烃的作用在 B3LYP[331-333]/SDD[334]的方法和基组下进行计算。团簇的几何构型为对所有原子自由优化得到。过渡态的初始结构通过单个或多个坐标的势能面（Potential Energy Surface，PES）的扫描得到[61]。频率计算用来验证反应中间体和过渡态是否分别有 0 个及 1 个虚频。内坐标(Intrinsic Reaction Coordinate，IRC)[25-28]计算用于验证过渡态是否连接局域最小值。我们在本小节介绍的能量为经过零点校正的 0 K 下的反应焓变 ΔH_{0K}。自然键轨道理论分析在 NBO 5.9[15]和 Multiwfn[335]的基础下进行。当分别使用通常的 DFT 计算方法及自旋-轨道 DFT（SODFT）的方法计算 Pt/CH_4 体系时，反应得到的势能面是不同的。用传统的 DFT 方法计算这个体系时，Pt 与 CH_4 首先形成一个弱相互作用的三重态的中间体；然后经过一个 C-H 键断裂。在这一步中三重态的过渡态能量较高，而单重态的 C-H 键断裂的过渡态的能量较低。所以，会出现一个三重态-单重态的自旋翻转。当用自旋-轨道 DFT（SODFT）的方法进行计算时，由于单重态-三重态的自旋轨道的相互作用，导致在计算烷烃活化断裂 C-H 键的过程中并没有出现过渡态[317]。除此之外，自旋耦合常数（SOCC）与核电荷数（Z^4）相关。基于以上两点，$HNbN^-$/烷烃的自旋耦合常数相比于 Pt/CH_4 体系要小，因此在本节中没有考虑。

表 2-6-1　密度泛函理论方法与计算所得到的键能数据表

单位：eV

参数	方法	Nb^+-H	Nb^+-CH_2	$H-C_2H_5$	N-H	$E(^3IS1)-E(^1IS1)$	$E(^3IS1)-E(^2IS1)$
实验值	数值	2. 34± 0. 13	4. 73± 0. 35	4. 38± 0. 02	3. 40± 0. 16	0. 06	1. 402
	参考文献	[336]		[337]	[338]	PEI 实验数值	
杂化泛函	BMK	2. 77	4. 53	4. 27	3. 43	0. 11	1. 244
	B3LYP	3. 15	4. 97	4. 2	3. 54	0. 16	1. 317
	B1B95	3. 18	5. 18	4. 24	3. 33	0. 22	1. 165
	B1LYP	3. 08	4. 76	4. 14	3. 47	0. 18	1. 183
	B3P86	3. 3	5. 21	4. 31	3. 64	0. 29	1. 885
	B3PW91	3. 18	5. 03	4. 15	3. 44	0. 31	1. 353
	M05	2. 95	5. 13	4. 17	3. 38	−0. 28	0. 764
	M052X	3. 7	5. 45	4. 25	3. 33	0. 12	1. 278
	PBE1PBE	3. 16	5. 03	4. 13	3. 41	0. 33	1. 312
	X3LYP	3. 14	4. 97	4. 20	3. 53	0. 16	1. 277
	M06	2. 98	5. 24	4. 21	3. 29	−0. 21	1. 130
	M062X	3. 06	4. 92	4. 26	3. 33	0. 35	1. 346
	BH&HLYP	3. 04	4. 23	4. 14	3. 34	0. 34	1. 225
纯泛函	BPW91	3. 18	5. 44	3. 82	3. 51	0. 25	1. 301
	BLYP	3. 13	5. 36	4. 14	3. 61	0. 05	1. 150
	BP86	3. 31	5. 61	4. 26	3. 72	0. 18	1. 419
	BPBE	3. 18	5. 46	4. 09	3. 5	0. 25	1. 287
	M06L	3. 16	5. 33	4. 15	3. 29	0. 05	1. 065
	PBE	3. 22	5. 68	4. 15	3. 56	0. 19	1. 290
	TPSS	3. 36	5. 22	4. 21	3. 64	0. 24	1. 269

2. 6. 2. 3　RRKM 计算手段

本小节利用 RRKM 理论[339-340]基于变分过渡态理论（VTST）[341]研究了$^1 1 \rightarrow {}^1IS1+CH_4$的分解速率 k_d，在反应物形成（CH_4-HNbN）$^-$中间体

的过程中，变分过渡态理论计算包含对几何结构的优化与频率的计算。当 CH_4和 HNbN 单元的距离设定在不同的数值时，其每一个结构都被当作过渡态并用式 $[k_d = N^{\neq}(E-E^{\neq})/\rho(E)]/h]$ 计算 k_d。利用该方法（VTST）确定所得到的 k_d最低值就是反应的分解速率[114]。在我们的计算体系中，弱吸附的中间体（CH_4-HNbN)$^-$很难优化得到，所以我们只计算了 k_d最低值$[k_d(LL)]k_d(LL)=N^{\neq}(E-E_b)^1/\rho(E)/h$，$E_b=0.04$ eV。$N^{\neq}(E-E_b)^1$ 的数值计算是通过转移中间体$(CH_4-HNbN)^-$分离对应的 CH_4 和 $HNbN^-$的振动频率得到的。由于^{1}1 的振动频率比弱吸附的中间体$(CH_4-HNbN)^-$通常要大，低频数值的对 $N^{\neq}$ 数值贡献更大，$N^{\neq}(E-E_b)^1$ 是 $N^{\neq}(E-E^{\neq})$ 的最低值，所以 $k_d \geqslant k_d(LL)$。$k_d(LL)$ 的数值为 $2.1\times10^{11}\ s^{-1}$。^{1}1 →^{1}TS→^{1}P 的速率通过 RRKM 理论计算得到。

离子阱内的有效压力 $P_2=3.0$ Pa。^{1}1 与氦气的碰撞速率为

$$k_{collision}=P_2\sqrt{\frac{8\pi}{m_{He}k_B T}}(r_{He}+r)^2(1.1\times10^6\ s^{-1}) \qquad (2-6-2)$$

式中：m_{He}为氦气的相对分子质量；r_{He}(1.40 Å）为 He 的范德华半径；r(2.5 Å）为^{1}1 的范德华半径；k_B为玻尔兹曼常数；T 为反应气的反应温度；r 的计算公式为 $r=(d_{H-H}+2r_H)/2$；d_{H-H}(5.0Å）为^{1}1 最稳定结构中两个 H 原子间的距离；r_H(1.2 Å）为 H 原子的范德华半径。

2.6.2.4 光电子速度成像（PEI）实验手段

激光溅射产生的阴离子团簇在主飞行时间质谱阶段通过两个相同的 Z 型配置的反射器，然后目标离子团簇通过质量门筛选后与从 OPO 激光源（光学参量振荡器，连续，水平）分离出来的波长可谐调的波束反应。光电离电子的速度测量在以前的文献中已有过类似的描述，是通过自制的光谱仪测量的。OPO 激光波长使用光栅光谱仪（阿克顿谱光谱仪）测定并通过汞氩灯原子光谱线标定[342]。光电子动能 E_k的标定是通过已知电子脱附能的碘阴离子（I^-）实现的，I^-阴离子的产生可以由在氦气中通入痕量的 CH_3I 产生。在碘标定的实验中测得，PEI 的能量

分辨率为 3%（$\Delta E_k/E_k$；$E_k=1.0$ eV）。

光解各向异性参数 β[343]，用于表述光电离电子与激光偏振方向间的取向度。实验观测到的电子结合能（BE）与 β 的数值如表 2-6-2 所列。由表 2-6-2 可以看出，其中一个键的 β 值相较于其他三个明显偏大，而其余三个 β 值相似。从而可以得知，X_1、X_2 与 X_3 键具有相同的或者相似的电子激发态，s-型和 d-型的电子分别形成 a 与 X 的键。在弗兰克-康登（FC）的模拟实验中振动温度为 300 K，每个振动跃迁的分辨率都是 20 meV。FC 模拟的其他参数值都只与 DFT 的计算相关。在反应性的实验中离子振动的温度要低于在 FC 模拟实验中的温度，这是由于反应气在离子阱内的温度将会达到 300K，而离子在离子阱中与氦气碰撞后温度降低[50,93]。一般认为在狭窄的离子阱通道内形成的离子团簇通常是旋转冷（$T_{rot}\approx 50$ K）而振动热（$T_{vib}=700$ K）[342]。然而，在研究中确定离子的振动温度是相对困难的，所以在本书中我们认为在反应中离子的温度为 300 K，而在 300~700 K 的范围内研究光谱。

表 2-6-2　$HNbN^-$的结合能 BE 与各向异性参数 β

键	BE/eV	β
a	1.342	1.3±0.1
X_1	1.402	
X_2	1.451	0.5±0.1
X_3	1.507	

2.6.3　结果与讨论

2.6.3.1　$HNbN^-$与 CH_4 和 C_2H_6 的实验结果

$HNbN^-$团簇与 CH_4 和 C_2H_6 反应的飞行时间质谱图如图 2-6-1 所示。反应同时产生了一个较弱的 $HNbNO^-$信号，这主要是由于 $HNbN^-$团簇与 H_2O 杂质在离子阱内反应生成的：$HNbN^-+H_2O\rightarrow HNbNO^-+H_2$。从图 2-6-1 中可以看出，$HNbN^-$能够活化 CH_4 并生成 $HNbNCH_4^-$：

$$HNbN^-+CH_4\rightarrow HNbNCH_4^- \quad (2-6-3)$$

从图 2-6-1 中可以看出二次反应的产物 $HNbN(CH_4)_2^-$的较弱的

信号。$HNbN^-$能够活化 C_2H_6 并释放出 H_2 与 C_2H_4：

$$\begin{cases} HNbN^- + C_2H_6 \rightarrow H_3NbN^- + C_2H_4 \quad 16\% \\ HNbN^- + C_2H_6 \rightarrow HNbNC_2H_4^- + H_2 \quad 84\% \end{cases} \tag{2-6-4}$$

我们同时对 $HNbN^-$团簇与烷烃的同位素 CD_4 和 CH_3CD_3 的反应做了研究，实验结果如图 2-6-1 所示。反应式（2-6-3）和式（2-6-4）的反应速率常数分别为 $5.3\times10^{-13}\,cm^3\cdot molecule^{-1}\cdot s^{-1}$ 和 $2.7\times10^{-12}\,cm^3\cdot molecule^{-1}\cdot s^{-1}$；对应反应效率[66,344]分别为 0.05%和 0.3%。$HNbN^-/CH_4$，

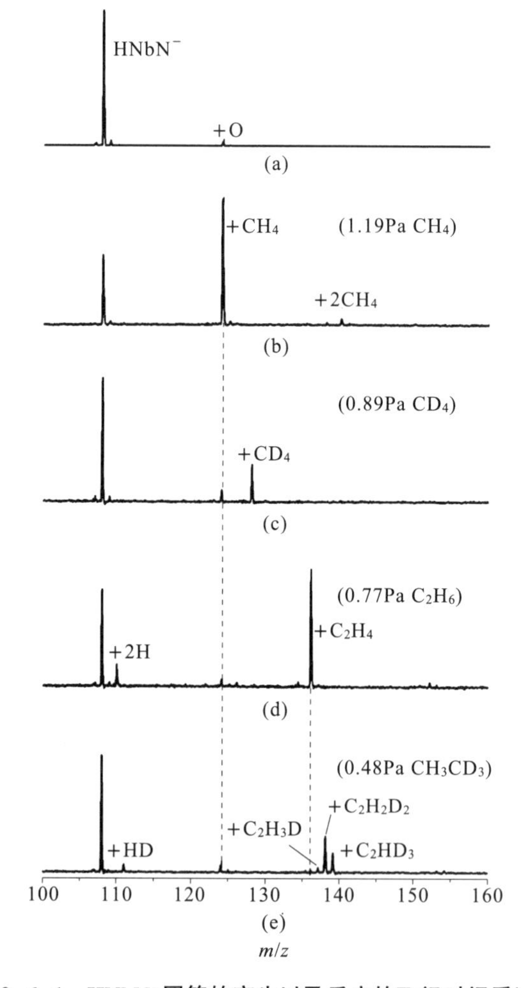

图 2-6-1 $HNbN^-$团簇的产生以及反应的飞行时间质谱图

（a）产生条件为 3%NH_3/He 载气；（b）$HNbN^-$团簇与 CH_4（1.19 Pa，反应时间 7 ms）；（c）CD_4（0.89 Pa，反应时间 7 ms）；（d）C_2H_6（0.77 Pa，反应时间 2 ms）；（e）CH_3CD_3（0.48 Pa，反应时间 2 ms）反应的质谱图

$HNbN^-/C_2H_6$ 计算得到的分子内动力学同位素效应（KIEs）$k_1(HNbN^-+CH_4)/k_1(HNbN^-+CD_4)$ 与 $k_1(HNbN^-+C_2H_6)/k_1(HNbN^-+CH_3CD_3)$ 分别为2.0与1.2。$HNbN^-$团簇与 CH_4、CD_4、C_2H_6 和 CH_3CD_3 的反应压力与实验结果相吻合。$HNbN^-$团簇随烷烃压力的单指数衰减表明装置产生的大部分 $HNbN^-$团簇（大于85%）有一个单一的结构。

2.6.3.2　$HNbN^-$与 CH_4 和 C_2H_6 的计算结果

BMK 方法计算得到的 $HNbN^-$的结构如图2-6-2（a）所示，$HNbN^-$有两个同分异构体，计算结果表明 $HNbN^-$的最低能量构型是三重态的折线型构型（^{3}IS1，3A″），单重态的折线型（^{1}IS1，1A′）构型相对能量高0.11 eV，而另一个同分异构体 IS2 的能量则相对高了至少0.3eV；从图2-6-2（b）所示的静电势图可以看出，CH_4 更容易吸附在 $HNbN^-$离子的 Nb 原子一端。光电子成像与 FC 模拟的实验数据图如图2-6-3所示。各向异性参数 β 数值表明第一个键（$\beta=1.3\pm0.1$）与其余三个键（$\beta=0.5\pm0.1$）分别对应于两种原子轨道分裂的数值，因此在本实验中应该包含了两种过渡态。除此之外，a 键对应于绝热电离能（ADE=1.340 eV），X_1 键对应于相对较高的结合能（ADE=1.402 eV）。基于^{1}IS1 与^{3}IS1［图2-6-3（b1）］模拟得到的 PEI 的光谱图，图2-6-3(b2)~(d)表明在离子源中有两种异构体，表2-6-2中的 a 键的较低的结合能（1.34）是 $HNbN^-$的^{1}IS1 的5*s* 型轨道的绝热电离能，而结合能高达1.4eV 的 X 键（X_1-X_3）是^{3}IS1 中 Nb 原子的4*d* 型轨道的绝热电离能［图2-6-3（c）］。当两个模拟光谱的比例达到1∶7时图2-6-3（d）中的光谱与图2-6-3（a2）中的实验光谱相吻合。

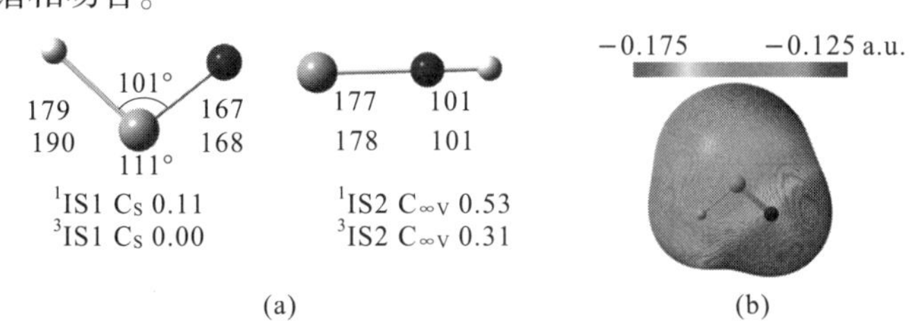

图2-6-2　DFT 计算得到的 $HNbN^-$团簇异构体的结构（附彩图）

（结构的一些键长与键角，异构体的对称性与电子态和相对能量已经给出，上标表示异构体的自旋多重度；^{1}IS1 的静电势能图）

$HNbN^-$的结构的基态为三重态$^3IS1$，激发态为单重态$^1IS1$，激发态的能量比基态的能量高0.06 eV，而我们的DFT的结果表明两种多重度之间的构型能量差为0.11 eV，这表明BMK的方法计算单-三重态之间的能量差高估了0.05 eV。自然轨道分析表明在$^1IS1$和$^3IS1$中，Nb-N与Nb-H键级分别为3和1，Nb-N之间的三键与以前报道中的过渡金属氮化物（M≡N）类似。

在反应中需要分清楚$^1IS1$与$^3IS1$哪个作为活性物种参与反应，根据以前的经验研究，开壳层结构的反应物一般容易发生活化反应，而出乎我们意料的是作为$HNbN^-$基态的开壳层结构的$^3IS1$在反应中并不能够活化甲烷，而作为激发态的闭壳层结构的$^1IS1$能够活化甲烷，这与我们得到的图2-6-1的反应质谱图相吻合。图2-6-2展示了$HNbN^-$活化烷烃CH_4和C_2H_6的反应势能面图，对于反应式（2-6-3），在反应中间体1中，CH_4通过C原子与$HNbN^-$中的Nb形成弱吸附键。然后反应经由过渡态TS1进行C-H活化和H原子的转移形成产物$H_2NbNCH_3^-$($1\rightarrow TS1\rightarrow P1$)。反应释放出的总能量为-2.11 eV。$^11\rightarrow{}^1IS1+CH_4$的分解速率$k_d>2.1\times10^{11}\,s^{-1}$，$^11\rightarrow{}^1TS1\rightarrow{}^1P$的反应速率常数$k=3.6\times10^{11}\,s^{-1}$两者都大于^{11}和氦气的碰撞速率（$k_{collision}\approx1.1\times10^6 s^{-1}$），表明在反应过程中^{11}可以稳定存在。然而，在图2-6-4(a))中$HNbN^-/CH_4$反应路径包含一个较高的过渡态(0.02 eV)，其反应速率常数$k_1(HNbN^-+CH_4)=2.6\times10^{-13}cm^3\cdot molecule^{-1}\cdot s^{-1}$。

在过渡金属离子活化甲烷的反应中，如Ir^+，反应释放出H_2[119]。对于反应式（2-6-3）能否继续反应生成H_2我们也做了实验与理论分析，实验中并没有出现很微弱的H_2的峰，而理论计算表明$HNbN^-/CH_4$体系在反应过程中单碰撞的条件下经历了一个能量较高的过渡态，因此证明在实验中观测得到的$HNbN/CH_4^-$是反应得到的解离吸附产物(图2-6-4)。在反应的过程中，我们注意到$HNbN^-$中Nb-N和Nb-H的键级基本不变。一般来说，存在自旋翻转的反应是容易发生的。如图2-6-5所示，在反应1的$^3IS1+CH_4\rightarrow{}^11$步骤中，当$CH_4$与$HNbN^-$之间Nb-C间的距离逐步减小时反应物种$HNbN^-/CH_4$的单重态势能面和三重态势能面相交于一点CP，该点对应分子的能量低于分立反应物能量之和0.05 eV（ΔE_{SCF}）。因此，三重态的相对较高的过渡态得以越过；

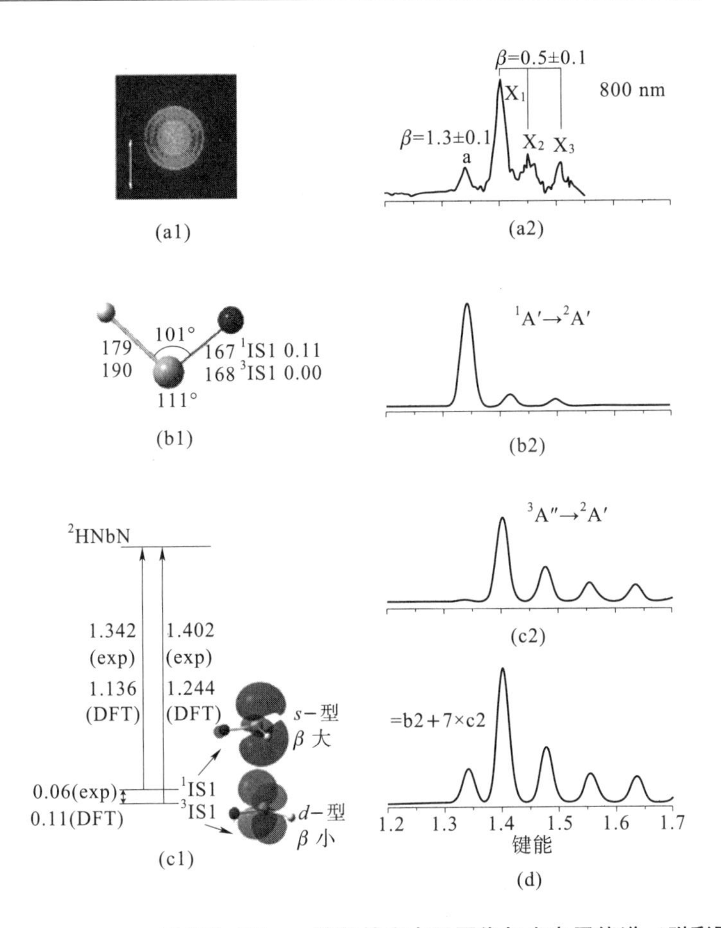

图 2-6-3 $HNbN^-$团簇在 800 nm 波长的光电子图像与光电子能谱（附彩图）

（a1）中的箭头表明了激光偏振的方向；DFT 计算得到的三重态与单重态的 $HNbN^-$团簇（黑色$^1IS1$与蓝色$^3IS1$）的结构（b），键长、键角（∠N-Nb-H）的单位为 pm 与（°）；$^1IS1$与$^3IS1$与相应的中性物种^2HNbN的电子跃迁的示意图（c1）；（b2）与（c2）$^1IS1$与$^3IS1$过渡态的 FC 的模拟实验结果；（b2）与（c2）中的峰相对于（a2）中的 a 和 X 键分别蓝移 0.206 eV 和 0.158 eV；（d）模拟光电子能谱，通过拟合得到的 a 与 X 得到的（a2）中的谱图

$HNbN^-/C_2H_6$ 的自旋交叉点的位置与 $HNbN^-/CH_4$ 类似（图 2-6-6），该点对应分子的能量低于分立反应物能量之和 -0.01eV（ΔE_{SCF}）。因此，该反应是热力学和动力学都允许的。由此可见，理论计算结果合理地解释了实验中观察到 $HNbN^-/CH_4$ 与 $HNbN^-/C_2H_6$ 的反应 1 和反应 2 碰撞效率分别为 0.05%与 0.3%的反应现象。

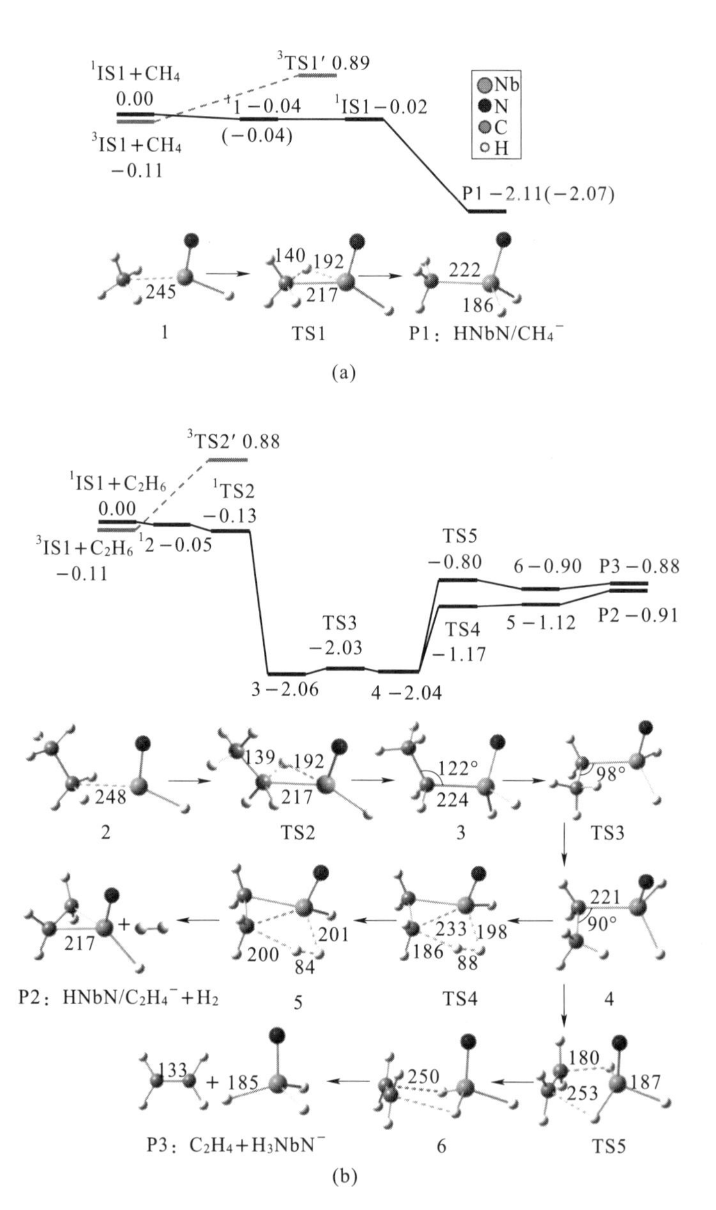

图 2-6-4 $HNbN^-$与 CH_4 和 C_2H_6 反应的势能面曲线

（反应物、过渡态与中间体的能量均给出，所示能量均以反应物能量（ΔH_{0K}（eV））为零点计算，给出的键长单位为 pm；$HNbN^-$与 CD_4 反应的能量在括号中给出，上标表示反应中间体的多重度）

（a）$HNbN^-$与 CH_4 的反应；（b）$HNbN^-$与 C_2H_6 的反应

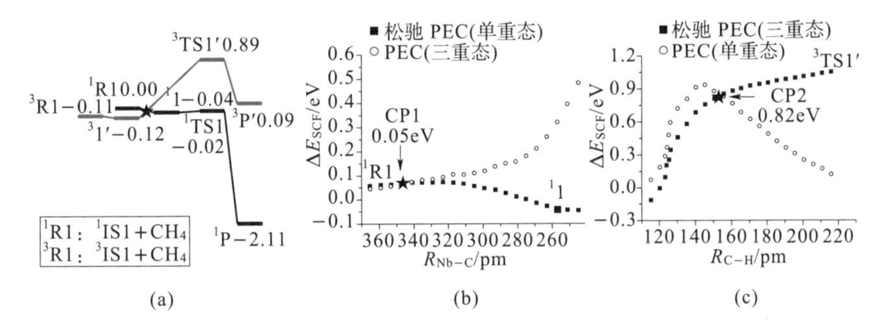

图 2-6-5　BMK/genecp 理论水平下 $HNbN^-$ 与 CH_4

(a) 反应的势能面曲线（PES）；$^3IS1+CH_4\rightarrow{}^1IS1^-$ 自旋翻转的势能面（b），图中所示能量值为相对于反应物 $^1R1$ 的电子能 ΔE_{SCF}（c）。在（b）中实心黑方框（■）表示 $^1R1$ 从单重态到单重态中间体 1 的松弛势能面（PES）。在松弛势能面计算中，设定不同的 Nb−C 距离对其他自由度进行优化。空心圆（○）表示使用松弛单重态的几何构型计算得到的三重态势能面。图中给出了单重态和三重态自旋交叉点（CP1＝0.05 eV）；在（c）中实心黑方框（■）表示 $^3TS1'$ 从三重态的松弛势能面（PES）。在松弛势能面计算中，设定不同的 H−C 距离对其他自由度进行优化。空心圆（○）表示使用松弛三重态的几何构型计算得到的单重态势能面。图中给出了单重态和三重态自旋交叉点（CP2＝0.82 eV）

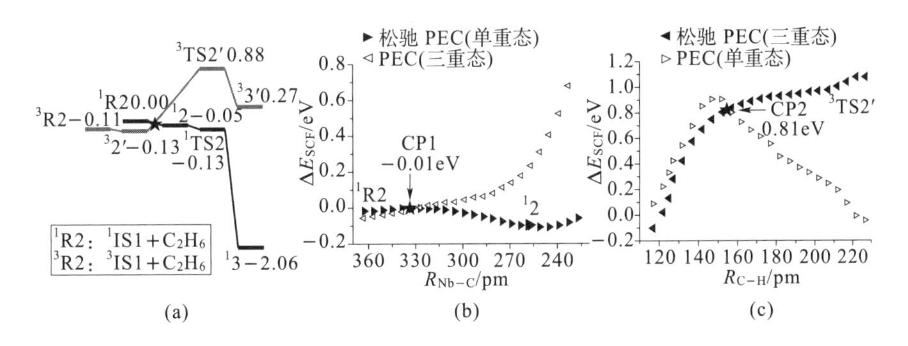

图 2-6-6　BMK/genecp 理论水平下 $HNbN^-$ 与 C_2H_6

(a) 反应的部分势能面曲线（PES）；$^3IS1+C_2H6\rightarrow{}^12^-$ 自旋翻转的势能面（b），图中所示能量值为相对于反应物 $^1R2$ 的电子能（ΔE_{SCF}）（c）；(b) 中实心三角形（▶）表示 $^1R2$ 从单重态到单重态中间体 2 的松弛势能面（PES）。在松弛势能面计算中，设定不同的 Nb−C 距离对其他自由度进行优化。图中给出了单重态和三重态自旋交叉点（CP1＝−0.01 eV）；(c) 中实心三角形（▶）表示 $^3TS2'$ 从三重态到三重态的 R2 的松弛势能面（PES）。在松弛势能面计算中，设定不同的 H−C 距离对其他自由度进行优化。图中给出了单重态和三重态自旋交叉点（CP2＝0.81 eV）

我们利用飞行时间质谱结合 DFT 的理论计算方法对 NbN^-/CH_4 与 NbN^-/C_2H_6 的活化过程也做了研究。与 $HNbN^-$不同的是 NbN^-不能够活化烷烃，NbN^-对烷烃呈化学惰性，尽管在 $HNbN^-$活化烷烃的反应中，H 原子并不参与反应，然而在实现烷烃的活化中，H 原子的配位作用是至关重要的。在 NbN^-离子中，Nb-N 键的键长是 169pm，而 Nb-N 键的键级为 3.5[346]。当 H 原子与 Nb 原子形成 H-Nb 键时，H-Nb 键包含一个 H 原子的 1*s* 轨道电子和一个 Nb 原子的 *sd* 杂化轨道电子；开壳层的金属原子 Nb 的配体 N 与 H 能够使 $HNbN^-$的低自旋态变得稳定同时使得 Nb 原子一侧的负电子减少。这些都有利于使 $HNbN^-$对于烷烃活化的过程更容易进行[347]。

2.6.3.3 讨论

如果过渡金属氮化物的催化剂能够成为贵金属催化剂的替代品，那么从电子结构的角度来说两者应该存在相似性。因此我们在设计催化剂时[348]，设计与贵金属（Pt）电子结构类似的过渡金属氮化物催化剂是有效的途径。$HNbN^-$的价电子数（VEC）的数值为 12，但是由于 Nb-H 键的形成，团簇的有效核电荷数变为 10，这与 Pt 原子的 VEC 相同。比较 $HNbN^-/CH_4$（C_2H_6）与 Pt/CH_4（C_2H_6）活化的过程可以发现很多相似之处：从电子结构角度考虑可以发现 $HNbN^-$与 Pt 原子的基态都是三重态，其激发态单重态与基态间的能量差分别为 0.06 eV 与 0.76 eV[349]。除此之外，$HNbN^-$与 Pt 原子都可以活化甲烷的 C-H 键，活化乙烷并释放出 C_2H_6 和 H_2[313,316]。$HNbN^-$（^{1}IS1）与^{1}Pt 原子的反应活性相似可能是源于它们具有相似的最高分子占据轨道（HOMO）。^{1}Pt 原子的最高分子占据轨道的前 5 个在图 2-6-7 中列出，^{1}Pt 活化甲烷 C-H 键的过程中过渡态是低于势能零点[309,317]，图 2-6-8 所示的图为通过减小单重态的中间体 $HPtCH_3$ 的 C 原子与 H 原子之间的距离形成的柔性势能曲线（PEC）以及曲线上的一部分轨道分析，该图表明 Pt 的 d_{z^2}轨道在烷烃活化的过程中至关重要。在反应中可能发生了 5*d*/6*s* 的轨道杂化，Pt 原子的 5*d*/6*s* 的相对作用影响了 5*d*/6*s* 的杂化轨道的形成[350]。对于 $HNbN^-$阴离子团簇，其 HOMOs 轨道的构成主要是由 Nb 的 5*s*（58%）轨道和 $4d_{z^2}$

(25%) 轨道，即 $4d/5s$ 杂化轨道，而且 HOMO 轨道的形状与 d_{z^2} 的轨道形状类似（图 2-6-7）。在 $HNbN^-$ 的光电子成像实验中，Nb 原子的 $5s$ 轨道占主要成分，对应于图 2-6-4（a）中 a 键的较大的 β 值，而通过 TS1 轨道成分分析表明在甲烷活化的反应中，d_{z^2} 的轨道起主要作用（图 2-6-8）。在 TS1 中 $4d_{z^2}$（42%）是 HOMO 轨道的主要构成。而在 NbN^-/CH_4 体系中呈化学惰性的原因是反应的过渡态 TS10 的 HOMOs 轨道主要是 Nb 原子的 $5s$ 轨道（62%）而不是 $4d_{z^2}$（25%）轨道。通过比较 NbN^- 和 $HNbN^-$ 对烷烃活化的不同的反应活性可以得知由于 H 原子在 $HNbN^-$ 的配位作用，导致形成了 $4d/5s$ 杂化轨道。该研究表明通过合成相近的活性轨道是利用过渡金属氮化物（TMN）代替贵金属催化剂（NM）的一种可能的途径；氢原子对铌原子的配位作用成为烷烃活化的关键。

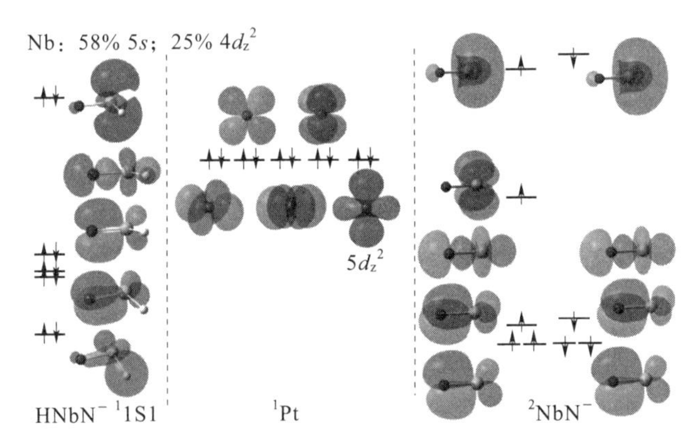

图 2-6-7　$HNbN^-$（^{1}IS1）、^{1}Pt、$^2NbN^-$ 的部分电子结构图，

（图示上标为自旋多重度）

2.6.4　本节小结

本节对三原子阴离子团簇 $HNbN^-$ 与烷烃的反应进行了研究。$HNbN^-$ 能够活化甲烷和乙烷，呈现出与 Pt 原子相似的反应活性。通过比较 $HNbN^-$ 与 Pt 原子的电子结构表明：两者活化烷烃的活性轨道均为其最高分子占据轨道（HOMO），Pt 原子活化轨道主要是其 $4d_{z^2}$ 轨道，$HNbN^-$ 活性轨道主要是 $4d/5s$ 杂化轨道，活性轨道与 Pt 类似，故而展示

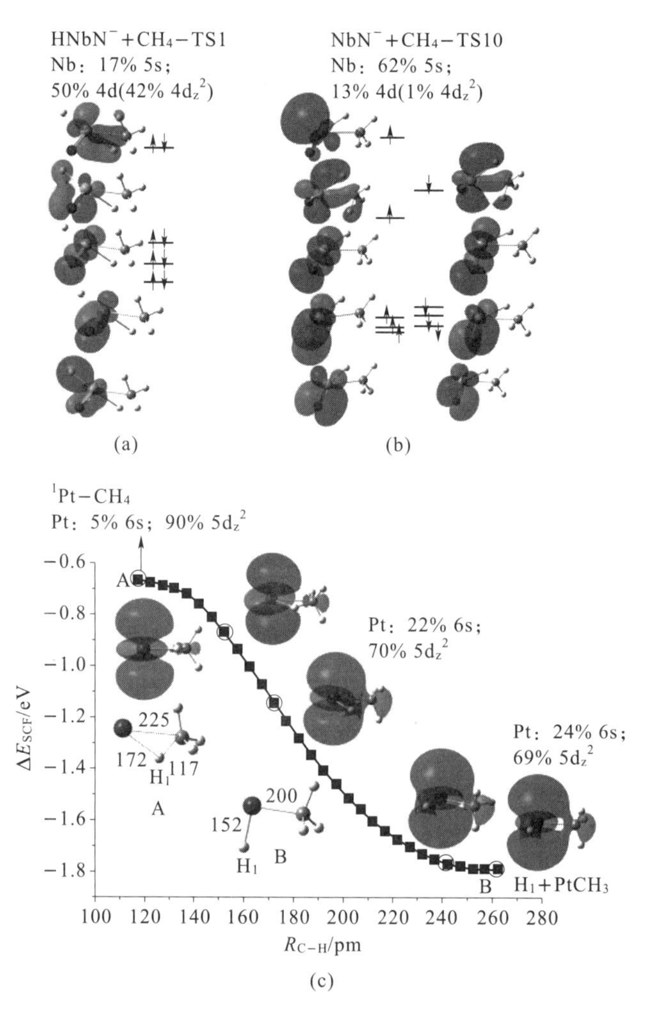

图 2-6-8 HNbN⁻（¹IS1）/CH_4、NbN⁻/CH_4 反应的过渡态

TS1 与 TS10 的部分电子结构图

（图中所示为 TS1 的最高分子占据轨道与 TS10 的单分子占据轨道。减少中间体 $HPtCH_3$ 的 C 原子与 H 原子之间的距离形成的柔性势能曲线，势能曲线上的部分的电子结构图已经给出，上标表示对应结构的自旋多重度）

（a）NHbN⁻（¹ISI）/CH_4；（b）NbN⁻/CH_4；（c）¹Pt-CH_4；

出与 Pt 相近的反应活性。同时，NbN⁻对烷烃呈现化学惰性，比较 HNbN⁻与 NbN⁻的电子结构表明：氢原子对铌原子的配位作用成为烷烃活化的关键。

参考文献

[1] Che M,Tench A J.Characterization and Reactivity of Molecular-Oxygen Species on Oxide Surfaces [J].Adv.Catal.,1983,32: 1-148.

[2] Che M,Tench A J.Characterization and Reactivity of Mononuclear Oxygen Species on Oxide Surfaces [J].Adv.Catal,1982,31: 77-133.

[3] Beller M.A Personal View on Homogeneous Catalysis and Its Perspectives for the Use of Renewables [J]. European Journal of Lipid Science and Technology,2008,110: 789-796.

[4] Armor J N A.History of Industrial Catalysis [J].Catal.Today,2011,163: 3-9.

[5] Blanksby S J,Ellison G B.Bond Dissociation Energies of Organic Molecules [J].Acc.Chem.Res.,2003,36: 255-263.

[6] Haruta M.Size-And Support-Dependency in the Catalysis of Gold [J].Catal. Today,1997,36: 153-166.

[7] Haruta M.Catalysis of Gold Nanoparticles Deposited on Metal Oxides [J]. Cattech,2002,6: 102-115.

[8] Guzman J, Carrettin S,Corma A.Spectroscopic Evidence for the Supply of Reactive Oxygen During Co Oxidation Catalyzed by Gold Supported on Nanocrystalline CeO_2[J].J.Am.Chem.Soc.,2005,127: 3286-3287.

[9] Keim W.C_1 Chemistry-Potential and Developments [J].Pure and Applied Chemistry,1986,58: 825-832.

[10] Sabatier P.Novel Lecures,Chemistry 1901-1921[M]. Amstordam: Elsevier Publishing,1966.

[11] Fierro J L G.Catalysis in C_1 Chemistry-Future and Prospect [J].Catal. Lett.,1993,22: 67-91.

[12] Guzman J,Carrettin S,Fierro-Gonzalez J C,et al.Co Oxidation Catalyzed by Supported Gold: Cooperation Between Gold and Nanocrystalline Rare-Earth Supports Forms Reactive Surface Superoxide and Peroxide Species [J].Angew. Chem.,Int.Ed,2005,44: 4778-4781.

[13] Fu Q,Saltsburg H,Flytzani-Stephanopoulos M.Active Nonmetallic Au and

Pt Species on Ceria-Based Water-Gas Shift Catalysts [J].Science,2003, 301: 935-938.

[14] Liu H F,Liu R S,Liew K Y,et al.Partial Oxidation of Methane by Nitrous-Oxide over Molybdenum on Silica [J].J.Am.Chem.Soc.,1984,106: 4117-4121.

[15] Palmer M S,Neurock M,Olken M M.Periodic Density Functional Theory Study of Methane Activation over La_2O_3: Activity of O^{2-},O^-,O_2^{2-},Oxygen Point Defect, and Sr^{2+}-Doped Surface Sites [J]. J. Am. Chem. Soc., 2002, 124: 8452-8461.

[16] Liu H,Kozlov A I,Kozlova A P,et al.Active Oxygen Species and Mechanism for Low-Temperature Co Oxidation Reaction on a TiO_2-Supported Au Catalyst Prepared from Au(Pph_3)(NO_3) and As-Precipitated Titanium Hydroxide [J].J.Catal.,1999,185: 252-264.

[17] Chiesa M, Giamello E, Che M. Epr Characterization and Reactivity of Surface-Localized Inorganic Radicals and Radical Ions [J]. Chem. Rev., 2010,110: 1320-1347.

[18] Driscoll D J,Martir W,Wang J X,et al.Formation of Gas-Phase Methyl Radicals over MgO [J].J.Am.Chem.Soc,1985.,107: 58-63.

[19] Wang J X,Lunsford J H.Characterization of [Li^+O^-]Centers in Lithium-Doped Mgo Catalysts [J].J.Phys.Chem.,1986,90: 5883-5887.

[20] Dubkov K A, Ovanesyan N S, Shteinman A A. et al. Evolution of Iron States and Formation of Alpha-Sites Upon Ativation of Fezsm-5 Zeolites [J].J.Catal.,2002,207: 341-352.

[21] Starokon E V, Dubkov K A, Pirutko L V, et al. Mechanisms of Iron Activation on Fe-Containing Zeolites and the Charge of Alpha-Oxygen [J].Top.Catal.,2003,23: 137-143.

[22] Dubkov K A, Paukshtis E A, Panov G I. Stoichiometry of Oxidation Reactions Involving Alpha-Oxygen on Fezsm-5 Zeolite [J].Kinet.Catal., 2001,42: 205-211.

[23] Panov G I, Dubkov K A, Starokon E V. Active Oxygen in Selective Oxidation Catalysis [J].Catal.Today,2006,117: 148-155.

[24] Bielski B H J, Arudi R L. Preparation and Stabilization of Aqueous

Ethanolic Superoxide Solutions [J]. Analytical Biochemistry, 1983, 133: 170-178.

[25] Valko M,Leibfritz D,Moncol J,et al.Free Radicals and Antioxidants in Normal Physiological Functions and Human Disease [J]. International Journal of Biochemistry & Cell Biology,2007,39: 44-84.

[26] Chapple I L C.Reactive Oxygen Species and Antioxidants in Inflammatory Diseases [J].Journal of Clinical Periodontology,1997,24: 287-296.

[27] Halliwell B,Gutteridge J M C.Free Radicals in Biology and Medicine [M]. Oxford: Oxford University Press,1998.

[28] Bild W,Ciobica A,Padurariu M,et al.The Interdependence of the Reactive Species of Oxygen, Nitrogen, and Carbon [J]. J. Physiol. Biochem., 2013, 69: 147-154.

[29] Irwin F. Oxygen: How Do We Stand It? [J]. Medical Principles and Practice,2012,33.

[30] 杜立波,刘扬. 电子自旋共振-自由基捕获技术在生物学中的应用 [J]. 生物物理学报,2012,28: 259-267.

[31] Withgott J.Amphibian Decline-Ubiquitous Herbicide Emascutates Frogs [J].Science,2002,296: 447-448.

[32] Chen C C,Ma W H,Zhao J C.Semiconductor-Mediated Photodegradation of Pollutants under Visible-Light Irradiation [J].Chemical Society Reviews, 2010,39: 4206-4219.

[33] Ravelli D, Dondi D, Fagnoni M, et al. Photocatalysis. A Multi-Faceted Concept for Green Chemistry [J]. Chemical Society Reviews, 2009, 38: 1999-2011.

[34] Fujishima A, Honda K. Electrochemical Photolysis of Water at A Semiconductor Electrode [J].Nature,1972,238: 37-38.

[35] Carey J H, Lawrence J Tosine H M. Photo-Dechlorination of Pcbs in Presence of Titanium-Dioxide in Aqueous Suspensions [J]. Bulletin of Environmental Contamination and Toxicology,1976,16: 697-701.

[36] Hoffmann M R,Martin S T,Choi W Y,et al.Environmental Applications of Semiconductor Photocatalysis [J].Chem.Rev.,1995,95: 69-96.

[37] Wu T X, Liu G M, Zhao J C, et al. Photoassisted Degradation of Dye Pollutants.V.Self-Photosensitized Oxidative Transformation of Rhodamine B under Visible Light Irradiation in Aqueous TiO_2 Dispersions [J].J.Phys. Chem.B,1998,102: 5845-5851.

[38] Zhao J C, Wu T X Wu, K Q, et al. Photoassisted Degradation of Dye Pollutants.3. Degradation of the Cationic Dye Rhodamine B in Aqueous Anionic Surfactant/TiO_2 Dispersions under Visible Light Irradiation: Evidence for the Need of Substrate Adsorption on TiO_2 Particles [J]. Environ.Sci.Technol,1998,32: 2394-2400.

[39] Zhao W,Chen C C,Li,X Z,et al.Photodegradation of Sulforhodamine-B Dye in Platinized Titania Dispersions under Visible Light Irradiation: Influence of Platinum as a Functional Co - Catalyst [J]. J. Phys. Chem. B, 2002, 106: 5022-5028.

[40] Chen C C, Li X Z,Ma W H,et al.Effect of Transition Metal Ions on the TiO_2-Assisted Photodegradation of Dyes under Visible Irradiation: A Probe for the Interfacial Electron Transfer Process and Reaction Mechanism [J].J.Phys.Chem.B,2002,106: 318-324.

[41] Yang J,Chen C C,Ji H W,et al.Mechanism of TiO_2-Assisted Photocatalytic Degradation of Dyes under Visible Irradiation: Photoelec-Trocatalytic Study by TiO_2-Film Electrodes [J]J.Phys.Chem.B,2005,109: 21900-21907.

[42] Rhodes C J. Reactive Radicals on Reactive Surfaces: Heterogeneous Processes in Catalysis and Environmental Pollution Control [J]. Prog. React.Kinet.,2005,30: 145-213.

[43] Brezova V,Dvoranova D,Stasko A.Characterization of Titanium Dioxide Photoactivity Following the Formation of Radicals by Epr Spectroscopy [J].Res.Chem.Intermed.,2007,33: 251-268.

[44] Therton N.m.Electron Spin Resonance [M].Thomas Graham House,The Science Park,Cambridge:Wiley-Interscience,1994.

[45] Wang Z H,Ma W H,Chen C C,et al.Probing Paramagnetic Species in Titania-Based Heterogeneous Photocatalysis by Electron Spin Resonance (Esr) Spectroscopy-A Mini Review [J].Chemical Engineering Journal,2011,

170: 353−362.

[46] Rhodes C J.Electron Spin Resonance(Some Applications for the Biological and Environmental Sciences) [J]. Annu. Rep. Prog. Chem., Sect. C, 2004, 100: 149−193.

[47] Jaeger C D, Bard A J. Spin Trapping and Electron − Spin Resonance Detection of Radical Intermediates in the Photo−Decomposition of Water at TiO_2 Particulate Systems [J].J.Phys.Chem.,1979,83: 3146−3152.

[48] Bartosz G.Use of Spectroscopic Probes for Detection of Ractive Oxygen Species [J].Clinica Chimica Acta,2006,368: 53−76.

[49] Grela M A,Coronel M E J,Colussi A J.Quantitative Spin−Trapping Studies of Weakly Illuminated Titanium Dioxide Sols.Implications for the Mechanism of Photocatalysts [J].J.Phys.Chem,1996,100: 16940−16946.

[50] Zhao Y X, Li Z Y, Yuan Z, et al. Thermal Methane Cowersion to Formaldehyde Promoted by Single Platinum Atoms in Pt $Al_2O_4^-$ Cluster Anions [J]. Angewondte Chemie International Edition, 2014, 126 (36) 9636−9640.

[51] Bilski P,Reszka K,Bilska M,et al.Oxidation of the Spin Trap 5, 5−Dimethyl−1−Pyrroline N−Oxide by Singlet Oxygen in Aqueous Solution [J].J.Am.Chem. Soc.,1996,118: 1330−1338.

[52] Hogg A M, Kebarle P. Mass − Spectrometric Study of Ions at Near − Atmospheric Pressure.2.Ammonium Ions Produced by Alpha Radiolysis of Ammonia and Their Solvation in Gas Phase by Ammonia and Water Molecules [J].J.Chem.Phys.,1965,43: 449−456.

[53] Teloy E,Gerlich D.Intergal Cross−Sections for Ion−Molecule Reactions 1. Guided Beam Technique [J].Chemical Physics,1974,4: 417−427.

[54] Castleman A W, Keesee R G. Clusters − Bridging the Gas and Condensed Phases [J].Acc.Chem.Res,1986,19: 413−419.

[55] Castleman A W,Keesee,R G.Gas−Phase Clusters−Spanning the States of Matter [J].Science,1988,241: 36−42.

[56] Jena P,Castleman A W.Clusters: A Bridge Across the Disciplines of Physics and Chemistry [J].Proc.Natl.Acad.Sci.U.S.A.,2006,103: 10560−10569.

[57] Keesee R G,Castleman A W.Thermochemical Data on Gas-Phase Ion-Molecule Association and Clustering Reactions [J].J.Phys.Chem.Ref.Data, 1986,15: 1011-1071.

[58] Li Z Y,Yuan Zn,Li X N,et al.Co Oxidotion Catalyzed by Single Gold Atoms Supported on Aluminum Oxide Cluster [J]. Journal of the American Chemical Society,2014,136(40):14307-14313.

[59] Su T, Bowers M T. Ion - Polar Molecule Collisions - Proton - Transfer Reactions of H3+and Ch_5+to Geometric Isomers of Difluoroethylene, Dichloroethylene, and Difluorobenzene [J]. J. Am. Chem. Soc., 1973, 95: 1370-1373.

[60] Su T,Bowers M T.Theory of Ion-Polar Molecule Collisions-Comparison with Experimental Charge - Transfer Reactions of Rare - Gas Ions to Geometric Isomers of Difluorobenzene and Dichloroethylene [J].J.Chem. Phys.,1973,58: 3027-3037.

[61] Su T,Bowers M T.Ion-Folar Molecule Collisions: the Effect of Ion Size on Ion-Polar Molecule Rate Constants; the Parameterization of the Average-Dipole-Orientation Theory [J]J.Mass Spectrom.Ion Phys.,1973,12: 347-356.

[62] Kroto H W,Heath J R,Obrien S C,et al.C_{60}: Buckminsterfullerene [J].Nature, 1985,318: 162-163.

[63] Bohme D K,Fehsenfe F. Thermal Reactions of O^- Ions with Saturated Hydrocarbon Molecules [J]. Canadian Journal of Chemistry, 1969, 47: 2717-2719.

[64] Lee J,Grabowski J J.Reactions of the Atomic Oxygen Radical-Anion and the Synthesis of Organic Reactive Intermediates [J].Chem.Rev.,1992,92: 1611-1647.

[65] Viggiano A A,Morris R A,Miller T M,et al.Reaction on the O^-+CH_4 Potential Energy Surface: Dependence on Translational and Internal Energy and on Isotopic Composition,93-1313 K [J].J.Chem.Phys.,1997, 106: 8455-8463.

[66] Arnold S T,Morris R A,Viggiano A A.Reactions of $O^-$with Various Alkanes: Competition Between Hydrogen Abstraction and Reactive Detachment [J].J.

Phys.Chem.A,1998,102: 1345−1348.

[67] Dobbs K D,Dixon D A,Komornicki A.Abinitio Prediction of the Barrier Height for Abstraction of H from CH_4 by OH [J].J.Chem.Phys.,1993,98: 8852−8858.

[68] Baulch D L,Bowers M,Malcolm D G,et al.Evaluated Kinetic Data for High−Temperature Reactions−Volume−5.1.Homogeneous Gas−Phase Reactions of the Hydroxyl Radical with Alkanes [J].J.Phys.Chem.Ref. Data,1986,15: 465−592.

[69] Vaghjiani G L,Ravishankara A R.New Measurement of the Rate Coefficient for the Reaction of OH with Methane [J].Nature,1991,350: 406−409.

[70] Meng J H,Deng X J,Li Z Y,et al.Thermal Methane Activation by $La_6O_{10}^-$ Cluster Anions [J].Chemistry, 2014, 20(19):5580−5583.

[71] Saueressig G,Crowley J N,Bergamaschi P,et al.Carbon 13 and D Kinetic I-sotope Effects in the Reactions of CH_4 with O(D−1) and OH: New Laboratory Measurements and Their Implications for the Isotopic Composition of Stratospheric Methane [J].J.Geophys.Res.−Atmos,2001,106: 23127−23138.

[72] Stevens A E, Beauchamp J L. Properties and Reactions of Manganese Methylene Complexes in the Gas−Phase−Importance of Strong Metal−Carbene Bonds for Effective Olefin Metathesis Catalysts [J].J.Am.Chem. Soc.,1979,101: 6449−6450.

[73] Kappes M M,Staley R H.Gas−Phase Oxidation Catalysis by Transition−Metal Cations [J]J.Am.Chem.Soc.,1981,103: 1286−1287.

[74] Jackson T C,Jacobson D B,Freiser B S.Gas−Phase Reactions of FeO^+ With Hydrocarbons [J].J.Am.Chem.Soc.,1984,106: 1252−1257.

[75] Schröder D,Schwarz H.FeO^+ Activates Methane [J].Angew.Chem.,Int.Ed., 1990,29: 1433−1434.

[76] Schröder D,Fiedler A,HrušáK J,et al.Experimental and Theoretical−Studies Toward a Characterization of Conceivable Intermediates Involved in the Gas−Phase Oxidation of Methane by Bare FeO^+ −Generation of 4 Distinguishable [Fe, C, H_4, O]+Isomers [J]. J. Am. Chem. Soc., 1992, 114: 1215−1222.

[77] Ruatta S A,Hanley L,Anderson S L.Size-Dependent Barriers for Reaction of Aluminum Cluster Ions with Oxygen [J].Chem.Phys.Lett.,1987,137: 5-9.

[78] Kang H,Beauchamp J L.Gas-Phase Studies of Alkene Oxidation by Transition-Metal Oxides-Ion-Beam Studies of CrO^+ [J].J.Am.Chem. Soc.,1986,108: 5663-5668.

[79] Kang H,Beauchamp J L.Gas-Phase Studies of Alkane Oxidation by Transition-Metal Oxides-Selective Oxidation by CrO^+ [J].J.Am.Chem.Soc., 1986,108: 7502-7509.

[80] Irikura K K,Beauchamp J L.Osmium-Tetroxide and Its Fragment Ions in the Gas-Phase-Reactivity with Hydrocarbons and Small Molecules [J].J. Am.Chem.Soc.,1989,111: 75-85.

[81] Ziemann P J,Castleman A W.Stabilities and Structures of Gas-Phase Mgo Clusters [J].J.Chem.Phys.,1991,94: 718-728.

[82] Sigsworth S W,Castleman,A W.Reaction of Group-V and Group-Vi Transition-Metal Oxide and Oxyhydroxide Anions with O_2,H_2O,and HCl [J].J.Am.Chem.Soc.,1992,114: 10471-10477.

[83] Wu H,Desai,S R,Wang L.-S.Two Isomers of CuO_2: the $Cu(O_2)$ Complex and the Copper Dioxide [J].J.Chem.Phys.,1995,103: 4363-4366.

[84] Ha T K,Nguyen M T.An Abinitio Calculation of the Electronic-Structure of Copper Dioxide [J].J.Phys.Chem.,1985,89: 5569-5570.

[85] Fialko E F,Kikhtenko A V,Goncharov V B,et al.Molybdenum Oxide Cluster Ions in the Gas Phase: Structure and Reactivity with Small Molecules [J].J.Phys.Chem.A,1997,101: 8607-8613.

[86] Harvey J N,Diefenbach M,SchröDer D,et al.Oxidation Properties of the Early Transition-Metal Dioxide Cations MO_2^+(M=Ti,V,Zr,Nb) in the Gas-Phase [J].Int.J.Mass Spectrom,1999,183: 85-97.

[87] Koplitz B,Xu Z,Baugh D,et al.Photofragmentation-Understanding the Influence of Potential Surfaces and Exit-Channel Dynamics [J].Faraday Discussions,1986,82: 125-148.

[88] Morgan S,Castleman A W.Evidence of Delayed Internal Ion Molecule Reactions Following the Multiphoton Ionization of Clusters-Variation in Re-

action Channels in Methanol with Degree of Solvation [J].J.Am.Chem. Soc.,1987,109: 2867-2870.

[89] Scherer N F,Khundkar L R,Bernstein R B,et al.Real-Time Picosecond Clocking of the Collision Complex in a Bimolecular Reaction-the Birth of OH from H+CO_2[J].J.Chem.Phys.,1987,87: 1451-1453.

[90] Zhang G B,Li, S H,Jiang Y S.Density Functional Study on the Mechanisms of the Reactions of Gas-Phase OsO_n^+(n=1~4) with Methane [J]. Organometallics,2004,23: 3656-3667.

[91] Zhao Y X,Ding X L,Ma Y P,et al.Transition Metal Oxide Clusters with Character of Oxygen-Centered Radical: A DFT Study [J].Theor.Chem. Acc.,2010,127: 449-465.

[92] Raghavachari K,Logovinsky V.Structure and Bonding in Small Silicon Clusters [J].Phys.Rev.Lett.,1985,55: 2853-2856.

[93] Yuan Z,Li Z Y,Zhou Z X,et al.Thermal Reactions of $(V_2O_5)_NO^-$(N=1~3) Cluster Anions with Ethylene and Propylene: Oxygen Aton Transfer Versus Molecalar Association [J].Tournal of Physical Chemistry C,2014, 118(27):14967-14976.

[94] Hohenberg P,Kohn,W.Inhomogeneous Electron Gas [J].Phys.Rev.B,1964,136: B864-B871.

[95] Kohn W,Sham L J.Self-Consistent Equations Including Exchange and Correlation Effects [J].Phys.Rev.,1965,140: 1133-1138.

[96] Calatayud M,Silvi B,Andres J,et al.A Theoretical Study on the Structure, Energetics and Bonding of $Vo_x^+$and Vo_x(x=1~4) Systems [J].Chem.Phys. Lett.,2001,333: 493-503.

[97] Vyboishchikov S F,Sauer J.$(V_2O_5)_n$ Gas-Phase Clusters(n=1~12) Compared to V_2O_5 Crystal: DFT Calculations [J].J.Phys.Chem.A,2001,105: 8588-8598.

[98] Li S G, Dixon D A. Molecular and Electronic Structures, Bronsted Basicities,and Lewis Acidities of Group Vib Transition Metal Oxide Clusters [J].J.Phys.Chem.A,2006,110: 6231-6244.

[99] Mcluckey S A,Wells,J M.Mass Analysis at the Advent of the 21st Century

[J].Chem.Rev.,2001,101: 571-606.

[100] Waters T,Wang X B,Wang L S.Electrospray Ionization Photoelectron Spectroscopy: Probing the Electronic Structure of Inorganic Metal Complexes in the Gas-Phase [J].Coordination Chemistry Reviews,2007,251: 474-491.

[101] Ding X L,Wu X N,Zhao,Y X,et al.C-H Bond Activation by Oxygen-Centered Radicals over Atomic Clusters [J].Acc.Chem.Res.,2012,45(3): 382-390.

[102] Zubarev D Y,Averkiev B B,Zhai,H J,et al.Aromaticity and Antiaro-Maticity in Transition-Metal Systems [J].J.Chem.Phys.,2008,10: 257-267.

[103] Gong Y,Zhou M F,Andrews L.Spectroscopic and Theoretical Studies of Transition Metal Oxides and Dioxygen Complexes [J].Chem.Rev.,2009, 109: 6765-6808.

[104] Asmis K R,Sauer J.Mass-Selective Vibrational Spectroscopy of Vanadium Oxide Cluster Ions [J].Mass.Spectrom.Rev.,2007,26: 542-562.

[105] Oomens J,Sartakov B G,Meijer G,et al.Gas-Phase Infrared Multiple Photon Dissociation Spectroscopy of Mass-Selected Molecular Ions [J]. Int.J.Mass Spectrom,2006,254: 1-19.

[106] Zemski K A,Justes D R,Castleman A W Jr.Reactions of Group V Transition Metal Oxide Cluster Ions with Ethane and Ethylene [J].J.Phys. Chem,A 2001,105: 10237-10245.

[107] Bell R C,Zemski K A,Kerns,K P,et al.Reactivities and Collision-Induced Dissociation of Vanadium Oxide Cluster Cations [J].J.Phys.Chem.A, 1998,102: 1733-1742.

[108] Butler A,Clague M J,Meister G E.Vanadium Peroxide Complexes [J]. Chem.Rev.,1994,94: 625-638.

[109] Justes D R,Mitrić R,Moore,N A,et al.Theoretical and Experimental Consideration of the Reactions Between $V_xO_y^+$ and Ethylene [J].J.Am.Chem. Soc.,2003,125: 6289-6299.

[110] Zemski K A,Justes D R,Castleman A W.Reactions of Group V Transition Metal Oxide Cluster Ions with Ethane and Ethylene [J].J. Phys.Chem.,A 2001,105: 10237-10245.

[111] Johnson G E, Mitrić R, Nossler M, et al. Influence of Charge State on Catalytic Oxidation Reactions at Metal Oxide Clusters Containing Radical Oxygen Centers [J].J.Am.Chem.Soc.,2009,131: 5460–5470.

[112] Bell R C,Castleman Jr A W.Reactions of Vanadium Oxide Cluster Ions with 1,3–Butadiene and Isomers of Butene [J].J.Phys.Chem.A,2002,106: 9893–9899.

[113] Li S,Mirabal A,Demuth J,et al.A Aomplete Reactant–Product Analysis of the Oxygen Transfer Reaction in $[V_4O_{11} \cdot C_3H_6]^-$: A Cluster Complex for Modeling Surface Activation and Reactivity [J].J.Am.Chem.Soc,2008,130: 16832–16833.

[114] Johnson G E, Mitrić R, Tyo E C, et al. Stoichiometric Zirconium Oxide Cations as Potential Building Blocks for Cluster Assembled Catalysts [J]. J.Am.Chem.Soc.,2008,130: 13912–13920.

[115] Ma J B,Wu X N,Zhao Y X,et al.Experimental and Theoretical Study of Hydrogen Atom Abstraction From C_2H_6 and C_4H_{10} by Zirconium Oxide Clusters Anions [J].Chin.J.Chem.Phys.,2010,2: 133–137.

[116] Ma J B,Wu X N,Zhao Y X,et al.Experimental and Theoretical Studies of the Reactions Between Vanadium Oxide Cluster Anions and Small Hydrocarbon Molecules [J].Acta Phys.–Chim.Sin.,2010,26(7): 1761–1767.

[117] He S G,Xie Y,Guo Y Q,et al.Formation,Detection,and Stability Studies of Neutral Vanadium Sulfide Clusters [J].J.Chem.Phys.,2007,126:194315.

[118] Dong F, Heinbuch S, Xie Y, et al. Experimental and Theoretical Study of Neutral Al_mC_n and $Al_mC_nH_x$ Clusters [J].Phys.Chem.Chem.Phys.,2010,12: 2569–2581.

[119] Xie Y,Dong F,Heinbuch S,et al.Oxidation Reactions on Neutral Cobalt Oxide Clusters: Experimental and Theoretical Studies [J]. Phys. Chem. Chem.Phys.,2010,12: 947–959.

[120] Wang Z C, Yin S, Bernstein E R. Gas – Phase Neutral Binary Oxide Clusters: Distribution, Structure, and Reactivity Toward Co [J]. J. Phys. Chem.Lett.2012,3: 2415–2419.

[121] Yin S, Bernstein E R. Gas Phase Chemistry of Neutral Metal Clusters:

Distribution,Reactivity and Catalysis [J].Int.J.Mass Spectrom.,2012,321-322: 49-65.

[122] Jakubikova E,Bernstein E R.Reactions of Sulfur Dioxide with Neutral Vanadium Oxide Clusters in the Gas Ghase.I.Density Functional Theory Studyt [J].J.Phys.Chem.,A 2007,111: 13339-13346.

[123] He S G,Xie Y,Dong F,et al.Reactions of Sulfur Dioxide with Neutral Vanadium Oxide Clusters in the Gas Phase.Ii.Experimental Study Employing Single-Photon Ionization [J].J.Phys.Chem.A,2008,112: 11067-11077.

[124] Xue W,Wang Z C,He S G,et al.Experimental and Theoretical Study of the Reactions Between Small Neutral Iron Oxide Clusters and Carbon Monoxide [J].J.Am.Chem.Soc.,2008,130: 15879-15888.

[125] Liotta L F,Ousmane M,Di Carlo G,et al.Total Oxidation of Propene at Low Temperature over CO_3O_4-CeO_2 Mixed Oxides: Role of Surface Oxygen Vacancies and Bulk Oxygen Mobility in the Catalytic Activity [J].Appl.Catal.A-Gen.,2008,347: 81-88.

[126] Pollard M J,Weinstock B A,Bitterwolf T E,et al.A Mechanistic Study of the Low - Temperature Conversion of Carbon Monoxide to Carbon Dioxide over a Cobalt Oxide Catalyst [J].J.Catal.2008,254: 218-225.

[127] Broqvist P,Panas I,Persson H.A DFT Study on Co Oxidation over CO_3O_4[J].J.Catal.,2002,210: 198-206.

[128] NöβLer M,Mitrič R,Bonačlć-Koutecký V,et al.Generation of Oxygen Radical Centers in Binary Neutral Metal Oxide Clusters for Catalytic Oxidation Reactions [J].Angew.Chem.,Int.Ed.,2010,49: 407-410.

[129] Plane J M C,Rollason R J.A Study of the Reactions of Fe and Feo with NO_2,and the Structure and Bond Energy of FeO_2[J].Phys.,Chem.Chem.Phys.1999,1: 1843-1849.

[130] Rollason R J,Plane J M C.The Reactions of Feo with O_3,H_2,H_2O,O_2 and CO_2[J].Phys.Chem.Chem.Phys.,2000,2: 2335-2343.

[131] Matsuda Y,Bernstein E R.Identification,Structure,and Spectroscopy of Neutral Vanadium Oxide Clusters [J].J.Phys.Chem.A,2005,109: 3803-3811.

[132] Zhao Y X,Wu X N,Wang Z C,et al.Hydrogen-Atom Abstraction From

Methane by Stoichiometric Early Transition Metal Oxide Cluster Cations [J].Chem.Commun.,2010,46: 1736-1738.

[133] Feyel S,Dobler J,Schröder,D,et al.Thermal Activation of Methane by Tetranuclear $[V_4O_{10}]^+$ [J].Angew.Chem.,Int.Ed.,2006,45: 4681-4685.

[134] Johnson G E,Tyo E C,Castleman.Jr,A.W.Cluster Reactivity Experiments: Employing Mass Spectrometry to Investigate the Molecular Level Details of Catalytic Oxidation Reactions [J].Proc.Natl.Acad.Sci.U.S.A.,2008, 105: 18108-18113.

[135] Heinemann C,Cornehl H H,Schröder D,et al.The CeO_2^+ Cation: Gas-Phase Reactivity and Electronic Structure [J].Inorg.Chem.,1996,35: 2463-2475.

[136] Wu X N,Zhao,Y X,Xue W,et al.Active Sites of Stoichiometric Cerium Oxide Cations($Ce_mO_{2m}^+$) Probed by Reactions with Carbon Monoxide and Small Hydrocarbon Molecules [J].Phys.Chem.Chem.Phys.,2010,12: 3984-3997.

[137] Dietl N,Linde C V D,Schlangen M,et al.Diatomic $[CuO]^+$ and Its Role in the Spin - Selective Hydrogen - and Oxygen - Atom Transfers in the Thermal Activation of Methane [J]. Angew. Chem., Int. Ed., 2011, 50: 4966-4969.

[138] Tyo E C,Nößler M,Mitrić,R,et al.Reactivity of Stoichiometric Titanium Oxide Cations [J].Phys.Chem.Chem.Phys.,2011,13: 4243-4249.

[139] Wu X N,Xu B,Meng J H,et al.C-H Bond Activation by Nanosized Scandium Oxide Clusters in Gas-Phase [J].Int.J.Mass Spectrom.,2012, 310: 57-64.

[140] Dong F,Heinbuch S,Xie Y,et al.C=C Bond Cleavage on Neutral $Vo_3(V_2O_5)_n$ Clusters [J].J.Am.Chem.Soc.,2009,131: 1057-1066.

[141] Ma Y P,Ding X L,Zhao Y X,et al.A Theoretical Study on the Mechanism of C_2H_4 Oxidation over a Neutral V_3O_8 Cluster [J].Chemphyschem,2010, 11: 1718-1725.

[142] Zhai H J,Zhang X H,Chen W J,et al.Stoichiometric and Oxygen-Rich $M_2O_n^-$,and M_2O_n(M=Nb,To; n=5~7) Clusters: Molecular Models for Oxygen Radicals,Diradicals,and Superoxides [J].J.Am.Chem.Soc.2011,

133: 3085-3094.

[143] Zhai H J,Kiran B,Cui L F,et al.Electronic Structure and Chemical Bonding in MO_n^- And Mo_n Clusters (M = Mo, W; n = 3 ~ 5): A Photoelectron Spectroscopy and Ab Initio Study [J]. J. Am. Chem. Soc., 2004, 126: 16134-16141.

[144] Ma J B,Wu X N,Zhao Y X.et al.Characterization of Mono-Nuclear Oxygen-Centered Radical ($O^{-\cdot}$) in $Zr_2O_8^-$ Cluster [J].J.Phys.Chem.A, 2010,114: 10024-10027.

[145] Xu B,Zhao Y X,Ding X L,et al.Reactions of $Sc_2O_4^-$ and $La_2O_4^-$ Clusters with Co: A Comparative Study [J].Int.J.Mass Spectrom.,2013,334: 1-7.

[146] Zhao Y X,Yuan J Y,Ding X L,et al.Electronic Structure and Reactivity of a Biradical Cluster: $Sc_3O_6^-$ [J]. Phys., Chem. Chem. Phys., 2011, 13: 10084-10090.

[147] Tian L H,Zhao Y X,Wu X N,et al.Structures and Reactivity of Oxygen-Rich Scandium Cluster Anions $SCo_{3\sim5}^-$ [J].Chem,Phys Chem,2012,13: 1282-1288.

[148] Xu B,Zhao Y X,Li X N,et al.Experimental and Theoretical Study of Hydrogen Atom Abstraction From N-Butane by Lanthanum Oxide Cluster Anions [J].J.Phys.Chem.A,2011,115: 10245-10250.

[149] Wu X N,Ding X L,Bai S M,et al.Experimental and Theoretical Study of the Reactions Between Cerium Oxide Cluster Anions and Carbon Monoxide: Size-Dependent Reactivity of $Ce_nO_{2n+1}^-$ (n = 1 ~ 21) [J]. J. Phys.Chem.C,2011,115 13329-13337.

[150] Ma J B,Xu B,Meng J H,et al.Reactivity of Atomic Oxygen Radical Anions Bound to Titania and Zirconia Nano-Particles in the Gas Phase: Low-Temperature Oxidation of Carbon Monoxide [J].J.Am.Chem.Soc., 2013,135 2991-2998.

[151] Dietl N,Engeser M,Schwarz H.Room-Temperature C-H Bond Activation of Methane by Bare $[P_4O_{10}]^{\cdot+}$ [J]. Angew. Chem., Int. Ed., 2009, 48: 4861-4863.

[152] Feyel S, Döbler J, Höckendorf R, et al. Activation of Methane by

Oligomeric$(Al_2O_3)_x^+$(x=3,4,5): the Role of Oxygen-Centered Radicals in Thermal Hydrogen-Atom Abstraction [J].Angew.Chem.,Int.Ed.,2008, 47: 1946-1950.

[153] Kwapien K,Sierka M,Dobler J,et al.Structural Diversity and Flexibility of Mgo Gas-Phase Clusters [J].Angew.Chem.,Int.Ed.,2011,50: 1716-1719.

[154] Schröder D,Roithová J.Low-Temperature Activation of Methane: It Also Works Without a Transition Metal [J]. Angew. Chem., Int. Ed., 2006, 45: 5705-5708.

[155] Kwapien K,Sierka M,Dobler J,et al.Reactions of H_2,Ch_4,C_2H_6,C_3H_8 with $[(MgO)_n]^+$ Clusters Studied by Density Functional Theory [J]. Chemcatchem,2010,2: 819-826.

[156] De Petris G,Troiani A,Rosi M,et al.Methane Activation by Metal-Free Radical Cations: Experimental Insight Into the Reaction Intermediate [J]. Chem.Eur.J.,2009,15: 4248-4252.

[157] Wang Z C,Weiske T,Kretschmer R,et al.Structure of the Oxygen-Rich Cluster Cation $Al_2O_7^+$And Its Reactivity Toward Methane and Water [J]. J.Am.Chem.Soc.,2011,133: 16930-16937.

[158] Wang Z C,Kretschmer R,Dietl N,et al.Direct Methane to Formaldehyde Conversion Mediated by the $Al_2O_3^+$Cluster at Room-Temperature [J]. Angew.Chem.Int.Ed.,2012,51: 3703-3707.

[159] Wang Z C,Wu X N,Zhao Y X,et al.Room-Temperature Methane Activation by a Bimetallic Oxide Cluster $AlVO_4^+$[J].Chem.Phys.Lett., 2010,489: 25-29.

[160] Wang Z C,Dietl,N,Kretschmer R,et al.Catalytic Redox Reactions in the Co/N_2O System Mediated by the Bimetallic Oxide-Cluster Couple $AlVO_3^+$/$AlVO_4^+$[J].Angew.Chem.Int.Ed.,2011,50: 12351-12354.

[161] Li Z Y,Zhao Y. X,Wu X N,et al.Methane Activation by Yttrium-Doped Vanadium Oxide Cluster Cations: Local Charge Effects [J].Chem.Eur.J., 2011,17: 11728-11733.

[162] Ma J B,Wang,Z C,Schlangen M,et al.Thermal Reactions of the Heteronuclear Oxide Cluster $YAlO_3^{+\cdot}$ with Methane: Increasing the

Reactivity of $Y_2O_3^{+\cdot}$ and the Selectivity of $Al_2O_3^{+\cdot}$ by Doping [J]. Angew.Chem.Int.Ed.,2012,51: 5991-5994.

[163] Ma J B,Wang Z C,Schlangen M,et al.On the Origin of the Surprisingly Sluggish Redox Reaction of the N_2O/Co Couple Mediated by $[Y_2O_2]^{+\cdot}$ and $[YAlO_2]^{+\cdot}$ Cluster Ions in the Gas Phase [J].Angew.Chem.Int.Ed., 2013,52: 1226-1230.

[164] Ma J B,Wu X N,Zhao Y X,et al.Methane Activation by $V_3PO_{10}^{\cdot+}$ and $V_4O_{10}^{\cdot+}$ Clusters: A Comparative Study [J]J.Chem.Phys.,2010,12: 12223-12228.

[165] Dietl N, Höckendorf R F, Schlangen M, et al. Generation, Reactivity Towards Hydrocarbons, and Electronic Structure of Heteronuclear Vanadium Phosphorous Oxygen Cluster Ions [J].Angew.Chem.,Int.Ed., 2011,50: 1430-1434.

[166] Dietl N, Wende T, Chen K, et al. Structure and Chemistry of the Heteronuclear Oxo-Cluster $[VPO_4]^{\cdot+}$: A Model System for the Gas-Phase Oxidation of Small Hydrocarbons [J].J.Am.Chem.Soc.,2013,135: 3711-3721.

[167] Ding X L,Zhao Y X,Wu X N,et al.Hydrogen-Atom Abstraction From Methane by Stoichiometric Vanadium-Silicon Heteronuclear Oxide Cluster Cations [J].Chem.Eur.J.,2010,16: 11463-11470.

[168] Li X N,Wu X N,Ding X L,et al.Reactivity Control of C-H Bond Activation over Vanadium-Silver Bimetallic Oxide Cluster Cations [J]. Chem.Eur.J.,2012,18: 10998-11006.

[169] Wang Z C,Wu X N,Zhao Y X,et al.C-H Activation on Aluminum-Vanadium Bimetallic Oxide Cluster Anions [J]. Chem. Eur. J., 2011, 17: 3449-3457.

[170] Zhao Y X,Wu X N,Ma J B,et al.Experimental and Theoretical Study of the Reactions Between Vanadium-Silicon Heteronuclear Oxide Cluster Anions with N-Butane.[J].J.Phys.Chem.C,2010,114: 12271-12279.

[171] 赵艳霞.过渡金属氧化物团簇上氧自由基的结构和反应活性研究[D].北京:中国科学院化学研究所,2011.

[172] Long R Q,Wan H L.Oxidative Coupling of Methane over SrF_2/Y_2O_3

Catalyst [J].Appl.Catal.A-Gen.,1997,159: 45-58.

[173] Launay H, Loridant S, Nguyen D L, et al. Vanadium Species in New Catalysts for the Selective Oxidation of Methane to Formaldehyde: Activation of the Catalytic Sites [J].Catal.Today 2007,128: 176-182.

[174] Larson J G,Hall W K.Studies of Hydrogen Held by Solids.Vii.Exchange of Hydroxyl Groups of Alumina and Silica - Alumina Catalysts with Deuterated Methane [J].J.Phys.Chem.,1965,69: 3080-3089.

[175] Wischert R Coperet C, Delbecq F, et al. Optimal Water Coverage on Alumina: A Key to Generate Lewis Acid-Base Pairs That Are Reactive Towards the C-H Bond Activation of Methane [J].Angew.Chem.,Int.Ed., 2011,50: 3202-3205.

[176] Wischert R Copéret C, Delbecq F, et al. Optimal Water Coverage on Alumina: A Key to Generate Lewis Acid-Base Pairs That Are Reactive Towards the C-H Bond Activation of Methane [J].Angew.Chem.,Int.Ed., 2011,50: 3202-3205.

[177] Zhu J,Van Ommen J G,Bouwmeester H J M,et al.Activation of O_2 and CH_4 on Yttrium - Stabilized Zirconia for the Partial Oxidation of Methane to Synthesis Gas [J].J.Catal.,2005,233: 434-441.

[178] Schwarz H.Chemistry with Methane: Concepts Rather Than Recipes [J]. Angew.Chem.,Int.Ed.,2011,50: 10096-10115.

[179] Roithová J,Schröder D.Selective Activation of Alkanes by Gas-Phase Metal Ions [J].Chem.Rev.,2010,110: 1170-1211.

[180] Johnson G E,Mitrić R,Bonačić-Koutecký V,et al.Clusters as Model Systems for Investigating Nanoscale Oxidation Catalysis [J].Chem.Phys. Lett.,2009,475: 1-9.

[181] Schröder D,Schwarz H.Gas-Phase Activation of Methane by Ligated Transition - Metal Cations [J]. Proc. Natl. Acad. Sci. U. S. A., 2008, 105: 18114-18119.

[182] Bohme D K,Schwarz H.Gas-Phase Catalysis by Atomic and Cluster Metal Ions: the Ultimate Single-Site Catalysts [J].Angew.Chem.,Int.Ed., 2005,44: 2336-2354.

[183] Fokin A A, Schreiner P R. Metal - Free, Selective Alkane Func-Tionalizations [J].Adv.Synth.Catal.,2003,345: 1035-1052.

[184] Lersch M, Tilset M. Mechanistic Aspects of C - H Activation by Pt Complexes [J].Chem.Rev.,2005,105: 2471-2526.

[185] Lunsford J H. Catalytic Conversion of Methane to More Useful Chemicals and Fuels: A Challenge for the 21st Century [J].Catal.Today, 2000,63: 165-174.

[186] Brönstrup M Schröder D,Kretzschmar I,et al.Platinum Dioxide Cation: Easy to Generate Experimentally But Difficult to Describe Theoretically [J].J.Am.Chem.Soc.,2001,123: 142-147.

[187] Fiedler A,Kretzschmar I,Schroder D,et al.Chromium Dioxide Cation $OCrO^+$ in the Gas Phase: Structure,Electronic States,and the Reactivity with Hydrogen and Hydrocarbons [J].J.Am.Chem.Soc.,1996,118: 9941-9952.

[188] Kretzschmar I,Fiedler A,Harvey J N,et al.Effects of Sequential Ligation of Molybdenum Cation by Chalcogenides on Electronic Structure and Gas-Phase Reactivity [J].J.Phys.Chem.A,1997,101: 6252-6264.

[189] Beyer M K,Berg C B,Bondybey V E.Gas-Phase Reactions of Rhenium-OxO Species ReO_n^+,$n=(0,2\sim6,8)$-,with O_2,N_2O,CO,H_2O,H_2,CH_4 and C_2H_4[J].Phys.Chem.Chem.Phys.,2001,3: 1840-1847.

[190] Dietl N, Schlangen M, Schwarz H. Thermal Hydrogen - Atom Transfer From Methane-The Role of Radicals and Spin States in OxO-Cluster Chemistry [J].Angew.Chem.Int.Ed.2012,51: 5544-5555.

[191] Eller K, Schwarz H. Organometallic Chemistry in the Gas - Phase - A Comparative Fourier - Transform Ion - Cyclotron Resonance Tandem Mass-Spectrometry Study [J].Int.J.Mass Spectrom.Ion Processes,1989,93: 243-257.

[192] Eller K, Zummack W, Schwarz H. Gas - Phase Chemistry of Bare Transition- Metal Ions in Comparison [J]. J. Am. Chem. Soc., 1990, 112: 621-627.

[193] Engeser M, Weiske T, Schröder D, et al. Oxidative Degradation of Small Cationic Vanadium Clusters by Molecular Oxygen: on the Way from V_n^+

($n=2\sim5$) to VO_m^+($m=1,2$) [J].J.Phys.Chem.A,2003,107: 2855-2859.

[194] Schröder D,Schwarz H,Clemmer D E,et al.Activation of Hydrogen and Methane by Thermalized FeO^+ in the Gas Phase as Studied by Multiple Mass Spectrometric Techniques [J]. Int. J. Mass Spectrom. Ion Processes, 1997,161: 175-191.

[195] Becke A D.Density-Functional Thermochemistry. Iii. The Role of Exact Exchange [J].J.Chem.Phys.,1993,98: 5648-5652.

[196] Becke A D.Density-Functional Exchange-Energy Approximation with Correct Asymptotic-Behavior [J].Phys.Rev.A, 1988,38: 3098-3100.

[197] Lee C T, Yang W T, Parr R G. Development of the Colle-Salvetti Correlation-Energy Formula Into a Functional of the Electron-Density [J].Phys.Rev.B 1988,37: 785-789.

[198] Schäfer A,Huber C,Ahlrichs R.Fully Optimized Contracted Gaussian-Basis Sets of Triple Zeta Valence Quality for Atoms Li to Kr [J].J.Chem. Phys.,1994,100: 5829-5835.

[199] Andrae D, Häußermann U, Dolg M, et al. Energy-Adjusted Abinitio Pseudopotentials for the 2nd and 3rd Row Transition-Elements [J].Theor. Chim.Acta.,1990,77: 123-141.

[200] Weigend F,Ahlrichs R.Balanced Basis Sets of Split Valence,Triple Zeta Valence and Quadruple Zeta Valence Quality for H to Rn: Design and Assessment of Accuracy [J].Phys.Chem.Chem.Phys.,2005,7: 3297-3305.

[201] Http://Www. Webelements. Com/Aluminium/Atoms. Html, Http://Www. Webelements.Com/Yttrium/Atoms.Html.

[202] 2009 U S Greenhouse Gas Inventory Report, Environmental Protection Agency(http://tinyurl.com/emissionsreport).

[203] Prather M J. Time Scales in Atmospheric Chemistry: Coupled Perturbations to N_2O,NO_y,and O_3[J].Science,1998,279: 1339-1341.

[204] Robertson A, Overpeck J, Rind D, et al. Hypothesized Climate Forcing Time Series for the Last 500 Years [J].J.Geophys.Res.-Atmos,2001,106: 14783-14803.

[205] Ravishankara A R Daniel J S,Portmann R W.Nitrous Oxide(N_2O): the

Dominant Ozone-Depleting Substance Emitted in the 21st Century [J]. Science 2009,326: 123-125.

[206] Freund H J,Meijer G,Scheffler M,et al.Co Oxidation as a Prototypical Reaction for Heterogeneous Processes [J].Angew.Chem.,Int.Ed.,2011,50: 10064-10094.

[207] Baranov V, Javahery G, Hopkinson A C, et al. Intrinsic Coordination Properties of Iron in FeO^+: Kinetics at 294±3 K for Gas-Phase Reactions of the Ground States of Fe^+ and FeO^+ with Inorganic Ligands Containing Hydrogen,Nitrogen, and Oxygen [J]. J. Am. Chem. Soc., 1995, 117: 12801-12809.

[208] Lavrov V V,Blagojevic V,Koyanagi G K,et al.Gas-Phase Oxidation and Nitration of First-,Second-and Third-Row Atomic Cations in Reactions with Nitrous Oxide: Periodicities in Reactivity [J].J.Phys.Chem.A,2004, 108: 5610-5624.

[209] Blagojevic V,Orlova G,Böhme D K.O-Atom Transport Catalysis by Atomic Cations in the Gas Phase: Reduction of N_2O by Co [J].J.Am. Chem.Soc.,2005,127: 3545-3555.

[210] Schlangen M,Schwarz H.Effects of Ligands,Cluster Size,and Charge State in Gas-Phase Catalysis: A Happy Marriage of Experimental and Computational Studies [J].Catal.Lett.,2012,142: 1265-1278.

[211] Achatz U,Berg C,Joos S,et al.Methane Activation by Platinum Cluster Ions in the Gas Phase: Effects of Cluster Charge on the Pt_4 Tetramer [J]. Chem.Phys.Lett.,2000,320: 53-58.

[212] Balaj O P,Balteanu I,Roßteuscher T T J,et al.Catalytic Oxidation of Co with N_2O on Gas-Phase Platinum Clusters [J].Angew.Chem.,Int.Ed., 2004,43: 6519-6522.

[213] Balteanu I,Balaj O P,Beyer M K,et al.Reactions of Platinum Clusters $^{195}Pt_n^{+/-}$,$n=1\sim24$,with N_2O Studied with Isotopically Enriched Platinum [J].Phys.Chem.Chem.Phys.,2004,6: 2910-2913.

[214] Lv L L,Wang Y C,Jin Y Z.On the Catalytic Mechanism of $Pt_4^{+/-}$ in the Oxygen Transport Activation of N_2O by Co [J].Theor.Chem.Acc.,2011,

130: 15-25.

[215] Taylor H S.A Theory of the Catalytic Surface [J].Proc.R.Soc.London Ser. A,1925,108: 105-111.

[216] Davis R J.All that Glitters Is Not Au^0[J].Science,2003,301: 926-7.

[217] Horn K. Physics - Charging Atoms, One by One [J]. Science, 2004, 305: 483-448.

[218] Thomas J M,Raja R,Lewis D W.Single-Site Heterogeneous Catalysts [J].Angew.Chem.,Int.Ed.,2005,44: 6456-6482.

[219] Somorjai G A,Park J Y.Molecular Factors of Catalytic Selectivity [J]. Angew.Chem.,Int.Ed.,2008,47: 9212-9228.

[220] Ertl G.Reactions at Surfaces: From Atoms to Complexity(Nobel Lecture) [J].Angew.Chem.,Int.Ed.,2008,47: 3524-3535.

[221] Lang S M,Bernhardt T M.Gas Phase Metal Cluster Model Systems for Heterogeneous Catalysis [J].Phys.Chem.Chem.Phys.,2012,14: 9255-9269.

[222] Behrens M, Studt F, Kasatkin I, et al. The Active Site of Methanol Synthesis over $Cu/ZnO/Al_2O_3$ Industrial Catalysts [J].Science,2012,336: 893-897.

[223] Castleman Jr A W.Cluster Structure and Reactions: Gaining Insights Into Catalytic Processes [J].Catal.Lett.,2011,141: 1243-1253.

[224] Pyun C W.Steady-State and Equilibrium Approximations in Chemical Kinetics [J].J.Chem.Educ.,1971,48: 194-196.

[225] Koch W, Holthausen, M C A Chemist's Guide to Density Functional Theory [M].Weinheim:Wiley- VCH,2000.

[226] Lai W Z,Li C S,Chen H,et al.Hydrogen-Abstraction Reactivity Patterns From A to Y: the Valence Bond Way [J].Angew.Chem.,Int.Ed.,2012,51: 5556-5578.

[227] Koszinowski K,Schröder D,Schwarz H.Probing Cooperative Effects in Bimetallic Clusters: Indications of C-N Coupling of CH_4 and NH_3 Mediated by the Cluster Ion $PtAu^+$In the Gas Phase [J].J.Am.Chem.Soc., 2003,125: 3676-3677.

[228] Koszinowski K, SchröDer D, Schwarz, H. Additivity Effects in the

Reactivities of Bimetallic Cluster Ions $Pt_mAu_n^+$[J].Chem.Phys.Chem.,2003, 4: 1233-1237.

[229] Olah G A.Beyond Oil and Gas: the Methanol Economy [J].Angew. Chem.,Int.Ed.,2005,44: 2636-2639.

[230] Periana R A,Taube D J,Gamble S,et al.Platinum Catalysts for the High-Yield Oxidation of Methane to a Methanol Derivative [J].Science,1998, 280: 560-564.

[231] Choudhary T V,Aksoylu E,Goodman D W.Nonoxidative Activation of Methane [J].Catal.Rev.Sci.Eng.,2003,45: 151-203.

[232] Labinger J.A.Selective Alkane Oxidation: Hot and Cold Approaches to A Hot Problem [J].J.Mol.Catal.A: Chem.,2004,220: 27-35.

[233] Dietl N,Engeser M,Schwarz H.Competitive Hydrogen-Atom Abstraction Versus Oxygen-Atom and Electron Transfers in Gas-Phase Reactions of $[X_4O_{10}]^+$(X=P,V) with C_2H_4[J].Chem.Eur.J.,2010,16: 4452-4456.

[234] Chen B,Munson E J.Investigation of the Mechanism of N-Butane Oxidation on Vanadium Phosphorus Oxide Catalysts: Evidence From Isotopic Labeling Studies [J].J.Am.Chem.Soc.,2002,124: 1638-1652.

[235] Coulston G W,Bare S R,Kung H,et al.the Kinetic Significance of V^{5+} in N-Butane Oxidation Catalyzed by Vanadium Phosphates [J].Science, 1997,275: 191-193.

[236] Thompson D J,Fanning M O,Hodnett B K.The Interplay of Electrostatic and Covalent Effects in 1-Butene Oxidation over Vanadyl Pyrophosphate [J].J.Mol.Catal.A: Chem.,2003,206: 435-439.

[237] Centi G,Trifirò F,Ebner J R,et al.Mechanistic Aspects of Maleic-Anhydride Synthesis From C4-Hydrocarbons over Phosphorus Vanadium-Oxide [J]. Chem.Rev.,1988,88: 55-80.

[238] Xue W,Yin S,Ding X L,et al.Ground State Structures of $Fe_2O_{4-6}^+$Clusters Probed by Reactions with N_2 [J].J.Phys.Chem.A,2009,113: 5302-5309.

[239] Yin S,Xue W,Ding X L,et al.Formation,Distribution,and Structures of Oxygen-Rich Iron and Cobalt Oxide Clusters [J].Int.J.Mass Spectrom., 2009,281: 72-78.

[240] Feyel S,Schröder D,Rozanska X,et al.Gas-Phase Oxidation of Propane and 1-Butene with $[V_3O_7]^+$: Experiment and Theory in Concert [J]. Angew.Chem.,Int.Ed..2006,45: 4677-4681.

[241] Dietl N,Engeser M,Schwarz H.Thermal Homo-And Heterolytic C-H Bond Activation of Ethane and Propane by Bare $[P_4O_{10}]^+$: Regioselectivities,Kinetic Isotope Effects,and Density Functional Theory Based Potential-Energy Surfaces [J].Chem.Eur.J.,2009,15: 11100-11104.

[242] Vyboishchikov S F,Sauer J.Gas-Phase Vanadium Oxide Anions: Structure and Detachment Energies From Density Functional Calculations [J].J.Phys. Chem.A,2000,104: 10913-10922.

[243] Sierka M,Döbler J,Sauer J,et al.Unexpected Structures of Aluminum Oxide Clusters in the Gas Phase [J]. Angew. Chem., Int. Ed., 2007, 46: 3372-3375.

[244] Shields A E,Van Mourik T.Comparison of Ab Initio and Dft Electronic Structure Methods for Peptides Containing an Aromatic Ring: Effect of Dispersion and Bsse [J].J.Phys.Chem.A,2007,111: 13272-13277.

[245] Steinfeld J I,Francisco J S,Hase W L.Chemical Kinetics and Dynamics [M].Upper Saddle River:Prentice-Hall,1999.

[246] Yuliati L,Yoshida H.Photocatalytic Conversion of Methane [J].Chemical Society Reviews,2008,37: 1592-1602.

[247] Shimura K,Kato S,Yoshida T,et al.Photocatalytic Steam Reforming of Methane over Sodium Tantalate [J].J.Phys.Chem.,C 2010,114: 3493-3503.

[248] Min B K,Friend C M.Heterogeneous Gold-Based Catalysis for Green Chemistry: Low-Temperature Co Oxidation and Propene Oxidation [J]. Chem.Rev.,2007,107: 2709-2724.

[249] Xie X W,Li Y,Liu Z Q,et al.Low-Temperature Oxidation of Co Catalysed by CO_3O_4 Nanorods [J].Nature,2009,458: 746-749.

[250] Royer S,Duprez D.Catalytic Oxidation of Carbon Monoxide over Transition Metal Oxides [J].ChemCatChem .,2011,3: 24-65.

[251] Konova P,Naydenov A Venkov C,et al.Activity and Deactivation of Au/TiO_2 Catalyst in Co Oxidation [J].J.Mol.Catal.A: Chem.,2004,213: 235-240.

[252] Haruta M, Yamada N, Kobayashi T, et al. Gold Catalysts Prepared by Coprecipitation for Low-Temperature Oxidation of Hydrogen and of Carbon-Monoxide [J].J.Catal.,1989,115: 301-309.

[253] Bond G C, Louis C, Thompson D T. Catalysis by Gold [M]. London: Imperial College Press,2006: 176.

[254] Kotobuki M, Leppelt R, Hansgen D A, et al. Reactive Oxygen on A Au/ TiO_2 Supported Catalyst [J].J.Catal.,2009,264: 67-76.

[255] Widmann D, Liu Y, Schüth F, et al. Support Effects in the Au-Catalyzed Co Oxidation-Correlation Between Activity, Oxygen Storage Capacity, and Support Reducibility [J].J.Catal.,2010,276: 292-305.

[256] Widmann D, Behm R J. Active Oxygen on A Au/TiO_2 Catalyst: Formation, Stability, and Co Oxidation Activity [J]. Angew. Chem., Int. Ed., 2011, 50: 10241-10245.

[257] Konova P, Naydenov A, Tabakova T, et al. Deactivation of Nanosize Gold Supported on Zirconia in Co Oxidation [J]. Catal. Commun., 2004, 5: 537-542.

[258] Carrettin S, Concepción P, Corma A, et al. Nanocrystalline CeO_2 Increases the Activity of Au for Co Oxidation by Two Orders of Magnitude [J]. Angew.Chem.,Int.Ed.,2004,43: 2538-2540.

[259] Zhao C, Wachs I E. Selective Oxidation of Propylene to Acrolein over Supported V_2O_5/Nb_2O_5 Catalysts: An in Situ Raman, Ir, Tpsr and Kinetic Study [J].Catal.Today,2006,118: 332-343.

[260] O'Hair R A J, Khairallah G N. Gas Phase Ion Chemistry of Transition Metal Clusters: Production, Reactivity, and Catalysis [J].J.Cluster Sci.,2004, 15: 331-363.

[261] Zhai H J, Wang L S. Probing the Electronic Structure of Early Transition Metal Oxide Clusters: Molecular Models Towards Mechanistic Insights Into Oxide Surfaces and Catalysis [J].Chem.Phys.Lett..2010,500: 185-195.

[262] Zhao Y X, Wu X N, Ma J B, et al. Characterization and Reactivity of Oxygen-Centred Radicals over Transition Metal Oxide Clusters [J].Phys. Chem.Chem.Phys.,2011,13: 1925-1938.

[263] Asmis K R. Structure Characterization of Metal Oxide Clusters by Vibrational Spectroscopy: Possibilities and Prospects [J]. Phys. Chem. Chem.Phys.,2012,14: 9270-9281.

[264] Dong F Heinbuch S,Xie Y,et al.Experimental and Theoretical Study of the Reactions Between Neutral Vanadium Oxide Clusters and Ethane, Ethylene,and Acetylene [J].J.Am.Chem.Soc.,2008,130: 1932-1943.

[265] Manzoli M, Boccuzzi F, Chiorino A, et al. Spectroscopic Features and Reactivity of Co Adsorbed on Different Au/CeO_2 Catalysts [J].J.Catal., 2007,245: 308-315.

[266] Wu X N,Ma J B, Xu B,et al.Collision-Induced Dissociation and Density Functional Theory Studies of Co Adsorption over Zirconium Oxide Cluster Ions: Oxidative and Non-Oxidative Adsorption [J].J.Phys.Chem. A,2011,115:5238-5246.

[267] Hay P J, Wadt W R. Abinitio Effective Core Potentials for Molecular Calculations-Potentials for the Transition-Metal Atoms Sc to Hg [J].J. Chem.Phys.,1985,82: 270-283.

[268] Steinfeld J I,Francisco J S,Hase W L.Chemical Kinetics and Dynamics [M].London:Prentice Hall,1999: 313-314.

[269] Beyer T, Swinehar D. Number of Multiply - Restricted Partitions [J]. Commun.Acm,1973,16: 379.

[270] Dong F,Heinbuch S,He S G,et al.Formation and Distribution of Neutral Vanadium, Niobium, and Tantalum Oxide Clusters: Single Photon Ionization at 26.5 Ev [J].J.Chem.Phys.,2006,125.

[271] Wang W G,Wang Z C,Yin S,et al.Reaction of Cationic Vanadium Oxide Clusters with Ethylene in a Flow Tube Reactor [J].Chin.J.Chem.Phys., 2007,20: 412-418.

[272] Li X N, Xu B, Ding X L, et al. Interaction of Vanadium Oxide Cluster Anions with Water: An Experimental and Theoretical Study on Reactivity and Mechanism [J].Dalton Transactions,2012,41: 5562-5570.

[273] Ma J B,Zhao Y X,He S G,et al.Experimental and Theoretical Study of the Reactions Between Vanadium Oxide Cluster Cations and Water [J].J.

Phys.Chem.A,2012,116: 2049-2054.

[274] Zheng W J,Bowen K H,Li J,et al.Electronic Structure Differences in ZrO_2 vs HfO_2[J].J.Phys.Chem.,A 2005,109: 11521-11525.

[275] Wu H B,Wang L S.Electronic Structure of Titanium Oxide Clusters: TiO_y (y=1-3) and$(TiO_2)_n$(n=1-4) [J].J.Chem.Phys.,1997,107: 8221-8228.

[276] Ding X L,Wu X N,Zhao Y X,et al.Double-Oxygen-Atom Transfer in Reactions of $Ce_mO_{2m}^+$(m=2-6) with C_2H_2[J].Chemphyschem,2011,12: 2110-2117.

[277] Zhai H J,Wang L S.Probing the Electronic Structure and Band Gap Evolution of Titanium Oxide Clusters $(TiO_2)_n^-$ (n = 1 - 10) Using Photoelectron Spectroscopy [J].J.Am.Chem.Soc.2007,129: 3022-6.

[278] Bondybey V E,Beyer M K.Temperature Effects in Transition Metal Ion and Cluster Ion Reactions [J].J.Phys.Chem.A,2001,105: 951-960.

[279] Xu B,Zhao Y X,Ding X L,et al.Reactions of $Sc_2O_4^-$and $La_2O_4^-$Clusters with Co: A Comparative Study [J].Int.J.Mass Spectrom.,2012,334: 1-7.

[280] Cavalleri M,Hermann K,Knop-Gericke A,et al.Analysis of Silica-Supported Vanadia by X-Ray Absorption Spectroscopy: Combined Theoretical and Experimental Studies [J].J Catal.,2009,262(2): 215-223.

[281] Nieto J M L.The Selective Oxidative Activation of Light Alkanes.From Supported Vanadia to Multicomponent Bulk V-Containing Catalysts [J]. Top Catal.,2006,41(1): 3-15.

[282] Bentrup U,BrüCkner A,R Dinger C,et al.Elucidating Structure and Function of Active Sites in Vo_x/TiO_2 Catalysts During Oxyhydrative Scission of 1-Butene by in Situ and Operando Spectroscopy [J].Applied Catalysis A General,2004,269(1-2): 237-248.

[283] Baron M,Abbott H,Bondarchuk O,et al.Resolving the Atomic Structure of Vanadia Monolayer Catalysts: Monomers,Trimers,and Oligomers on Ceria [J].Angew Chem Int Ed,2009,48(43): 8006-8009.

[284] Nguyen L D,Loridant S,Launay H,et al.Study of New Catalysts Based on Vanadium Oxide Supported on Mesoporous Silica for the Partial Oxidation of Methane to Formaldehyde: Catalytic Properties and

Reaction Mechanism [J].J Catal,2006,237(1): 38-48.

[285] Čapek L,Bul Nek R,Adam J,et al.Oxidative Dehydrogenation of Ethane over Vanadium-Based Hexagonal Mesoporous Silica Catalysts [J].Catal Today,2009,141(3-4): 282-287.

[286] Murgia V,Torres E M F,Gottifredi J C,et al.Sol-Gel Synthesis of V_2O_5-SiO_2 Catalyst in the Oxidative Dehydrogenation of N - Butane [J]. Applied Catalysis A General,2006,312(1): 134-143.

[287] Zhao C, Wachs I E. Selective Oxidation of Propylene over Model Supported V_2O_5 Catalysts: Influence of Surface Vanadia Coverage and Oxide Support [J].J Catal,2008,257(1): 181-189.

[288] Chiment O R J,Herrera J E,Kwak J H,et al.Oxidation of Ethanol to Acetaldehyde over Na-Promoted Vanadium Oxide Catalysts [J].Applied Catalysis A General,2007,332(2): 263-272.

[289] Gregori F, Nobili I, Bigi F, et al. Selective Oxidation of Sulfides to Sulfoxides and Sulfones Using 30% Aqueous Hydrogen Peroxide and Silica-Vanadia Catalyst [J].Journal of Molecular Catalysis A Chemical, 2008,286(1): 124-127.

[290] Cassady C J,Mcelvany S W.Gas-Phase Reactions of Molybdenum Oxide Ions with Small Hydrocarbons [J].Organometallics,1992,11(7): 2367-2377.

[291] Beyer M K,Berg C B,Bondybey V E.Gas-Phase Reactions of Rhenium-Oxo Species ReO_n^+, $n=0,2\sim6,8$, with O_2, N_2O, CO, H_2O, H_2, CH_4 and C_2H_4[J].Pccp,2001,3(10): 1840-1847.

[292] Zemski K A,D R J,Castleman A W.Reactions of Group V Transition Metal Oxide Cluster Ions with Ethane and Ethylene [J].J Phys Chem A, 2001,105(45): 10237-10245.

[293] Justes D R,Castleman A W,MitrićR,et al. $V_2O_5^+$ Reaction with C_2H_4: Theoretical Considerations of Experimental Findings [J]. European Physical Journal D—Atoms,Molecules,Clusters & Opti,2003,24:331-334.

[294] Yuan Z,Li Z Y,Zhou Z X,et al.Thermal Reactions of$(V_2O_5)nO^-(n=1\sim3)$ Cluster Anions with Ethylene and Propylene: Oxygen Atom Transfer Versus Molecular Association [J].Journal of Physical Chemistry C,2014,

118(27): 14967-14976.

[295] Dipl Chem.S F,Schr Der D,Rozanska X,et al.Gas-Phase Oxidation of Propane and 1-Butene with $[V_3O_7]^{+}$: Experiment and Theory in Concert † [J].Angew Chem Int Ed,2006,45(28): 4677-4681.

[296] Ma J B,Yuan Z,Meng J H,et al.Gas-Phase Reaction of $CeV_2O_7^+$ with C_2H_4: C-C and C-H Bonds Activation [J].Chemphyschem,2014,15 (4117-125).

[297] Ma J B,Meng J H,He S G.Gas-Phase Reaction of $CeVO_5^+$ Cluster Ions with C_2H_4: Reactivity of Cluster Bonded Peroxides [J]. Dalton Transactions,2015,44:3128-3135.

[298] And R C B,Castleman A W.Reactions of Vanadium Oxide Cluster Ions with 1,3-Butadiene and Isomers of Butene† [J].J Phys Chem A,2002, 106(42): 9893-9899.

[299] Chagas C A,Dieguez L C,Schmal M.Investigation of the Stability of CeO_2,V_2O_5 and CeV Mixed Oxide on the Partial Oxidation of Propane [J].Catal Lett,2012,142(6): 753-762.

[300] Mouammine A,Ojala S,Pirault-Royl,et al.Catalytic Partial Oxidation of Methanol and Methyl Mercaptan: Studies on the Selectivity of TiO_2 and CeO_2 Supported V_2O_5 Catalysts [J].Top Catal,2013,56(9-10): 650-657.

[301] Silva J L F D,Ver Oacute M,et al.Publisher's Note: Hybrid Functionals Applied to Rare-Earth Oxides: the Example of Ceria [J].Physical Review B,2007,75(75): 33-39.

[302] Volpe L,Boudart M.Compounds of Molybdenum and Tungsten with High Specific Surface-Area.2.Carbides [J].Journal of Solid State Chemistry, 1985,59(3): 348-356.

[303] Levy R B,Boudart M.Platinum-Like Behavior of Tungsten Carbide in Surface Catalysis [J].Science,1973,181(4099): 547-549.

[304] Oyama S T.Preparation and Catalytic Properties of Transition Metal Carbides and Nitrides [J].Catalysis Today,1992,15(2): 179-200.

[305] Periana R A,Taube D J,Gamble S,et al.Cheminform Abstract: Platinum Catalysts for the High-Yield Oxidation of Methane to A Methanol

Derivative [J].Cheminform,1998,29(29): 560-564.

[306] Tang W,Hu Z,Wang M,et al.Methane Complete and Partial Oxidation Catalyzed by Pt-Doped CeO_2 [J].Journal of Catalysis,2010,273(2): 125-137.

[307] Mironov O A,Bischof S M,Konnick M M,et al.Using Reduced Catalysts for Oxidation Reactions: Mechanistic Studies of the "Periana-Catalytica" System for CH_4 Oxidation [J].Journal of the American Chemical Society, 2013,135(39): 14644-14658.

[308] Carroll J J,Weisshaar J C,Siegbahn P E M,et al.An Experimental and Theoretical Study of the Gas Phase Reactions Between Small Linear Alkanes and the Platinum and Iridium Atoms [J].Journal of Physical Chemistry,1995,99(39): 14388-14396.

[309] Achatz U,Berg C,Joos S,et al.Methane Activation by Platinum Cluster Ions in the Gas Phase: Effects of Cluster Charge on the Pt_4 Tetramer [J]. Chemical Physics Letters,2000,320(1-2): 53-58.

[310] Adlhart C,Uggerud E.Reactions of Platinum Clusters $Pt_n^{+/-}$,$n=1\sim21$, with CH_4: to React or Not to Reaction [J].Chemical Communications, 2006,24(24): 2581-2582.

[311] Xiao L,Wang L.Methane Activation on Pt and Pt_4: A Density Functional Theory Study [J].Journal of Physical Chemistry B,2007,111(7): 1657-1663.

[312] Cho H G, Andrews L. Infrared Spectra of Platinum Insertion and Methylidene Complexes Prepared in Oxidative Ch_X Reactions of Laser-Ablated Pt Atoms with Methane, Ethane, and Halomethanes [J]. Organometallics,2009,28(5): 1358-1368.

[313] Hamilton S M, Hopkins W S, Harding D J, et al. Infrared-Induced Reactivity of N_2O on Small Gas-Phase Rhodium Clusters [J].Journal of Physical Chemistry A,2011,115(12): 2489-2497.

[314] Liu S,Geng Z,Wang Y,et al.Methane Activation by MH^+(M=Os,Ir,and Pt) and Comparisons to the Congeners of MH^+(M=Fe,CO,Ni,Ru,Rh,Pd) [J].Journal of Physical Chemistry A,2012,116(18): 4560-4568.

[315] Li F M,Yang H Q,Ju T Y,et al.Activation of C-H and C-C Bonds of

Ethane by Gas-Phase Pt Atom: Potential Energy Surface and Reaction Mechanism [J]. Computational & Theoretical Chemistry, 2012, 994 (6): 112-120.

[316] Perera M,Metz R B,Kostko O,et al.Vacuum Ultraviolet Photoionization Studies of $PtCH_2$ and $HptCH_3$: A Potential Energy Surface for the Pt+ CH_4 Reaction [J].Angewandte Chemie,2013,52(125): 888-891.

[317] Dan J H,Fielicke A.Platinum Group Metal Clusters: From Gas-Phase Structures and Reactivities Towards Model Catalysts [J]. Chemistry (Weinheim an Der Bergstrasse,Germany),2014,20(12): 3258-3267.

[318] Zhao Y X, Li Z Y, Yuan Z, et al. Thermal Methane Conversion to Formaldehyde Promoted by Single Platinum Atoms in $PtAl_2O_4^-$ Cluster Anions* * [J].Angewandte Chemie International Edition,2014,126(36): 9636-9640.

[319] Mcdonald R N,Reed D J,Chowdhury A K.A Search for A-Hydrogen Migration in Iron-Alkyl Negative Ion Complexes in the Gas Phase [J]. Organometallics,1989,8(4).

[320] Li H F,Li Z Y,Liu Q Y,et al.Methane Activation by Iron-Carbide Cluster Anions FeC_6^- [J].Journal of Physical Chemistry Letters,2015,6(12): 2287-2291.

[321] Kretschmer D C R,Schlangen M,et al.C-N and C-C Bond Formations in the Thermal Reactions of " Bare" $Ni(Nh_2)^+$ With C_2H_4: Mechanistic Insight on the Metal-Mediated Hydroamination of an Unactivated Olefin [J].Angewandte Chemie International Edition,2012,51(14): 3483-3488.

[322] Yin S,Xie Y,Bernstein E R.Experimental and Theoretical Studies of Ammonia Generation: Reactions of H_2 with Neutral Cobalt Nitride Clusters [J].Journal of Chemical Physics,2012,137(12): 124304-124308.

[323] Baranov V, Javahery G, Hopkinson A C, et al. Intrinsic Coordination Properties of Iron in FeO^+: Kinetics at 294±3 K for Gas-Phase Reactions of the Ground States of Fe^+ and FeO^+ with Inorganic Ligands Containing Hydrogen,Nitrogen, and Oxygen [J]. Journal of the American Chemical Society,1995,117(51): 12801-12809.

[324] Boese A D,Martin J M.Development of Density Functionals for Thermo-Chemical Kinetics [J]. Journal of Chemical Physics, 2004, 121 (121): 3405-3416.

[325] SchäFer A, Huber C, Ahlrichs R. Fully Optimized Contracted Gaussian Basis Sets of Triple Zeta Valence Quality for Atoms Li to Kr.[J].Journal of Chemical Physics,1994,100: 5829-5835.

[326] Huo R P,Zhang X,Huang X R,et al.Direct Ab Initio Dynamics Study of Radical $C_4H_x^{2+}$ + CH_4 Reaction [J]. Journal of Physical Chemistry A, 2011,115(15): 3576-3582.

[327] Li J,Wu X N,Schlangen M,et al.Zur Rolle Der Elektronenstruktur Des Heteronuklearen Oxidclusters $[Ga_2Mg_2O_5]^{\cdot+}$ in Der Thermischen Akti-Vierung Von Methan Und Ethan: Ein UngewöHnlicher Dotierungseffekt [J].Angewandte Chemie,2015,127(17): 5163-5167.

[328] Li J,Wu X N,Schlangen M,et al.On the Role of the Electronic Structure of the Heteronuclear Oxide Cluster $[Ga_2Mg_2O_5]^{\cdot+}$ in the Thermal Activation of Methane and Ethane: An Unusual Doping Effect [J]. Angewandte Chemie,2015,54(17): 1391-1392.

[329] Baerends E J, Gritsenko O V. A Quantum Chemical View of Density Functional Theory [J]. Journal of Physical Chemistry A, 1997, 101 (30): 5383-5403.

[330] Lee C T, Yang W T, Parr R G. Development of the Colle - Salvetti Correlation-Energy Formula Into a Functional of the Electron-Density [J].Physical Review B,1988,37(2): 785-789.

[331] Becke A D.Density-Functional Exchange-Energy Approximation with Correct Asymptotic - Behavior [J]. Physical Review A, 1988, 38 (6): 3098-3100.

[332] Becke A D.Density-Functional Thermochemistry.Ⅲ.The Role of Exact Exchange [J].Journal of Chemical Physics,1993,98(7): 5648-5652.

[333] Andrae D, Häußermann U, Dolg M, et al. Energy - Adjusted Abinitio Pseudopotentials for the 2nd and 3rd Row Transition - Elements [J]. Theoretica Chimica Acta,1990,77(2): 123-141.

[334] Lu T,Chen F W.Multiwfn: A Multifunctional Wavefunction Analyzer [J]. Journal of Computational Chemistry,2012,33(5): 580.

[335] Armentrout P B,Beauchamp J L.The Chemistry of Atomic Transition-Metal Ions - Insight into Fundamental - Aspects of Organometallic Chemistry [J].Accounts of Chemical Research,1989,22(9): 315-321.

[336] Lide D R.CRC Handbook of Chemistry and Physics[M].84th.New York: CrC Press Inc.,2003.

[337] Gagdon.Dissociation Energies and Spectra of Diatomic Molecules [M].3rd. Chapman and Hall,Ltd.,1968.

[338] Steinfeld J I,Francisco J S,Hase W L.Chemical Kinetics and Dynamics [M].Upper Saddle River: Prentice-Hall,1999.

[339] Bernhardt T M.Gas-Phase Kinetics and Catalytic Reactions of Small Silver and Gold Clusters [J].International Journal of Mass Spectrometry,2005,243 (1): 1-29.

[340] Xue W,Wang Z C,He S G,et al.Experimental and Theoretical Study of the Reactions Between Small Neutral Iron Oxide Clusters and Carbon Monoxide [J].Journal of the American Chemical Society,2008,130(47): 15879-15888.

[341] Xu B,Zhao Y X,Ding X L,et al.Collision-Induced Dissociation and Infrared Photodissociation Studies of Methane Adsorption on $V_5O_{12}^+$ and $V_5O_{13}^+$Clusters [J].Journal of Physical Chemistry A,2013,117(14): 2961-2970.

[342] Liu Q Y,Hu L,Li Z Y,et al.Photoelectron Imaging Spectroscopy of Moc^- And Nb_n^- Diatomic Anions: A Comparative Study [J]. Journal of Chemical Physics,2015,142(16): 024304.

[343] Gioumousis G,Stevenson D P.Reactions of Gaseous Molecule Ions with Gaseous Molecules. V.Theory [J].Journal of Chemical Physics,1958,29 (2): 294-299.

[344] Li F X,Zhang X G,Armentrout P B,et al.the Most Reactive Third-Row Transition Metal: Guided Ion Beam and Theoretical Studies of the Activation of Methane by Ir^+ [J]. International Journal of Mass

Spectrometry,2006,S 255-256(1): 279-300.

[345] Berkdemir C,Cheng S B,Castleman A W.Assigning the Mass Spectrum of Nbn^-: Photoelectron Imaging Spectroscopy and Nominal - Mass Counterpart Analysis [J]. International Journal of Mass Spectrometry, 2014,365(4): 222-224.

[346] Kretschmer R, Schlangen M, Schwarz H. Isomer - Selective Thermal Activation of Methane in the Gas Phase by $[HMO]^+$ and $[M(OH)]^+$(M=Ti and V)[J].Angewandte Chemie,International Edition in English,2013,52 (23): 6097-6101.

[347] Peppernick S J, Gunaratne K D D, Castleman Jr A W. Superatom Spectroscopy and the Electronic State Correlation Between Elements and Isoelectronic Molecular Counterparts [J]. Proceedings of the National Academy of Sciences of the United States of America, 2010, 107 (3): 975-980.

[348] Pyykkö P.Relativistic Effects in Chemistry: More Common Than You Thought [J].Annual Review of Physical Chemistry,2012,63(1): 45-64.

第3章　团簇作为矿质氧化物气溶胶表面活性位模型

3.1　室温下纳米尺寸 $V_xO_y^{\pm}$ 与苯的反应性研究

在大气环境中，金属氧化物的矿物粉尘颗粒可以为痕量气体提供吸附活性位点，如挥发性有机化合物（VOC）在矿尘气溶胶表面发生非均相反应[1-4]。金属氧化物表面通常存在较多的活性氧物种（ROS）[5-8]，其中 $O_2^{-\cdot}$、O_2^{2-} 和 $O^{-\cdot}$ 都属于活性氧物种。金属钒（V）是大气中的重金属之一，不仅含量高还易致癌[9]。包括石油和煤炭在内的化石燃料燃烧的主要来源是人为的排放，自 1978 年以来，中国的人为钒排放量与之前相比增加了 4 倍，2011 年甚至达到 31 800 t 的排放量[10]。在重工业污染排放源中，烃类的燃烧，尤其是发电站中的燃料油和石油焦炭的燃烧，将会释放大量的钒氧化合物等物质[11]。另外，钒氧化合物本身就代表了活性催化氧化物，通常在工业和实验室中用作非均相反应的催化剂[12,13]。

挥发性有机化合物（VOC）是一类重要的大气污染物，对人体健康具有潜在的不利影响，而且在大气环境中的活动很频繁，容易与其他物质发生反应。矿尘颗粒物表面对挥发性有机物的吸附和环境中气体的分布具有显著的调节作用。因此，对于挥发性有机物在矿尘颗粒表面的非均相反应的研究是很有必要的，以便提供详细的热力学和动力学数据来表征当前气候中颗粒物的作用，并预测其对未来气候的影响。此外，非均相反应能够改变大气颗粒的化学组成，并随后改变了它们的物理、化学性质以及它们的生长速率。因此，挥发性有机化合物在矿物尘埃气溶胶上的吸附和反应对于研究大气的氧化能力和空气污染复合物的形成具有重要意义。更重要的是，挥发性有机化合物的氧化反应可导致形成具有较低挥发性的含氧产物，然后形成二次有机气溶胶。

芳香烃是大气中挥发性有机物的重要组成部分（20%~30%），其中苯是最简单且普遍存在的化合物[14]。大量的苯主要是通过人类活动释放到大气中，如汽车中液体燃料的不完全燃烧，石油生产过程中产品和溶剂的蒸发等。另外，苯在大气中的氧化可形成具有较低挥发性的半挥发性有机化合物（SVOC）[15]。作为芳烃最简单的代表物，苯的氧化已经受到很多的关注。目前，$OH^{\cdot}$ 自由基与苯的气相反应已经得到了广泛的研究[16-20]，结果显示在室温条件下反应速率为 $1.22\times10^{-12}\ cm^3\cdot molecule^{-1}\cdot s^{-1}$。苯分子和 $OH^{\cdot}$ 自由基的反应有两种反应通道，这是大多数研究人员的关注重点：一种是氢原子转移（HAT），在较高的温度下 $C_6H_6+OH^{\cdot}\rightarrow C_6H_5^{\cdot}+H_2O$ 占主导地位；另一种是 $OH^{\cdot}$ 自由基的加成途径，在较低的温度下 $C_6H_6+OH^{\cdot}\rightarrow C_6H_5OH+H^{\cdot}$ 占主导地位[20,21]。另外，Cl、O（^3P）和 N_xO_y 与苯分子的反应也有人进行了研究，但是，几乎没有文献报道过苯分子与大气中金属氧化物颗粒的反应[22]。此外，苯酚是化学工业中最重要和最常用的中间体之一。但是，大多数苯酚是通过异丙苯反应产生的，这是一种能耗高且有副产物丙酮的方法，所以苯一步氧化成苯酚具有非常重要的工业和社会意义。例如，BTOP 反应（$C_6H_6+N_2O\rightarrow C_6H_5OH+N_2$）已经成为许多实验和理论研究的主题[23]。Panov 等的研究证明了原子氧自由基阴离子 $O^{-\cdot}$ 与苯在钒和钼氧化物上催化氧化成苯酚有着密切的关系[23]。

基于化学键的形成和解离发生在活性位点的概念，研究人员探索了另一种方法：通过团簇化学的模型来理解矿物粉尘颗粒和催化剂表面的反应。在过去的几十年中，许多关于原子、离子团簇反应的气相研究被认为是实验探测化学反应的热力学和动力学的理想方法[15,17,18,24-35]。飞行时间质谱结合最先进的量子化学理论计算，可以准确地了解反应的基本步骤和机理，这是传统的凝聚相实验技术难以实现的。大多数报道的关于活化苯分子的团簇离子基本都是金属团簇离子，如 $M_n^{+/-}$（M 为Sc、Cu[36,37]、Nb[38,39]、Pt[40,41]、Rh[38]、Co[42]、Au[43]和 Si[44]）。在这些大量的研究中，最值得一提的是中国科学院化学研究所何圣贵课题组研究的 V_mO_n（m，n 分别为 1，2；2，4；3，7；5，12）中性团簇与苯分子的反应，该反应存在脱水通道。同时，也有大量的文献报道了关于气相 $V_xO_y^{\pm/0}$ 团簇的反应性研究[45-53]。我们用氧缺陷指数 Δ 来区分金属氧化物$M_xO_y^q$是缺氧化物还是富氧化物：$\Delta = 2y - nx + q$，其中，q 是电荷数，n 是金属 M 的最高氧化态[27]，通常，$\Delta = 1$ 的团簇例如（$V_2O_5)_n^+$[54,55]和（$V_2O_5)_nO^-$[56]都含有 $O^{-\cdot}$ 自由基；$\Delta = 2$ 的团簇例如（$V_2O_5)_nVO_3^+$都含有 O-O 单元，可能是 $O_2^{-\cdot}$ 或者是 O_2^{2-}单元。本节中，我们通过应用质谱手段和量子化学理论计算系统地研究了氧化钒阳离子和阴离子团簇与苯分子的反应。该研究可以从分子水平上探讨矿物粉尘气溶胶在非均相反应中的作用，并获得苯分子氧化的机理。另外，苯分子的活化反应可以作为其他芳烃分子氧化的基本模型。

3.1.1 研究方法

3.1.1.1 实验方法

我们主要采用四极杆选质-线性离子阱反应池-耦合高分辨率反射式飞行时间质谱（TOF-MS）检测相对较小的离子团簇（$m/z<1000$）与苯分子的反应，该质谱仪配备有激光溅射离子源，四极杆质量过滤器（QMF）和线性离子阱（LIT）反应器[54,57,58]。$V_xO_y^{+/-}$离子是通过一束脉冲激光溅射到螺旋运动的钒靶（99.999%）上，与产生管中的氧气（浓度 1%，背景气为氦气，背景压力为 4 atm）碰撞、反应、冷却聚集从而产生的。所用脉冲激光为 532 nm 波长（Nd^{3+}的二次谐波：固体脉冲激光器的二倍频），其能量为 5~8 mJ /脉冲，工作频率为 10 Hz。团簇离子经产生管超声膨胀冷却后通过直径为 4 mm 的小孔进入四极杆质量过滤器进行选质。待反应的离子由四极杆质量过滤器选质并进入线性离子阱反应器，脉冲氦气（或其他惰性气体）通过脉冲阀进入与团簇离子发生碰撞、冷却至室温，冷却一段时间后与苯分子相互作用。反应一段时间后，反应物和产物离子被抛出，经过离子透镜聚焦进入飞行时间质谱，通过 MCP 实现质量和丰度的检测。对于较大质量数的团簇离子（$m/z>1000$）与苯分子的反应我们用另一种装置流动管反应器进行反应，载气为氧气（浓度 10%，背景气为氦气，背景压力为 1.5 atm）。通过激光溅射金属靶材产生的团簇离子在快速流动（FF）反应器中与苯分子（浓度 1%）进行反应。激光器和示波器以 10 Hz 的频率运行，而反应气 C_6H_6 和对比气（Ar）以交替脉冲 5 Hz 运行以获得更好的背景质谱图。

3.1.1.2　计算方法

主要通过密度泛函理论（DFT）计算（均采用 Gaussian 09[59] 程序包进行），使用 B3LYP[60,61] 交换－相关泛函和 6－311+G（d）基组[62]。根据文献中的泛函和基组可以对 $V_xO_y^{+/-}$ 的基态结构和能量给出准确的计算结果[63-65]。反应机理计算涉及反应中间体（IM）和过渡态（TS）的几何优化。执行振动频率计算以检查 IM 或 TS 是否为 0 而且仅 1 个虚频，以确保一个 TS 连接两个适当的最小值，用固有的反应坐标（IRC）计算。计算的能量 ΔH_{0K}（eV）用零点振动纠正。在系统中，可以从复合物的 DFT－D3 校正中明确估计的色散效应[66]。用 Gaussian 09 中的 NBO 3.1 进行自然键轨道（NBO）分析以解释实验观察。

3.1.2　结果与讨论

3.1.2.1　小尺寸团簇离子（m/z<1000）与苯分子的反应

在这部分的内容中，主要研究的是质荷比小于 1000 的 $V_xO_y^{\pm}$ 阴阳离子团簇。对于阳离子团簇，Δ = 1，2 的两类团簇均可以与苯分子（C_6H_6）发生反应。如图 3－1－1（a）所示，在 $V_2O_5^+$ 阳离子与苯的反应中观察到三种反应类型，分别是：苯分子的氧化脱氢通道（表 3－1－1 中的反应 1a），苯分子的吸附通道（表 3－1－1 中反应 1b）和电荷交换通道（反应 1c）；其中苯分子的氧化脱氢通道是该反应的主通道。然而，当 $V_8O_{20}^+$ 和 $V_{10}O_{25}^+$ 阳离子与苯分子反应时，氧原子转移通道成为主通道而不是苯的氧化脱氢通道。对于（V_2O_5）$_n^+$（n＝2～5）系列的阳离子团簇，从产物中可以观察到电荷交换（$C_6H_6^+$）的峰比较强。有趣的是，Δ＝2 的富氧团簇离子对苯分子也表现出较高的反应活性；其中氧化脱氢和吸附通道是该系列团簇的反应主通道。如图 3－1－1（b）所示，在 VO_3^+ 中，O_2 单元可以很容易被离子阱中杂质 H_2O 置换掉，从而生成 VOH_2O^+ 阳离子。值得注意的是，在（V_2O_5）$_{1-3}VO_3^+$/ C_6H_6 反应体系中，电荷交换的产物是 $C_6H_6O^+$ 阳离子而不是 $C_6H_6^+$ 阳离子。根据表 3－1－1 中给出的反应模型，反应物和产物相对于反应物压力的相对离子强度可以通过动力学公式利用最小二乘法进行很好的拟合。

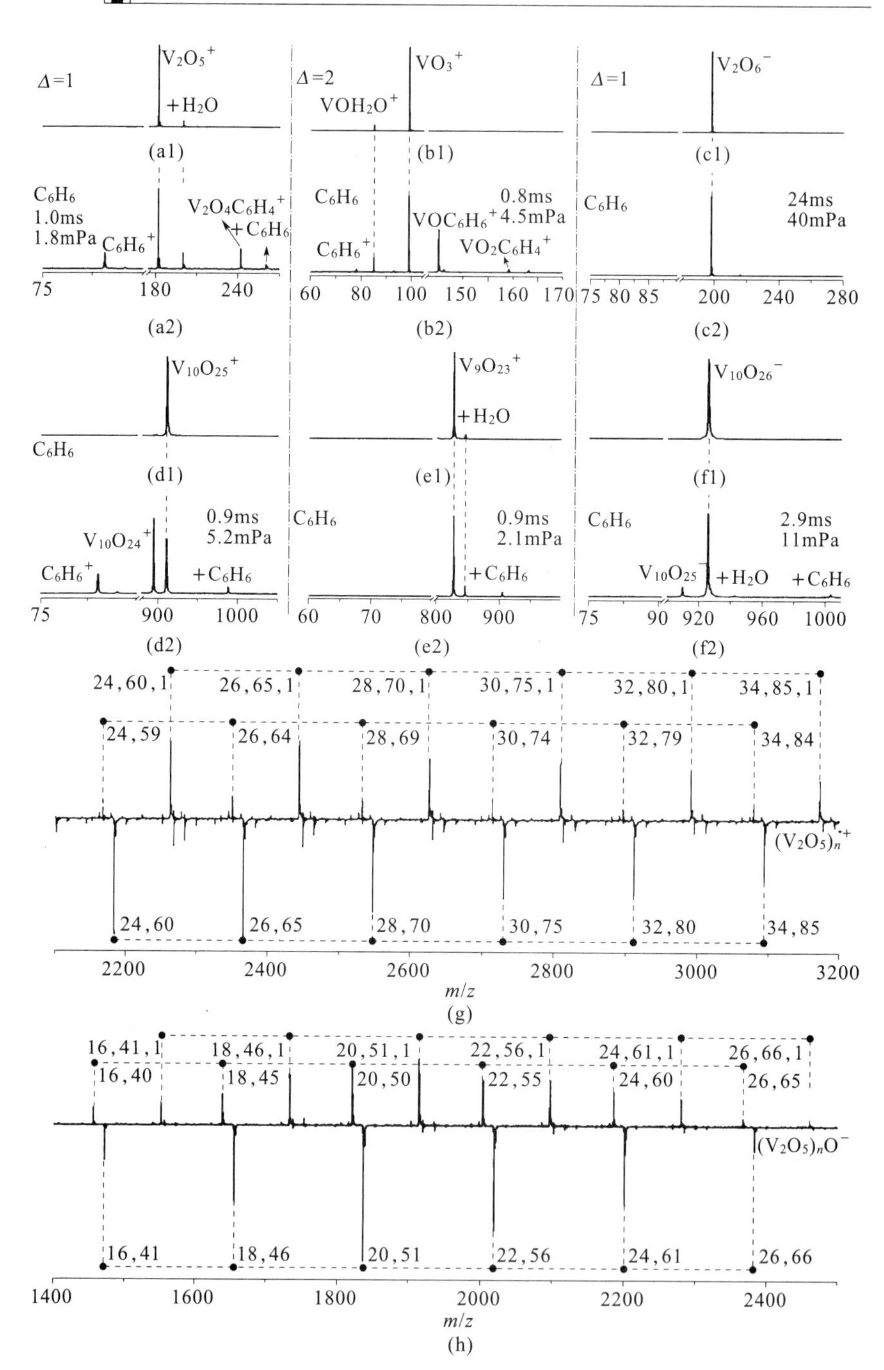

图 3-1-1 $V_2O_5^+$(a1)、VO_3^+(b1) 和 $V_2O_6^-$ (c1) 与 C_6H_6((a2) (b2) 和 (c2)) 的反应的飞行时间质谱图

(图 (g) 和 (h) 分别是 $(V_2O_5)_n^+$(g) 和 $(V_2O_5)_nO^-$(h) 与 C_6H_6 的反应图谱)

表 3-1-1 $V_xO_y^{\pm}$与苯的反应产物，分支比，准一级速率常数和反应效率图

反应	产物	分支比	准一级速率常数	效率
$V_2O_5^+ + C_6H_6$	$V_2O_4C_6H_4^+ + H_2O$ $V_2O_5C_6H_6^+$ $C_6H_6^+ + V_2O_5$	73% (1a) 14% (1b) 13% (1c)	$(1.2\pm0.3)\times10^{-9}$	1.28
$VO_3^+ + C_6H_6$	$VOC_6H_6^+$ $VO_2C_6H_4^+ + H_2O$ $C_6H_6^+ + VO_3$	89% (2a) 8% (2b) 3% (2c)	$(9.1\pm1.8)\times10^{-10}$	0.81
$V_2O_6^- + C_6H_6$	inert	(3)	→	→
$V_4O_{11}^- + C_6H_6$	$V_4O_{10}^- + C_6H_6O$	(4)	$(1.6\pm0.3)\times10^{-12}$	0.002
$V_{10}O_{26}^- + C_6H_6$	$V_{10}O_{25}^- + C_6H_6O$ $V_{10}O_{26}C_6H_6^-$	82% (5a) 18% (5b)	$(1.6\pm0.3)\times10^{-12}$	0.002
$V_{10}O_{25}^+ + C_6H_6$	$V_{10}O_{24}^+ + C_6H_6O$ $V_{10}O_{25}C_6H_6^+$ $C_6H_6^+ + V_{10}O_{25}$	90% (6a) 9% (6b) 1% (6c)	$(6.0\pm1.2)\times10^{-10}$	0.41

可以用下公式计算离子阱中团簇离子与苯分子的准一级反应速率（k_1）：

$$\ln\frac{I_R}{I_T}=-k_1\frac{P}{k_BT}t_R \tag{3-1-1}$$

式中：I_R 为反应后反应物团簇的离子强度；I_T 为反应物加生成物的总离子强度；k_B 为玻耳兹曼常数；T 为温度（298 K）；t_R 为反应时间；P 为线性离子阱反应器中反应气体的有效压力。

如果所研究的团簇离子中含有惰性组分（活性组分的同分异构体但不反应），可用下面的公式进行拟合：

$$I_R=a+(1-a)\exp\left(-k_1\frac{P}{k_BT}t_R\right) \tag{3-1-2}$$

$$I_P=(1-a)\left[1-\exp\left(-k_1\frac{P}{k_BT}t_R\right)\right] \tag{3-1-3}$$

式中：a 表示惰性组分所占的百分比。

在式（3-1-1）~式(3-1-3）中，t_R 对于不同的反应器有不同的求法，本章的研究主要使用了两种反应器：离子阱和流动管，对于离子阱而言，反应时间 t_R =后盖极关闭的时间-反应气进气时间；对于流动管而言，$t_R=l/v$，其中，l 为快速流动反应器的长度(61 mm)，v 为团簇离子的飞行速度（约 543 m/s，它是通过实验装置的几何参数和各部件脉冲电压之间的时间延迟得出的）。

与具有反应活性的阳离子团簇相比，只有 $\Delta=1$ 的阴离子团簇可以活化 C_6H_6 分子。$(V_2O_5)_nO^-$$(n=2,3,5)$ 系列的团簇阴离子与苯分子发生反应生成氧原子转移产物 $(V_2O_5)_n^-$+C_6H_6O ［表 3-1-1 中的反应（4）和反应(5a)(5b)］，但是在 $(V_2O_5)_nO^-$$(n=2,3)$ 阴离子与苯分子的反应中没有观察到苯分子的吸附产物。然而，$V_2O_6^-$ 和 $V_8O_{21}^-$ 阴离子团簇与苯分子在相同的反应条件下，该反应是惰性的或是非常缓慢的，几乎检测不到。如图 3-1-2 中的分支比图所示，吸附产物 $V_{10}O_{26}C_6H_6^-$ 的是非常弱的几乎没有，但是随着团簇尺寸的进一步增加，吸附通道逐渐成为该反应的主要反应通道。通过研究发现阴离子团簇与苯分子的反应速率常数比阳离子团簇要慢 2~3 个数量级。

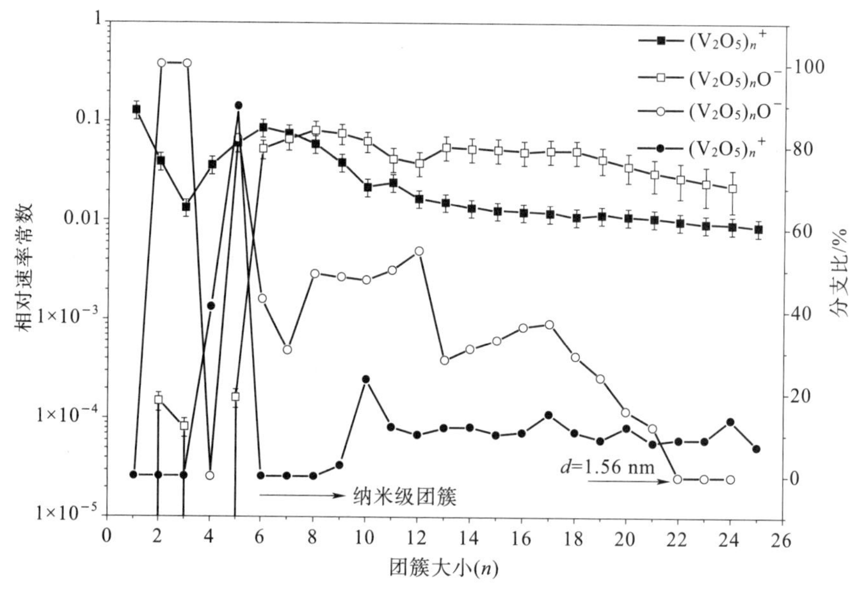

图 3-1-2　$(V_2O_5)_n^+$ 和 $(V_2O_5)_nO^-$ 与 C_6H_6 的相对速率常数图；$V_{2n}O_{5n-1}^+$ 和 $(V_2O_5)_n^-$ 与苯反应中氧原子转移通道的分支比图

苯分子的氧化脱氢通道和氧原子转移通道分别是在钒氧阳离子和阴离子小尺寸中观察到的两个重要的反应通道。为了解释这些实验结果同时获得反应势能面图，我们用 DFT-D3 计算来研究一些典型反应的机理（$V_4O_{11}^-$、$V_2O_6^-$、$V_2O_5^+$ 和 VO_3^+/C_6H_6）。以前的文献报道过小尺寸钒氧

离子的结构特点[67,68]。图 3-1-3 所示为 $V_4O_{11}^-$阴离子与 C_6H_6 分子反应

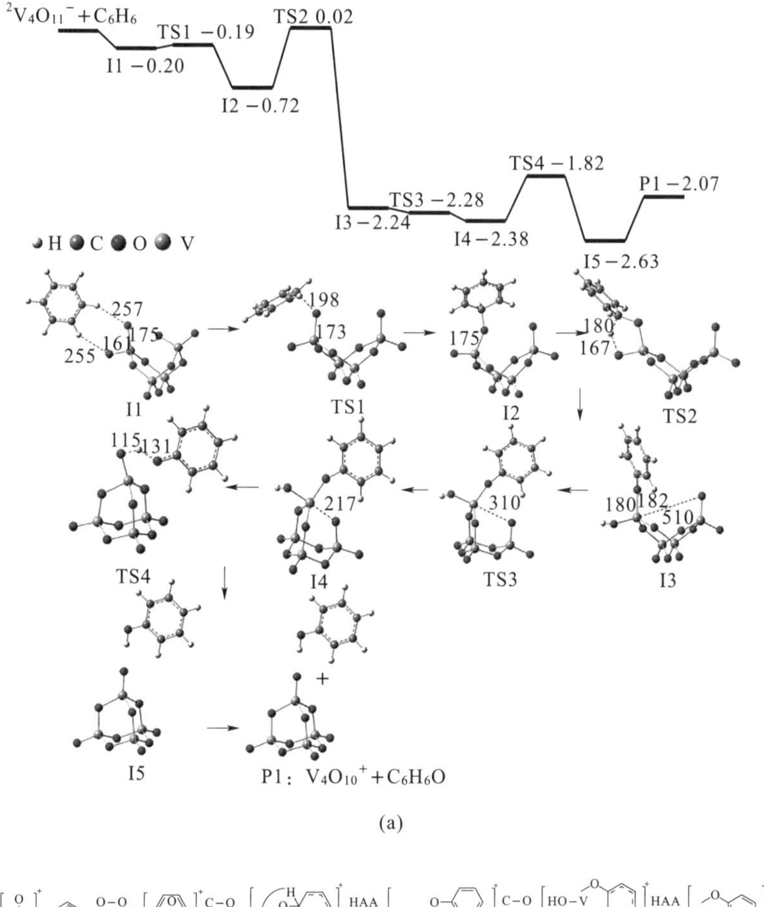

(a)

O V O O 130　+　O–O 激活　267　I7　C–O　H O V O　I8　HAA　HO–V O　I9　C–O　HO–V O O H　I10　HAA −H₂O　V O O　P2　+H₂O

(b)

O V O O V O O　+　C–O　O V O O V O H　I13　HAA　O V O O V O OH　I14　C–O　V–OH O O V–O HO　I15　HAA −H₂O　V–O O O V–O　P3　+H₂O

(c)

图 3-1-3　$V_4O_{11}^-$与 C_6H_6 反应的路径图和势能面图

(a) DFT 计算的 $V_4O_{11}^-$与 C_6H_6 反应的势能面图、反应物、过渡态和中间体的能量均给出，所示能量（ΔH_{0K}（eV），均以反应物能量为零点校正，键长单位为 pm）；图（b）（c）为由 VO_3^+和 $V_2O_5^+$与 C_6H_6 氧化脱氢的机理简化图

的路径图和势能面图（PES）。计算结果显示 I1 中的末端氧原子（O_t）和 H 原子之间形成了两个分子间氢键，C_6H_6 分子可以吸附在 $V_4O_{11}^-$ 阴离子上。随后，通过越过能垒 TS1 在 I2 中形成一个 C−O 键，并且一个氢原子越过 TS2 从一个碳原子转移到其相邻的氧原子上，这一过程对能量的要求很高。中间体 I3 中的 V−O 键缩短，并且通过过渡态 TS3 产生中间体 I4。另外，苯羟基是在通过 TS4 后在中间体 I5 中形成。同时，DFT−D3 计算预测 $V_2O_6^-$ 阴离子团簇与 C_6H_6 分子的反应受到了内在能垒的阻碍。

图 3−1−4 所示为 VO_3^+ 阳离子团簇与苯分子反应的路径图和势能面图（PES），VO_3^+ 阳离子团簇中的超氧化物（$O_2^{-\cdot}$）单元的O−O 键在结合苯分子的同时从 I6 中的 130 pm 延长至 I7 中的 267 pm，这是整个反应路径的限速步骤。在随后的步骤中，首先在中间体 I8 中形成 C−O 单键；然后在中间体 I9 中发生一个分子内氢转移（HA）过程，从而形成一个 OH 基团，紧接着 I10 中形成了第二 C−O 键后，就形成了一个V−O−C−C−O 五元环。根据 I11 的结构，氢原子首先从碳原子迁移到 I11 中羟基的氧原子上；然后第二次氢原子转移（HAT）通过过渡态 TS10 发生，形成了一个 H_2O 分子单元。$V_3O_8^+$与 C_6H_6 的反应机理与上面讨论的类似，并且 O−O 键的活化是速率决定步骤。

$V_2O_5^+$阳离子团簇与 C_6H_6 分子的反应也经历了 C−O 键形成和氢原子转移(HA)的交替步骤，并生成了七元环 $V_2O_4C_6H_4^+$ 阳离子（P3），反应的势能面图如图 3−1−5 所示。$V_2O_5^+$ 阳离子中的活性位点是V−$(O_t)_2$ 单元，V−O 键长分别为 171 pm 和 158 pm。值得注意的是，加合物 I12 中的 V−$(O_t)_2$ 键长为 162 pm 和 160 pm，比游离的 $V_2O_5^+$阳离子团簇中的键长短。自旋密度同时从 $V_2O_5^+$阳离子团簇中的 V−$(O_t)_2$ 单元转移到苯分子，从而导致 $C_6H_6^+$的形成。该现象表明，当加合物 I12 形成时发生了电子转移，并且 V−$O^\cdot$ 单键变为 V＝O 双键。其他氧化钒阳离子团簇与苯分子的反应也存在类似的过程。

下面将讨论氧化钒阳离子团簇与苯分子之间的发生电荷交换的原因。我们还计算了 $V_4O_{10}^+$/C_6H_6 体系的反应机理，其中苯氧化脱氢的势能面与 $V_2O_5^+$/C_6H_6 体系有很大的相似性。因此，预计该机理适用于含有 $O^{-\cdot}$ 自由基的氧化钒阳离子团簇和苯的反应。与 VO_3^+、$V_2O_5^+$ 和

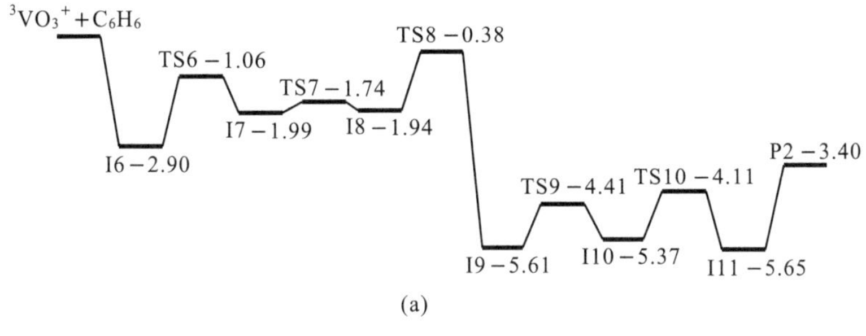

(a)

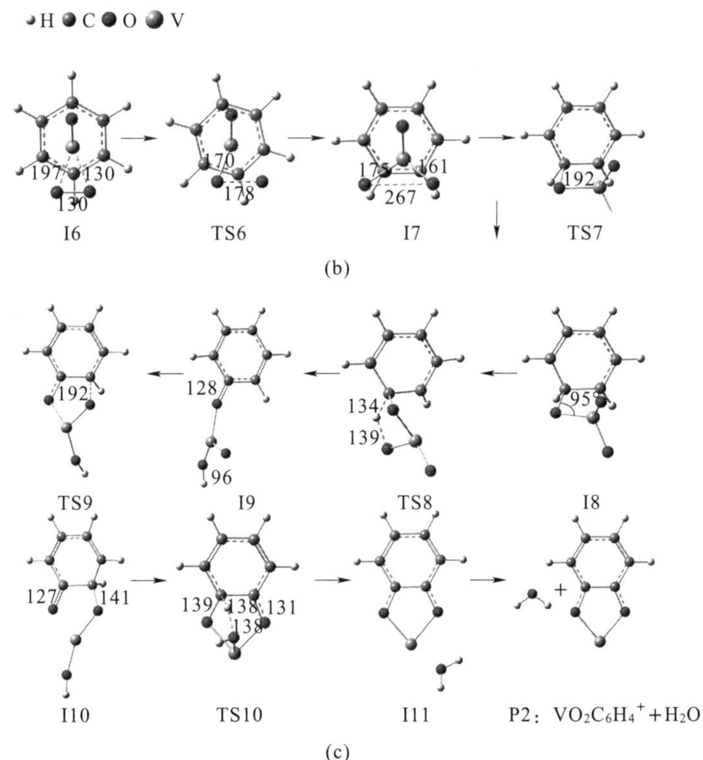

(b)

(c)

图 3-1-4　$V_4O_{11}^-$与 C_6H_6 反应的势能面图和由 VO_3^+和 $V_2O_5^+$与 C_6H_6 氧化脱氧的机理简化图

(a) DFT 计算的 $V_4O_{11}^-$与 C_6H_6 反应的势能面图（反应物、过渡态和中间体的能量均给出，所示能量（ΔH_{0K}（eV），均以反应物能量为零点校正键长，单位为 pm）；

图（b）和（c）是由 VO_3^+和 $V_2O_5^+$与 C_6H_6 氧化脱氢的机理简化图

$V_4O_{11}^-$离子与苯分子氧化反应的势能面图相比，$V_2O_5^+/C_6H_6$ 体系在热力学和动力学上是最有利的；而 VO_3^+/C_6H_6 和 $V_4O_{11}^-/C_6H_6$ 反应体系相对较弱。这些 DFT-D3 计算结果与质谱实验结果非常一致。此外，分子间氢键和静电相互作用是稳定 $V_xO_yC_6H_6^{+/-}$ 的加合物的主要因素。在氧化钒离子与苯分子的反应中观察到的电荷交换通道与苯和中性氧化钒簇的电离能（IE）密切相关。根据 DFT-D3 计算结果见表 3-1-2。

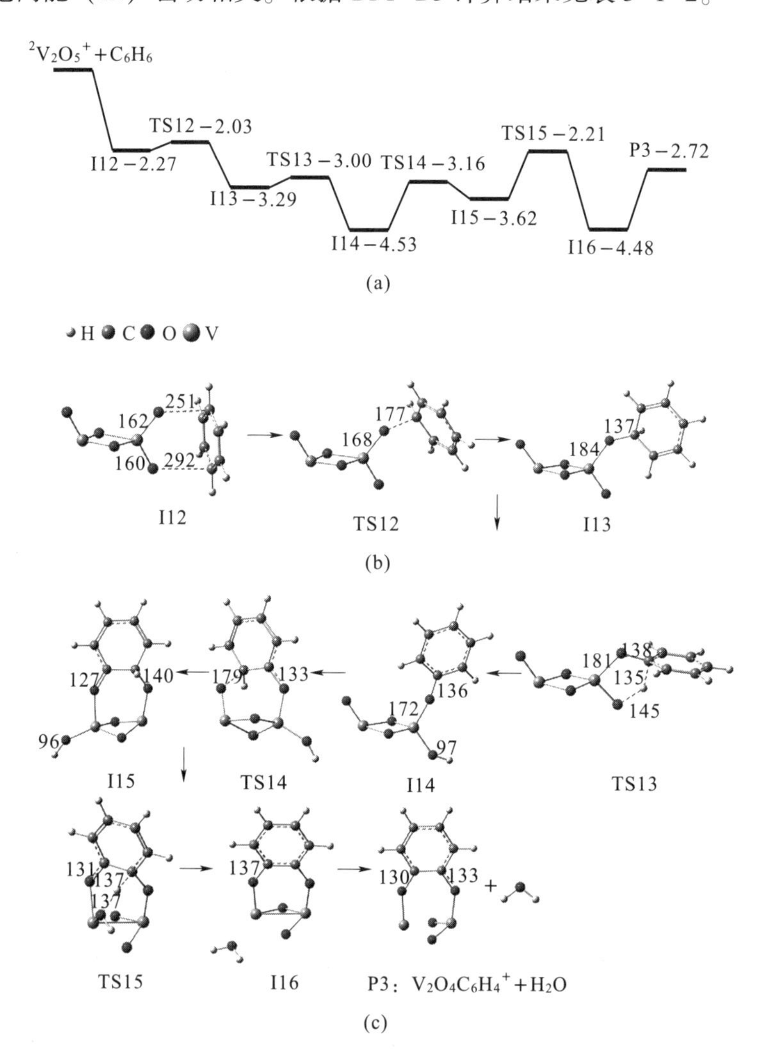

图 3-1-5 DFT 计算的 $V_2O_5^+$ 与 C_6H_6 反应的势能面图

（a）$V_2O_5^+$ 与 C_6H_6 反应的势能面图；（b）（c）$V_2O_5^+$ 与 C_6H_6 氧化脱氧的机理简化图（反应物、过渡态和中间体的能量均已附上，所示能量（ΔH_{0K}（eV）均以反应物能量为零点校正，键长单位为 pm）

表 3-1-2 C_6H_6、C_6H_6O 和中性钒氧团簇的电离能（IE）

单位：eV

团簇	电离能（IE）
VO_3	9.17
V_3O_8	9.49
V_2O_5	10.20
V_4O_{10}	11.26
V_6O_{15}	10.95
V_8O_{20}	10.77
$V_{10}O_{25}$	10.59
$V_{12}O_{30}$	10.53
C_6H_6	9.04
C_6H_6O	8.31

C_6H_6 和 C_6H_6O 的电离能（IE）分别为 9.04 eV 和 8.31 eV；VO_3，V_2O_5 和 V_3O_8 的电离能（IE）分别为 9.17 eV，10.20 eV 和 9.49 eV，例如，VO_3^+阳离子和 C_6H_6 分子之间的电荷交换能量是-0.13 eV。类似地，对于 $V_2O_5^+$和 $V_3O_8^+$阳离子团簇，电荷交换通道在热力学上是可行的；然而，$V_4O_{11}^-$阴离子团簇的电离能（IE）为 5.03 eV，阴离子团簇与苯分子（或 C_6H_6O）之间的电荷交换是吸热的，导致小尺寸的氧化钒阴离子团簇与苯分子的反应中没有观察到电荷交换通道。DFT-D3 计算与实验结果保持一致。此外，$(V_2O_5)_{3-6}$的电离能（IE）也比 C_6H_6 低；因此，$(V_2O_5)_{3\sim5}^+$阳离子团簇与苯分子的反应中也可以观察到电荷交换通道。在 $V_3O_8^+$阳离子团簇与 C_6H_6 分子的反应中存在质量歧视，这使 $C_6H_6^+$的丰度难以精确测量，并且这种现象对于大尺寸团簇更严重。

3.1.2.2 大尺寸团簇离子（m/z >1000）与苯分子的反应

尺寸是影响颗粒物反应活性的重要因素之一。我们采用流动管反应器研究了质荷比大于 1000 的 $V_xO_y^{+/-}$团簇离子与苯分子的反应性。其中

$V_{12}O_{30}^{+/-}$团簇的直径（$m/z=1092$）超过 1 nm。图 3-1-1（g）中的差谱清晰地表明（V_2O_5）$_n^+$阳离子团簇与苯分子的反应通道，存在氧转移产物 $V_{2n}O_{5n-1}^+$和吸附产物（V_2O_5）$_n C_6H_6^+$，这两种通道在小尺寸团簇（V_2O_5）$_n^+$/C_6H_6 系统中也很普遍存在。类似地，（V_2O_5）$_n O^-$阴离子团簇与苯分子的反应也存在氧转移产物（V_2O_5）$_n^-$和吸附产物（V_2O_5）$_n OC_6H_6^-$。通常，电荷状态是影响反应通道、反应速率等的最重要因素之一，它可以直接影响团簇离子的反应活性[69-71]。然而，对于质量数较大的团簇来说，（V_2O_5）$_n^+$（$n=6\sim25$）和（V_2O_5）$_n O^-$（$n=6\sim24$）团簇离子与苯分子的反应方式以及它们的反应速率常数都非常相似，这表明团簇的电荷状态对其反应活性几乎是没有影响的。我们在对阴离子团簇的研究中发现，尺寸较大的团簇（如 $V_{12}O_{30}^-$）与小尺寸团簇相比反应性大大增强（图 3-1-1），这表明钒氧化合物表面的纳米尺寸团簇离子与苯分子反应具有更高的活性。对于小尺寸团簇来讲，阳离子团簇的反应活性高于阴离子团簇；然而，对于 $V_{16}O_{40}^+$，$V_{16}O_{41}^-$和更大尺寸的团簇来说，阴离子团簇与苯的速率常数略快于阳离子团簇，同时，纳米尺寸团簇离子的反应活性不再依赖于团簇的尺寸效应。如图 3-1-2（b）所示，随着团簇尺寸的进一步增加（从 $V_{16}O_{41}^-$到 $V_{44}O_{111}^-$），阴离子团簇的氧转移通道分支比大约从 50% 急剧下降至 0，因此可以推断出直径大于 1.56 nm的（V_2O_5）$_n O^-$阴离子团簇仅存在吸附苯分子的反应通道。然而，阳离子团簇的氧原子转移通道的分支比仍稳定保持在 10%左右。所有的结果均表明，对于大尺寸团簇离子来说，吸附通道是主要的反应通道而不是氧转移通道，并且预计对于质量数大于 4400 的团簇离子其反应活性可能更低。此外，当团簇离子的质荷比大于 3200 时，不同 Δ 的其他系列团簇离子，尤其是阴离子，也可明显吸附苯分子，例如（V_2O_5）$_n VO_3^-$，（V_2O_5）$_n VO_4^-$和（V_2O_5）$_n VO_5^-$，其中（V_2O_5）$_n O^-$系列仍是最具活性的阴离子团簇。由于质量歧视的存在，在大尺寸团簇的反应中电荷交换的产物很难被检测到。目前，可以确定（V_2O_5）$_n^+$（$n>6$）团簇的稳定结构也是非常具有挑战性的。根据 DFT-D3 计算的（V_2O_5）$_{1-6}+C_6H_6$ 的电荷交换反应能量（表 3-1-2），我们推测在（V_2O_5）$_{n>6}^+$/C_6H_6 体系中也可能存在电荷交换通道。

3.1.2.3 $V_xO_y^+$/C_6H_6 与 $OH^·$/C_6H_6 体系的对比分析

在大气中，$OH^·$ 自由基是 VOCs 氧化中一种重要的对流层氧化剂。

基于 DFT-D3 计算，我们可以得出结论：氧化钒簇离子中的氧自由基（$O^{\cdot-}$）对苯的活化至关重要。轨道分析表明，气相 $OH^{\cdot}$ 自由基中的未配对电子和 $V_xO_y^{\pm}$ 中 $O^{\cdot-}$ 自由基性质相似，未配对电子主要存在于氧原子的 2p 轨道中。对于（V_2O_5）$_{1-6}^{+}$和（V_2O_5）$_{2-3}O^-$团簇离子，自旋密度（SD）分布于两个 O_t 原子上，但大部分自旋密度（大于 90%）位于一个 O_t 上。具有 $O^{\cdot-}$ 自由基的 $V_xO_y^{\pm}$团簇可以被视为$V_xO_{y-1}^{\pm}$上负载的氧自由基。$OH^{\cdot}$ 自由基和纳米尺寸的（V_2O_5）$_{9-25}^{+\cdot}$ 以及（V_2O_5）$_{6-21}O^{\cdot-}$ 团簇离子可以将苯分子氧化成苯酚。如文献报道，$OH^{\cdot}/C_6H_6$ 系统在不同温度下存在两种反应途径：在较高的温度下，产生水分子和苯基的途径Ⅰ($OH^{\cdot}+C_6H_6 \rightarrow H_2O+C_6H_5^{\cdot}$) 占主导地位；在较低的温度下，产生苯酚和 H 的途径Ⅱ($OH^{\cdot}+C_6H_6 \rightarrow C_6H_6O+H^{\cdot}$) 占优势地位[20,21]。在$V_xO_y^{+}$阳离子团簇与苯分子的反应中，观察到两种类型的反应：对于小尺寸团簇离子：$V_xO_y^{+}+C_6H_6 \rightarrow H_2O+V_xO_{y-1}C_6H_4^{+}$；对于大尺寸团簇：$V_xO_y^{+}+C_6H_6 \rightarrow C_6H_6O+V_xO_{y-1}^{+}$。$V_xO_{y-1}C_6H_4^{+}$中 C_6H_4 部分的自旋密度约为 0.5 μ_B，可以作为 $C_6H_4^{\cdot}$ 自由基，振动自由度 s 与原子数 N($s=3N-6$) 具有直接相关性；$V_2O_5^{+}$和 $V_{12}O_{30}^{+}$的 s 值分别为 15 和 120。如表 3-1-3 所列，NBO 分析表明，在所研究的络合物 [$VO_3C_6H_6$]$^+$，[$V_2O_5C_6H_6$]$^+$和 [$V_3O_8C_6H_6$]$^+$中，电子从 C_6H_6 单元转移到 V_xO_y 部分，导致 V_xO_y 单元上的正电荷较少（与 $V_xO_y^{+}$相比），而 C_6H_6 单元中正电荷增加。通过这些过程可以获得大量能量（对于 $V_3O_8^{+}/C_6H_6$ 体系约为 1.19 eV，对于其他体系大于 2 eV），这导致振动热中间体通过集群内的振动重新分配能量。在大的体系中，由于要分配许多振动模式，这种“热”效应并不明显。然而，小尺寸团簇的 s 值比较小，具有振动的“热”效应。在这种情况下，反应性 $V_xO_y^{+}/C_6H_6$ 体系中的两种反应类似于 $OH^{\cdot}$ 自由基与苯在大气中反应中发现的反应途径，其中温度是决定性因素。小、大尺寸的钒氧阳离子团簇与苯的反应途径分别对应于 $OH^{\cdot}+C_6H_6$ 在较高和较低温度下的反应途径。阴离子团簇与阳离子体系相反，仅存在 C_6H_6O 的形成通道，并且在所研究的阴离子体系中不存在苯分子的氧化脱氢通道。由于在 $V_xO_y^{-}/C_6H_6$ 体系中没有发生电荷交换，因此在遇到复合物的形成中释放的能量（约 0.2 eV）要少得多（表 3-1-3），这表明阴离子系统中“热”效应不明显。

表 3-1-3 复合物中 V_xO_y 和 C_6H_6 单元的 NBO 分析

电荷	V_xO_y 单元/eV	C_6H_6 单元/eV
$VO_3C_6H_6^+$	0.45	0.55
$V_2O_5C_6H_6^+$	0.22	0.78
$V_3O_8C_6H_6^+$	0.37	0.63
$V_4O_{11}C_6H_6^-$	-1.00	0.00

3.1.2.4 $V_xO_y^+/C_6H_6$ 体系与凝聚相反应的相关性

对于苯一步氧化成苯酚的途径，纳米尺寸的氧化钒团簇离子可能是一种催化剂活性位点的有用模型。负载氧化钒的催化剂被用于苯氧化反应[72,73]，并且纳米尺寸的氧化钒对苯表现出较高的反应活性和对苯酚具有良好的选择性[73]。Panov 及其同事给出了令人信服的证据：在 Fe-MFI 沸石上的 $O^{-\cdot}$ 自由基参与了苯催化氧化成苯酚的反应[23]。在我们研究的气相离子体系中，观察到苯酚是苯在纳米尺寸氧化钒团簇离子上催化氧化唯一产物，这些有反应活性的团簇离子都含有 $O^{-\cdot}$ 自由基。这些团簇模型在分子水平上提供了有用的证据，表明 $O^{-\cdot}$ 自由基直接参与氧化钒催化剂上苯的氧化，并且通过应用含有纳米尺寸（V_xO_y）$O^{-\cdot}$ 活性位点的催化剂有可能实现在室温下一步产生苯酚。

3.1.3 本节小结

我们从实验和理论上系统地研究了氧化钒离子对苯的反应性。对于小尺寸 $V_xO_y^+$ 阳离子（x，y 分别为 1，3；2，5；3，8；4，10；5，13；6，15；7，18）主要有苯分子的氧化脱氢通道、苯分子的吸附通道以及电荷交换通道；然而，对于大尺寸团簇（V_2O_5）$_{9-25}^+$ 和（V_2O_5）$_{6-21}O^-$ 而言，苯酚的生成和苯的吸附是主要的反应通道。对于小尺寸团簇，DFT-D3 的计算结果与实验结论一致。与大多数报道的纳米尺寸团簇不同，$\Delta=1$ 的纳米尺寸氧化钒阳、阴离子的反应性是相似的，表明反应性与电荷状态和尺寸相关性很小。鉴于气相 $OH^{\cdot}$ 自由基和 $V_xO_y^{\pm}$ 中 $O^{-\cdot}$ 自由基中未配对电子的性质相同，故将 $OH^{\cdot}$ 自由基和 C_6H_6 的反应与 $V_xO_y^{\pm}$ 和苯的反应进行比较。有趣的是，在与苯的反应中，有活性的小、大钒氧阳离子分别与在较高和较低温度下羟基自由基（$OH^{\cdot}$）对苯的反应具有相似的反应性，在复合物形成过程中不同数量的振动自由度和释放的能量可以解释这种有趣的相关性。本节研究的纳米团簇模型也提供了在分子水平上 $O^{\cdot-}$ 自由基直接参与氧化钒催化剂上苯催化氧化的证据，并且通过使用含有纳米尺寸（V_xO_y）$O^{\cdot-}$ 活性位点的催化剂，苯酚的生成可以在室温下一步实现。同时，本节研究的结果有助于理解相应的非均相反应，例如氧化钒气溶胶和人造催化剂。

3.2　$Cu_2O_2^+$ 阳离子与苯的反应性研究

金属铜（Cu）在大气中含量非常丰富，并且氧化铜（Cu_2O_2）是重要的矿物气溶胶成分之一，也是大气化学研究的关键物种之一。铜作为一种廉价且易于开发的过渡金属，与人类的身体健康密切相关[74-76]。除此之外，铜离子在非均相催化剂[77,78]、酶[79,80]和氧化有机分子的可溶性试剂中也普遍存在[74,81,82]。例如，氧化铜的反应在烷烃的活化反应[83]，甲烷到甲醇的转化反应[84]以及一氧化碳的催化氧化反应[85]等方面都扮演着重要的角色。因此，获得有关氧化铜表面苯分子活化的基本信息对于了解矿尘气溶胶表面活性位点的性质以及反应机制是必不可少的。尽管近年来研究者们在表征方法方面取得了很大的进展，但是为了在严格的分子水平上实现上述目标仍然存在许多挑战，从而迫切需要用于研究这些反应的替代方法。其中团簇是一类很好的精细化模型，可以为上述非均相催化反应提供关键信息。

基于化学键在活性位点的形成和解离的概念，我们可以用团簇模型的方法理解矿物粉尘颗粒和催化剂上的反应。在过去的几十年中，许多关于原子团簇反应的气相研究是通过应用最先进的质谱和量子化学计算探测化学反应的热力学和动力学的理想场所。在分子水平上，它是一种研究反应机理的有效方法。大量的苯主要是通过人类活动释放到大气中，例如汽车中液体燃料的不完全燃烧，石油生产过程中产品和溶剂的蒸发等。另外，苯在大气中的氧化可形成具有较低挥发性的半挥发性有机化合物，苯作为芳香烃最简单的代表物，与金属和金属氧化物团簇的反应受到了很多关注[37,40,42-44,86-88]。邢晓鹏等研究了 3*d* 过渡金属(Mn-Cu)阴离子团簇与苯分子的反应，发现在气相反应中金属阴离子团簇可以选择性诱导苯分子中 C-H 键的断裂[37]。Christian 等在利用傅里叶变换离子回旋共振质谱仪研究了阴离子团簇 M_n^-（M 为 Nb 和 Rh，n=3~28）与苯的反应。Liu 等研究了大尺寸铂阴离子与苯分子的反应性，发现 Pt_n^-可以使苯分子氧化脱氢，然后再梯度吸附苯分子[41]。

Tombers 等研究了 $Co^{\pm}$团簇离子与 C_6H_6 分子的反应，发现阳离子团簇的脱氢通道比较少见，但在阴离子团簇的反应中却是普遍存在的[42]。Matthew 等研究了 MO^+(M 为 Sc、Ti、V、Cr、Mn、Co 和 Ni) 阳离子团簇对苯分子的催化氧化[89]。此外，大量的工作集中于研究铜和氧化铜离子能够在较低温度或室温下有效地活化 C-H 键。Schröder 等研究了烷烃和（phen）CuO^+的反应发现，CuO^+可以与多于两个碳的烷烃反应，根据研究结果提出了烷烃活化的定性势能面，并且利用不饱和烃（乙烯、丙烯和苯）观察到独特的氧原子转移通道[83]。Yoshihito 等通过密度泛函理论（DFT）计算讨论了 CuO^+阳离子与甲烷分子的反应[90]。Rezabal 等对 CuO^+和 $CuOH^+$阳离子与甲烷的活化进行了量子化学研究，结果表明 $CuOH^+$与 CuO^+相比，对 C-H 键的活化具有更高的反应性[91]。值得关注的是，Schwarz 等发表了一篇里程碑式的著作：气态双原子 CuO^+与甲烷的反应[92]，发现氢原子和氧原子转移存在于两个反应通道中，分别形成 $CuOH^+$+CH_3 和 Cu^++CH_3OH。在这些研究中，许多含有氧自由基（$O^{\cdot-}$）的金属氧化物团簇可以有效地活化碳氢化合物中的C-H键[17,93,94]。在已报道的文献中，关于其他 $(CuO)_n^+$（n=2，3，…）系列团簇离子及其与 VOC 反应的信息少之又少。在这项研究中，我们主要利用飞行时间质谱的手段探讨了 $Cu_2O_2^+$阳离子团簇与苯分子的反应，同时结合密度泛函理论对反应机理进行了深入的研究。该研究可以在分子水平上探究矿物粉尘在非均相反应中的作用，并作为其他芳烃氧化的基本模型。

3.2.1 研究方法

3.2.1.1 实验方法

采用反射式飞行时间质谱仪（TOF-MS）检测 $Cu_2O_2^+$阳离子与苯分子的反应，该质谱仪配备有激光溅射离子源，四极杆质量过滤器（QMF）和线性离子阱（LIT）反应器[54,57,58]。$Cu_2O_2^+$阳离子首先通过一束脉冲激光溅射到螺旋运动的铜靶（99.999%）；然后与产生管中的 O_2（浓度 30%，背景气为氦气，背景压力为 4 atm）碰撞、反应、冷却聚集而产生。所用脉冲激光为 532 nm 波长（Nd^{3+}的二次谐波：固体脉冲激光器的二倍频），其能量为 5~8 mJ /脉冲，工作频率为 10 Hz。团簇离子经产生管超声膨胀冷却后通过直径为 4 mm 的小孔进入四极杆质量过滤器进行选质。感兴趣的离子由四极杆质量过滤器选质并进入线性离子阱反应器，脉冲氦气通过脉冲阀进入与团簇离子碰撞冷却至室温，冷却一段时间后与苯相互作用。反应一段时间后，反应物和产物离子被抛出，经过离子透镜聚焦进入飞行时间质谱，通过 MCP 实现质量和丰度的测量。

3.2.1.2 计算方法

主要通过密度泛函理论（DFT）计算（均采用 Gaussian 09[59]程序包进行），使用 B3LYP[60,61]交换-相关泛函和 6-311+G（d）基组[62]。采用单、双和微扰三重激发法 CCSD(T)[95,96]的耦合聚类方法计算 B3LYP 优化结构的单点能量。根据文献中的泛函和基组可以对 $Cu_xO_y^+$的基态结构和能量给出准确的计算结果[63-65]。反应机理计算涉及反应中间体（IMs）和过渡态（TSs）的几何结构优化。执行振动频率计算以检查 IMs 或 TSs 是否为 0 且仅 1 个虚频，以确保一个 TS 连接两个适当的最小值，用固有的反应坐标（IRC）计算。计算的能量（ΔH_{0K}，eV）用零点振动纠正。

3.2.1.3 结果与讨论

铜存在两种稳定的同位素，分别是 69.15% ^{63}Cu 和 30.85% ^{65}Cu，

该项研究主要以^{63}Cu同位素作为实验研究对象。我们使用 30%的 O_2 产生一系列 $Cu_xO_y^+$阳离子，通过四极杆质量过滤器选出所研究的 $Cu_2O_2^+$阳离子，然后在线性离子阱（LIT）反应器中与 C_6H_6 分子相互作用。如图 3-2-1（b）所示，$Cu_2O_2^+$阳离子与压力为 1.3 mPa 的 C_6H_6 分子反应约 1.5 ms 后，生成了 Cu_2OH^+，$Cu_2C_6H_6^+$，$Cu(C_6H_6)_2^+$ 和 $Cu_2O_2C_6H_6^+$的离子产物峰。除此之外，还观察到了弱的 $Cu_2OHC_6H_6^+$的离子产物峰。

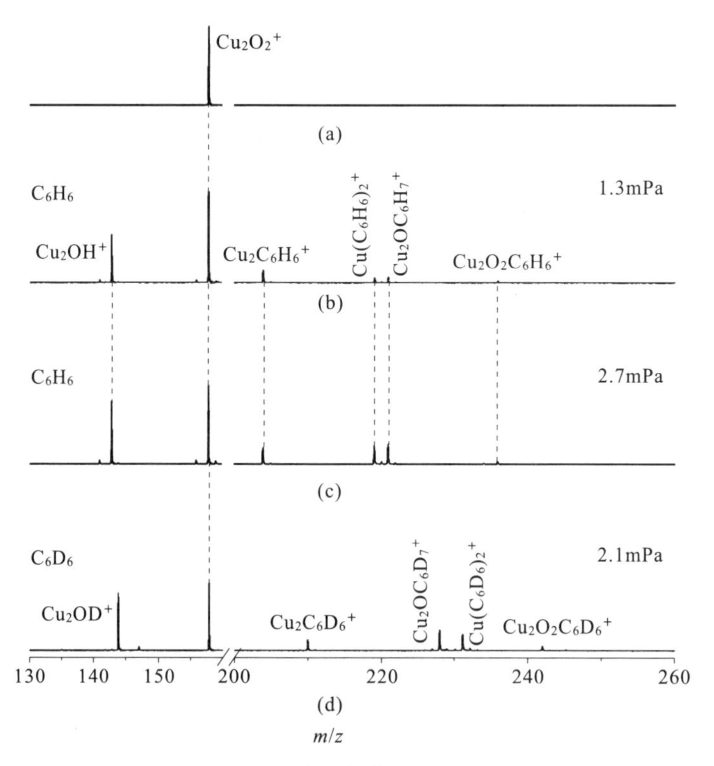

图 3-2-1 $Cu_2O_2^+$阳离子与苯分子的反应时间质谱图

（压力和反应时间已在图中标出）

当更多的 C_6H_6 分子通过脉冲阀被通入线性离子阱时，这四个峰的相对强度逐渐增加［图 3-2-1（c））］，主要的反应如下：

$$Cu_2O_2^+ + C_6H_6 \rightarrow Cu_2OH^+ + C_6H_5O^{\cdot} \quad (68\%) \qquad (3-2-1)$$

$$Cu_2O_2^+ + C_6H_6 \rightarrow Cu_2C_6H_6^+ + O_2 \quad Cu_2C_6H_6^+ + C_6H_6 \rightarrow Cu(C_6H_6)_2^+ + Cu \quad (29\%) \qquad (3-2-2)$$

$$Cu_2O_2^+ + C_6H_6 \rightarrow Cu_2O_2C_6H_6^+ \quad (3\%) \qquad (3\text{-}2\text{-}3)$$

该实验值得探讨的是，主要的反应产物是直接形成 $C_6H_5O^\cdot$ 自由基和 Cu_2OH^+ 阳离子，这表明氢原子转移（HAT）和氧原子转移（OAT）同时发生在一个通道，并且该通道的分支比为 68%。除了生成 $C_6H_5O^\cdot$ 自由基之外，O_2 单元可以被 C_6H_6 分子整体置换掉，从而生成 $Cu_2C_6H_6^+$，并且 $Cu_2C_6H_6^+$ 还可以再吸附一个 C_6H_6 分子，生成 $Cu(C_6H_6)_2^+$ 和 Cu。在 $Cu_2O_2^+$ 阳离子与苯分子的反应时间质谱图中也出现了一个质量数为 236 的小峰，应该是 $Cu_2O_2C_6H_6^+$ 阳离子；由于它的相对强度太弱，可以将其忽略不计。我们进一步通过 C_6D_6 的同位素标记实验证实了上述反应通道的准确性。通过动力学平行反应的特点，测定了线性离子阱反应器中该反应的准一级速率常数 k_1，估算的 $k_1(Cu_2O_2^+ + C_6H_6) = (8.2 \pm 1.6) \times 10^{-10}\ cm^3 \cdot molecule^{-1} \cdot s^{-1}$，对应的反应效率 Φ[97] = 79%，较高的反应效率表明 $Cu_2O_2^+$ 阳离子对 C_6H_6 分子具有较高的反应活性，如图 3-2-2 所示。

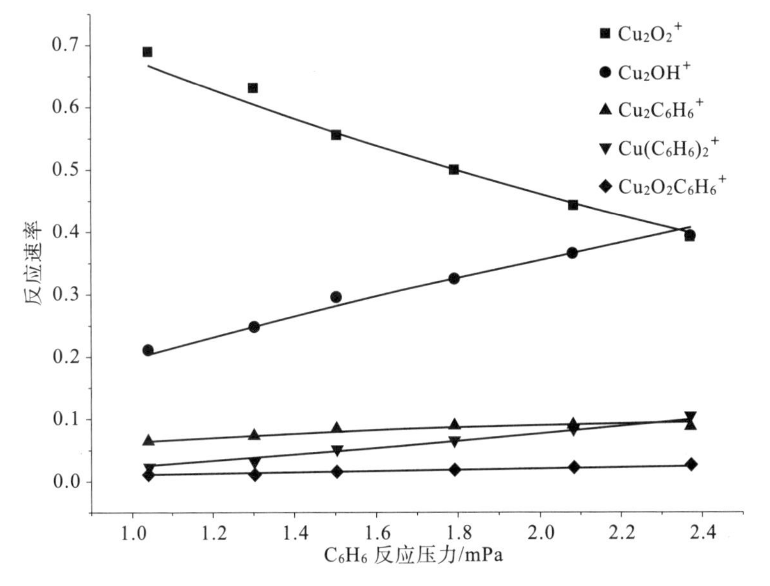

图 3-2-2　$Cu_2O_2^+$阳离子和 C_6H_6 反应的反应速率拟合图（反应时间为 1.5 ms）

为了更好地解释实验观察到的现象，我们采用 DFT 计算研究 $Cu_2O_2^+$阳离子的结构及其与苯的反应机理。如图 3-2-3 所示，$Cu_2O_2^+$ 阳离子具有三种稳定结构（^{4}IS1、^{2}IS1 和 ^{2}IS2），它们的能量都非常的接

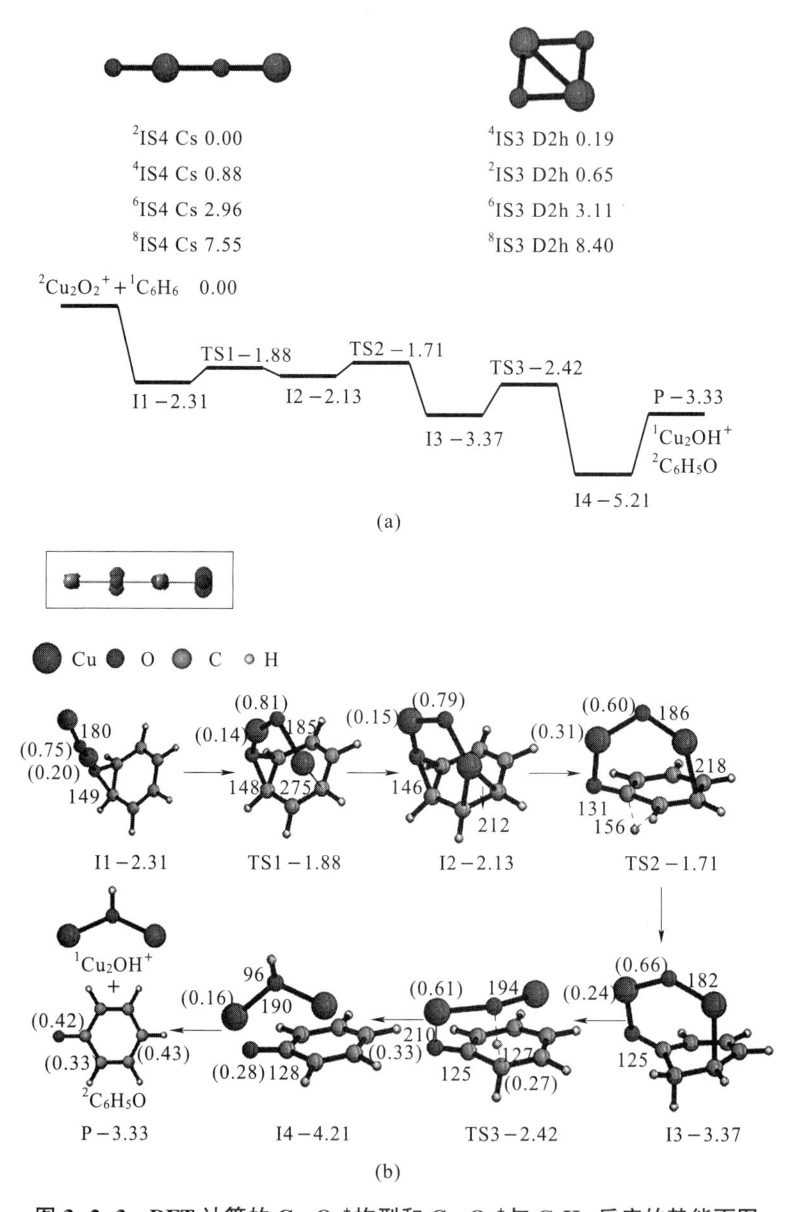

图 3-2-3 DFT 计算的 $Cu_2O_2^+$构型和 $Cu_2O_2^+$与 C_6H_6 反应的势能面图

(a) DFT 计算的 $Cu_2O_2^+$构型，每个结构下方都给出点群和电子状态，其中上标表示自旋状态；(b) DFT 计算的 $Cu_2O_2^+$与 C_6H_6 反应的势能面图

(其中一些键长和键角已给出。反应物、过渡态和中间体的能量均给出，所示能量（ΔH_{0K} (eV) 均以反应物能量为零点校正，键长单位为 pm)，该图所示的所有结构均为二重态。(a) 中的插图是 $Cu_2O_2^+$的自旋密度分布)

近，并且它们可以在团簇源中共存。$Cu_2O_2^+$阳离子的基态构型为 Cu-Cu-O-O 结构，^{4}IS1 的对称性为 C_1，O-O 单元可以被一个苯分子置换，生成 $Cu_2C_6H_6^+$和 O_2。DFT 的计算表明该过程在热力学上可行的（ΔE=-1.6 eV）。另一种结构是具有 $C_{\infty v}$对称性的线性结构，其具有一个局部氧自由基，Cu-$O_t^{\cdot}$（t：末端原子）的键长为 174 pm。考虑到理论计算的成本问题，该研究只计算了主要反应通道——$C_6H_5O^{\cdot}$ 自由基生成通道作为系统的代表性计算。图 3-2-3 所示为 $Cu_2O_2^+$阳离子与苯分子反应生成 $C_6H_5O^{\cdot}$ 自由基的势能面图（PES）。在反应的第一步中，$Cu_2O_2^+$阳离子团簇中的 $O^{-\cdot}$ 自由基通过形成两个 C-O_t 键引发与苯分子的反应，产生了具有较大结合能的中间体 I1；随后，越过了能垒为 0.43 eV 的过渡态 TS1，在中间体 I2 中形成了两个 Cu-C 键。一个 H 原子从一个碳（C）原子转移到其相邻的苯环的碳原子上，通过过渡态 TS2，在 I3 中生成一个 CH_2 单元。在第一次氢原子转移（HAT）之后，第二次氢原子转移从 CH_2 单元转移到过渡态 TS3 的桥氧原子 O_b，从而实现了第二次氢转移，并且在 I4 中形成 Cu_2OH^+阳离子和 $C_6H_5O^{\cdot}$ 自由基，其中 Cu 与 O 和 Cu 与 C 原子之间存在弱的键合相互作用。在形成中间体 I4 之后，可以释放出部分能量（ΔH_{0K}=-5.21 eV）。最后，中间体 I4 解离成 Cu_2OH^+阳离子和苯氧自由基（$C_6H_5O^{\cdot}$）基团，而不涉及任何其他中间体或过渡态结构。自旋密度从 $Cu_2O_2^+$阳离子中的 O_t 原子转移到中间体 I1 中的 O_b 原子；氢转移通道（HAT）过程为（I3→TS3→I4），未配对的自旋密度离域在两个 C 原子和 $C_6H_5O^{\cdot}$ 自由基单元的 O 原子上。

金属和金属氧化物离子对苯分子的活化存在多种反应通道[40,42,87,88,98-100]。在之前报道的金属离子与 C_6H_6 分子的反应中，存在多种反应通道：解离反应途径，电荷交换通道，氢气的释放以及吸附通道等。对于 3*d* 过渡金属氧化物的反应性的比较研究是令人感兴趣的，并且不同的过渡金属氧化物团簇对苯分子表现出不同的反应性和独特的反应通道。已经报道的前过渡金属氧化物 MO^+(M=Sc～V) 不能氧化苯分子，只有吸附产物 $MO(C_6H_6)^+$阳离子；但是当 M=Cr～Ni 时，苯酚是主要的反应产物[88]。

除此之外，富氧中性团簇 $VO_3(V_2O_5)_n$(n=0，1，2，…) 可以活化苯分子，使 C_6H_6 分子的氧化脱氢，形成 H_2O 分子和中性产物 VO_2

$(V_2O_5)_nC_6H_4$[99]。$Cu_2O_2^+$阳离子与 $VO_3(V_2O_5)_n$ 一样都含有 $O^{-\cdot}$ 自由基，但是对 C_6H_6 分子的活化表现出完全不同的反应性，这与 M-O 键解离能的不同有关。值得注意的是，关于 $Cu_xO_y^+$阳离子与 C_6H_6 分子反应性的报道在文献中非常有限。这是由于 3*d* 过渡金属氧化物阳离子中 Cu-O键相对较弱难以结合[101]，因此 $Cu_xO_y^+$阳离子团簇的产生是非常不容易的。在这项实验中，我们通过多次调节 O_2 的浓度（30%）和其他实验条件成功地生成了丰富的一系列 $Cu_xO_y^+$阳离子团簇。在所研究的 $Cu_2O_2^+$阳离子与苯分子的反应中，主要的反应通道是 $C_6H_5O^{\cdot}$ 自由基的形成。此通道对于反应速率有 68%的贡献，并且在已有文献的气相离子与苯的反应中没有报道过类似的研究。

在气相团簇离子的研究中，氧缺陷指数（Δ）可用于区分金属氧化物簇的富氧或缺氧，金属氧化物 $M_xO_y^q$：$\Delta=2y-nx+q$，其中 *n* 是金属 *M* 的最高氧化态，*q* 是电荷数[102]。大量的文献报道：$\Delta=1$ 的团簇含有以氧为中心的自由基（$O^{-\cdot}$）[67,69,99,103,104]，可以有效地活化一些稳定的分子，如 CH_4 分子。$Cu_2O_2^+$阳离子团簇（$\Delta=1$）也含有 $O^{-\cdot}$ 自由基，对苯分子高的反应性就 C-H 键的活化而言是在意料之中的。在 Schwarz 报道的工作中，$CuOH^+ + CH_3^{\cdot}$ 和 $Cu^+ + CH_3OH$ 的形成是双原子 CuO^+阳离子与 CH_4 分子反应的两条主要通道，分支比为 40：60[105]。值得注意的是，该反应中氢原子和氧原子转移存在于两个不同的反应通道中，这与我们所研究的 $Cu_2O_2^+$阳离子团簇不同。双原子 CuO^+阳离子含有 $O^{-\cdot}$ 自由基。毫无疑问，$O^{-\cdot}$ 自由基在 CuO^+/CH_4 体系中的对于氢原子和氧原子转移通道起着关键性作用。通过详细的对比分析得出，在双原子 CuO^+阳离子中，O 原子的自旋密度为 1.68 μ_B，Cu 原子的自旋密度仅为 0.32 μ_B。类似地，$Cu_2O_2^+$阳离子末端 O 原子处的自旋密度为1.63 μ_B，Cu 原子处的自旋密度为约 0.28 μ_B。因此，$Cu_2O_2^+$阳离子的自旋密度分布类似于 CuO^+阳离子的自旋密度分布。然而，在 CuO^+/CH_4 和 $Cu_2O_2^+/C_6H_6$ 体系中却发现了不同的反应机理。在 CuO^+/CH_4 反应体系中，从反应的势能面可以看出，CuO^+/CH_4 体系存在自旋交叉。然而，$Cu_2O_2^+/C_6H_6$ 的反应机理中并不存在自旋交叉转化，与双原子系统相比，$Cu_2O_2^+/C_6H_6$ 在加合物的形成中获得的能量较大并且涉及较低的活化能垒。两个系统的另一个区别是 $Cu_2O_2^+/C_6H_6$ 体系中是氧原子转移（HAT）和氧原子转移（OAT）都发生在同一个反应通道中。这也表明了反应底物不同，观察到的反应通道也可能不同。

在大气中，$OH^{\cdot}$ 自由基首先在室温下与苯分子发生反应，可以形成 H_2O 分子和苯基；然后苯基进一步与 O_2（$C_6H_5+O_2 \rightarrow C_6H_5O^{\cdot}+O$）反应产生 $C_6H_5O^{\cdot}$ 自由基，形成的 $C_6H_5O^{\cdot}$ 自由基可以通过自由基反应进一步与大气中其他的自由基快速发生反应。在 $Cu_2O_2^+/C_6H_6$ 体系中，$C_6H_5O^{\cdot}$ 自由基作为该反应的主要产物，但两者的机理完全不同。基于该研究的结果，可以预测该反应类型也可以存在于矿物质氧化物和VOC分子（如 C_6H_6 分子）的反应中，并且了解苯的氧化反应对理解矿尘气溶胶的机理非常有帮助。

3.2.2 本节小结

在本节中，$Cu_2O_2^+$阳离子团簇与苯分子在实验和理论上均进行了系统的研究。$Cu_2O_2^+$阳离子团簇能够在室温下有效地活化苯分子，该反应的主要通道：$Cu_2OH^++C_6H_5O^{\cdot}$。有趣的是，氢原子转移（HAT）和氧原子转移（OAT）过程都存在于 $Cu_2O_2^+/C_6H_6$ 系统的一条通道中。DFT计算表明 $Cu_2O_2^+$阳离子团簇含有 $O^{\cdot-}$ 自由基，它在加合物的形成过程中起关键性作用，并且 $C_6H_5O^{\cdot}$ 自由基的形成过程不存在自旋交叉。了解氧化铜阳离子的性质对于获得对相应反应的机理见解至关重要。而且，这些反应信息为大气中氧化铜气溶胶对苯氧化提供了一定的参考。

3.3 过渡金属氧化物阳离子与苯的反应性研究

在大气中，芳香烃是挥发性有机化合物（VOC）的重要组成部分[14]，其中 C_6H_6 作为最简单的芳香烃，是普遍存在的污染物之一。矿物粉尘颗粒包括各种金属氧化物都可以提供VOC的活性吸附位点，以及非均相反应的场所[1,106]。苯等挥发性有机化合物的氧化反应可以形成挥发性较低的含氧产物，这些高度氧化的化合物是二次有机气溶胶（SOA）形成的重要前体物[107,108]。SOA是中国灰霾中的主要成分之一[109]，颗粒与气相之间的反应是SOA形成的重要过程之一[110,111]。

钒、锰、镍、铬和铜是中国北方大气中含量较为丰富的重金属[10,112]，矿物质表面存在各种活性氧化物，是大气化学的关键物种[113]。除了上述过渡金属氧化物之外，Fe_2O_3 以及 TiO_2 也是典型的矿尘气溶胶。因此，迫切需要获得详细的反应动力学数据和反应机理，以便在分子水平上了解矿尘气溶胶反应中心的内在特性，并为大气模型提供基本参数。然而，环境因素和相关反应产物的巨大复杂性使得反应以及活性中心的性质变得模糊不清。

团簇气相实验为分子水平上探测反应的热力学和动力学提供了理想模型[17,26,34,35,114-120]。气相离子和团簇对苯氧化的研究为苯分子的活化方式和活性位点的性质提供了基本的见解。关于金属离子[36,38,39,42-44,121-127]、金属团簇[38,42,128]和几种过渡金属氧化物离子[89,99,129,130]与 C_6H_6 分子的反应已有大量的报道。基于大气中苯活化的重要性，大量的实验工作致力于研究 3d 过渡金属原子（M=Sc~Ni）与 C_6H_6 分子的相互作用的 3d 过渡金属原子（M=Sc~Ni），并观察到 $M_n(C_6H_6)_m$ 的三明治结构[124]。除此之外，还有文献报道了气相离子和团簇对苯分子的吸附通道、C-H 键活化通道[131]，以及苯的脱氢和解离通道[132,133]。值得注意的是，文献中缺乏关于小尺寸的 3d 过渡金属氧化物团簇（TMOC）阳离子与 C_6H_6 分子的反应研究，这项研究有助于阐明反应物团簇的结构组成、反应趋势和矿尘气溶胶的氧化能力。

3.3.1 实验方法

通过一束脉冲激光溅射到螺旋运动的金属靶（99.999%）产生等离子体，然后与产生管中的 O_2（浓度 1%~30%，背景气为氦气，背景压力为 4 atm）碰撞、反应、冷却聚集从而产生团簇离子。所用脉冲激光为 532 nm 波长（Nd^{3+} 的二次谐波：固体脉冲激光器的二倍频），其能量为 5~8 mJ /脉冲，工作频率为 10 Hz。团簇离子经产生管超声膨胀冷却后通过直径为 4 mm 的小孔进入四极杆质量过滤器进行选质，然后进入线性离子阱反应器，与脉冲氦气碰撞冷却至室温，冷却一段时间后与苯相互作用，随后进入飞行时间质谱进行检测。

3.3.2 结果与讨论

在这项研究中，我们系统地研究了在室温条件下线性离子阱中 103

个 *3d* 过渡金属氧化物阳离子 $M_xO_y^+$（M = Sc ~ Cu，x = 1 ~ 6）团簇与 C_6H_6 分子的反应。其中有 39 个团簇表现出对苯具有较高的反应活性，可以归结为 6 个主要反应通道，如图 3-3-1（a）所示：①吸附通道；②C_6H_6 的脱氢通道；③电荷交换通道；④氢原子转移通道（HAT）；⑤氧原子转移通道(OAT)；⑥$C_6H_5O^\cdot$ 自由基的生成通道。除了吸附产物 $M_xO_yC_6H_6^+$之外，在这些反应的过程中还产生了五种类型的氧化产物，即 C_6H_4 单元、$C_6H_5^\cdot$ 自由基（苯基）、$C_6H_6O_{0,1}^+$阳离子、$C_6H_6O^\cdot$ 和 $C_6H_5O^\cdot$ 自由基。除了 ScO_3^+、MnO_4^+和其他 25 个惰性团簇（表 3-3-1）之外，在我们的实验条件下，研究的大多数阳离子团簇中均存在吸附通道。

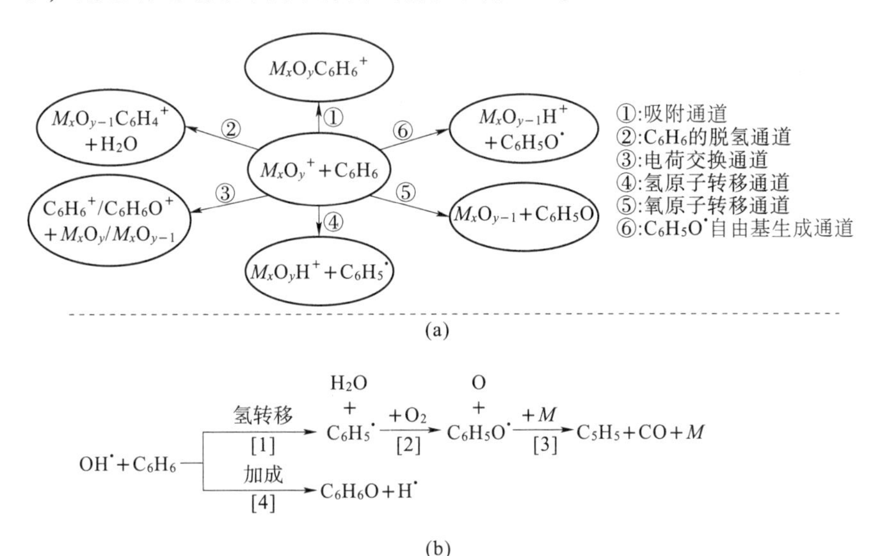

图 3-3-1　$M_xO_y^+$团簇和 $OH^\cdot$ 自由基与 C_6H_6 分子的反应通道图

（a）$M_xO_y^+$（*M* = Sc-Cu）阳离子团簇与 C_6H_6 分子的反应通道图；

（b）大气中 $OH^\cdot$ 自由基与 C_6H_6 分子的反应通道图

表 3-3-1　与苯分子反应无活性的 25 种惰性阳离子团簇

$Sc_xO_y^+$	$Ti_xO_y^+$	$Mn_xO_y^+$	$Fe_xO_y^+$	$Co_xO_y^+$	$Ni_xO_y^+$	$Cu_xO_y^+$
1，3	3，8	1，4　2，4	2，4	1，2　2，4	1，2　2，2~4　3，3~4	1，1~2 3，1
		2，5　3，7	3，5	4，6　4，7	4，4　5，6	3，3　5，4

在这 39 种活性 3*d* TMOC 阳离子中，只有氧化钪阳离子团簇 $(Sc_2O_3)_n^+$和氧化钒阳离子团簇 $(V_2O_5)_n^+$与苯分子反应表现相似的反应活性；这两类团簇所具有的通道在其他 3*d* TMOC 阳离子团簇也存在，但是它们的反应通道不具备规律性的结论。另外，$Co_xO_y^+$和 $Cr_xO_y^+$阳离子团簇在与 C_6H_6 分子的反应中存在多种产物；对于 $Mn_xO_y^+$和 $Ni_xO_y^+$阳离子团簇，与苯分子反应存在活性的团簇数量最少。

3.3.2.1 苯的脱氢氧化通道

如图 3-3-2 所示，除了 $Sc_xO_y^+$团簇之外，C_6H_6 分子的脱氢通道是普遍存在的。准一级反应速率 k_1[134]是基于最小二乘拟合程序估算的，这些反应的反应效率 Φ （$\Phi = k_1/k_{calc}$，k_{calc}是理论碰撞速率）[135,136]在表 3-3-2中给出。在我们所研究的阳离子团簇中，$Ti_2O_4^+$、$(V_2O_5)_{1-3}^+$、$(V_2O_5)_{0-1}VO_3^+$、$Cr_xO_y^+$ （*x*，*y* 分别为 1，2；2，5；2，6；3，2；3，8）、$Mn_2O_3^+$、FeO_4^+、$Fe_2O_3^+$、$Co_xO_y^+$ （*x*，*y* 分别为 2，2；2，5；3，4；4，5；5，7）、$Ni_5O_5^+$以及 $Cu_5O_3^+$和 $Cu_6O_4^+$可以有效地活化苯分子使其发生脱氢从而生成 $M_xO_{y-1}C_6H_4^+$和 H_2O 分子，这些反应速率常数量级在 10^{-10} ~ 10^{-9} $cm^3 \cdot molecule^{-1} \cdot s^{-1}$变化，并且该通道的分支比（BR）从 1.3% (Cr_2O_6/C_6H_6) 急剧变化到 78% $(V_3O_8^+/C_6H_6)$[137]。反应通道的更多信息如图 3-3-2 所示。通常，团簇组成的微小变化就可以完全改变团簇的反应活性[138,139]。在此，C_6H_6 分子的脱氢通道通常存在于各种 3*d* TMOC 阳离子团簇中，并且具有反应活性的团簇离子既包含富氧团簇离子又包含缺氧团簇离子。例如，缺氧团簇阳离子 $Cr_3O_2^+$就可以氧化 C_6H_6 分子，提供一个氧原子与苯分子中的两个氢原子结合形成 H_2O 分子。此外，在大多数研究的反应中，C_6H_6 分子的氧化脱氢是主要的反应通道之一（BR>25%）。在已报道的文献中，有一些氧化物离子或分子也可以氧化 C_6H_6 分子使其氧化脱氢，如 FeO^+[140]、MnO^+[88]、V_2O_5 和 $(V_2O_5)_{0-2}VO_3$[99]，其中 MnO^+和 FeO^+阳离子就该反应通道的分支比分别仅为 10%和 5%。

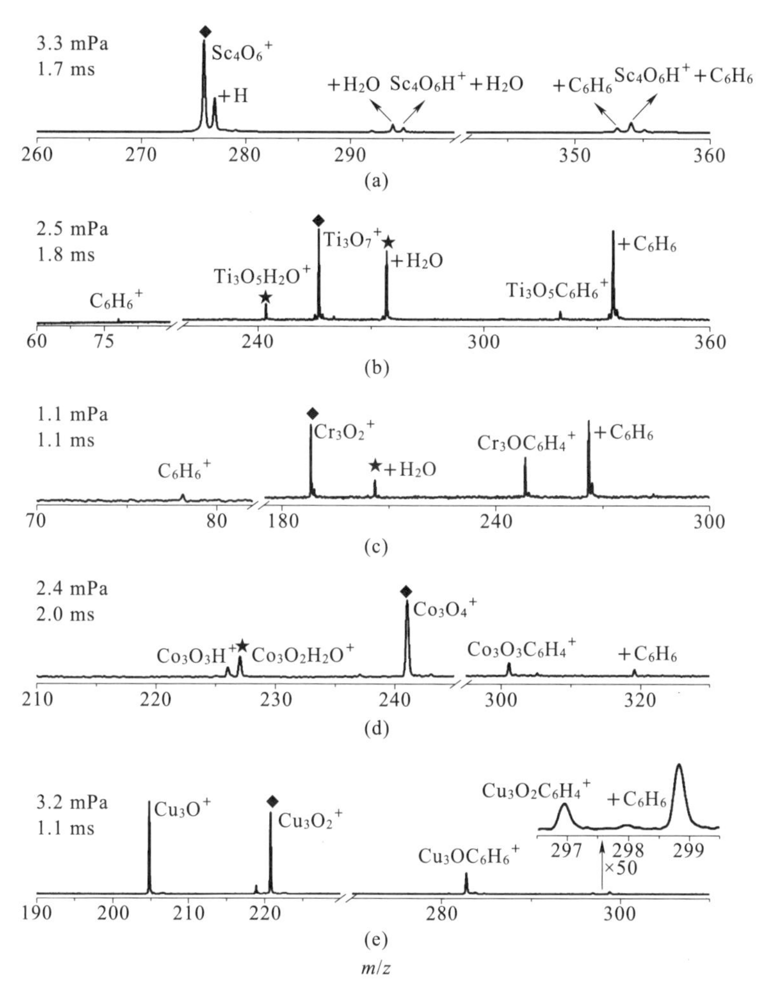

图 3-3-2 $Sc_4O_6^+$(a)、$Ti_3O_7^+$(b)、$Cr_3O_2^+$(c)、$Co_3O_4^+$(d) 与 $Cu_3O_2^+$(e) 与 C_6H_6 分子反应的飞行时间质谱图

(反应时间和压力已给出，图中星★标记的峰存在于背景光谱中)

表 3-3-2 部分 $M_xO_y^{\pm}$ 与苯的反应产物、分支比、准一级速率常数 k_1 和反应效率 Φ

反应	反应产物	分支比	k_1/(cm^3 · molecule^{-1} · s^{-1})	Φ
$Sc_4O_6^+ + C_6H_6$	$Sc_4O_6H^+ + C_6H_5^·$ $Sc_4O_6C_6H_6^+$	89% (1a) 11% (1b)	(4. 2±0. 9) ×10^{-10}	0. 44

续表

反应	反应产物	分支比	k_1/($cm^3 \cdot molecule^{-1} \cdot s^{-1}$)	Φ
$Ti_3O_7^+ + C_6H_6$	$Ti_3O_7 + C_6H_6^+$ $Ti_3O_5C_6H_6^+ + O_2$ $Ti_3O_7C_6H_6^+$	1% (2a) 12% (2b) 87% (2c)	$(9.6 \pm 2.0) \times 10^{-10}$	1.00
$Cr_3O_2^+ + C_6H_6$	$Cr_3O_2 + C_6H_6^+$ $Cr_3OC_6H_4^+ + H_2O$ $Cr_3O_2C_6H_6^+$	2% (3a) 32% (3b) 66% (3c)	$(4.0 \pm 0.8) \times 10^{-10}$	0.40
$Co_3O_4^+ + C_6H_6$	$Co_3O_3H^+ + C_6H_5O^\cdot$ $Co_3O_3C_6H_4^+ + H_2O$ $Co_3O_4C_6H_6^+$	25% (4a) 43% (4b) 32% (4c)	$(1.3 \pm 0.3) \times 10^{-9}$	1.33
$Cu_3O_2^+ + C_6H_6$	$Cu_3O^+ + C_6H_6O$ $Cu_3O_2C_6H_4^+ + H_2$ $Cu_3O_2C_6H_6^+$	96% (5a) 1% (5b) 3% (5c)	$(1.1 \pm 0.4) \times 10^{-9}$	1.11

3.3.2.2 电荷交换通道

除了 C_6H_6 的脱氢之外，在众多研究的3*d* TMOC 阳离子中也观察到电荷交换通道，并且存在两类电荷交换产物 $C_6H_6^+$和 $C_6H_6O^+$，如图 3-3-2 所示。对于 $V_3O_8^+$、$V_5O_{13}^+$、$Cr_2O_6^+$、$Cr_4O_{11}^+$和 $Ni_4O_5^+$阳离子团簇，电荷交换通道与氧转移通道（OAT）同时存在，从而形成了 $C_6H_6O^+$阳离子电荷交换产物而不是 $C_6H_6^+$。对于（V_2O_5）$_{1-3}^+$、$Cr_xO_y^+$（x，y 分别为 1，2；2，5；2，6；3，2；3，8；4，10；4，11），MnO_2^+和$Co_xO_y^+$（x，y 分别为 1，4；2，3；2，5）阳离子团簇与苯分子反应，$C_6H_6^+$阳离子是电荷交换的反应产物。当阳离子团簇与苯分子反应碰撞时发生电荷转移[137]，该通道的发生与苯、苯酚和中性 TMOC 团簇的电离能（IE）密切相关。如果质谱中存在 $C_6H_6^+$的产物峰，则可以认为中性 TMOC 团簇的电离能大于 C_6H_6 分子。由于 $C_6H_6O_{0,1}^+$阳离子与氧化物团簇之间存在较大的质量歧视，导致从大质量阳离子团簇与苯分子的反应中难以鉴别出电荷交换的产物 $C_6H_6O_{0,1}^+$的精确强度，并且这种现象对于质量较大的团簇更为严重。因此，很难准确地通过 $C_6H_6O_{0,1}{}^+$的产物来比较小、大尺寸团簇之间的差别。该电荷交换通道在苯与 Co^+、Cu^+、Nb^+[141] 和 Au^+[43] 阳离子的反应中也存在，产物均为 $C_6H_6{}^+$阳离子。然而，气相团簇与 C_6H_6 分子发生氧化反应生成 $C_6H_6O^+$的途径尚未报道过。在大气中也存在被广泛研究的电荷交换反应，如 $H+O^+ \rightarrow H^+ +O$ 和 $O_2{}^+ +NO \rightarrow O_2+NO^+$。从我们研究的气相反应中，可以预测此种反应类型也可能存在于矿尘氧化物与一些 VOC 分子之间的反应，然后生成的 $C_6H_6{}^+$自由基阳离子可以通过自由基反应进一步与其他大气自由基发生快速反应。

3.3.3.3 氢转移通道

与图 3-3-1（a）中普遍存在的路径 1~3 不同，氢原子转移通道（HAT）仅存在于 $(Sc_2O_3)_{1-5}^+/C_6H_6$ 系统中，反应产物为 $(Sc_2O_3)_{1-5}H^+$ 离子和 C_6H_5（图 3-3-2）。其中 $Sc_8O_{12}{}^+$阳离子团簇是反应活性最高的，氢原子转移通道（HAT）的分支比（BR）从 38%（$Sc_{10}O_{15}{}^+$）到 90%（$Sc_6O_9{}^+$）。如文献中所报道的，金属氧化物 $M_xO_y^q$：氧缺陷指数$\Delta=2y-nx+q$，其中 n 是金属 M 的最高氧化态，q 是电荷数，氧缺陷指数可用于区分过渡金属氧化物团簇 $M_xO_y{}^q$的富氧性或缺氧性[17,27]。具有氧中心自由基（$O^{-\cdot}$）的$\Delta=1$团簇（$Sc_2O_3)_n{}^+$可以活化 CH_4 分子中的C-H键[58]。虽然，C_6H_6 分子（4. 89 eV）的 C-H 键能（BE）高于 CH_4 分子（4. 55 eV）[143]，对于氢原子转移通道（HAT）来说，毫无疑问 $O^{-\cdot}$ 自由基在 $(Sc_2O_3)_n{}^+$阳离子团簇与苯分子反应的过程中起着关键性作用。对于较大尺寸的（$Sc_2O_3)_n^+$ 阳离子团簇也能够有效地活化 C_6H_6，存在氢原子转移通道（HAT），但是由于仪器的局限性，本章未对大尺寸团簇进行进一步的研究探索 。在其他 3d TMOC 阳离子反应中，$\Delta=1$ 的团簇离子，如（$V_2O_5)_{1-4}^+$和（$CrO_3)_{1,2}^+$阳离子团簇，只有（$V_2O_5)_{1-4}^+$阳离子团簇可以有效地活化 C_6H_6 分子，提供一个氧原子与其中的两个氢原子结合生成水分子，但该通道不是主要的反应通道。Schwarz 曾指出，MO^+（M = Sc~Ni）阳离子的电子多重性的增加或减少与 C_6H_6 反应中产物的丰富性和多样性的趋势是一致的[89]。然而，这种现象只适用于双原子金属氧化物，并不适用于本书研究的多核金属氧化物阳离子团簇上的苯分子氧化。

3.3.2.4 C_6H_5O · 自由基的生成通道

苯分子在与 FeO_2^+、$Co_2O_3^+$、$Co_3O_4^+$、$Cu_2O_2^+$和 $Cu_4O_3^+$等团簇的氧化反应中，氢原子转移通道（HAT）和氧原子转移通道（OAT）同时发生，进而生成了 $C_6H_5O^·$ 自由基和 $M_xO_{y-1}H^+$阳离子[144]。注意，在第一行过渡金属氧化物离子 MO^+[101]中，FeO^+、CoO^+和 CuO^+的键离解能相对较弱。根据热力学的计算要求，$M_xO_y^+$的 M–O 键能应在此范围内：BE(M–O)<BE(C_6H_5–O)–BE(C_6H_5–H)=(8.126–4.896) eV=3.23 eV[145]。

3.3.2.5 与 OH · 自由基的比较

在大气中，$OH^·$ 自由基是最重要的氧化剂之一，并且 $OH^·$ 自由基与苯的反应中可以观察到许多产物[17]，从而使苯和其他 VOC 分子从大气中除去或转化。例如，在图 3-3-1（b）中，$OH^·$ 自由基与苯分子的反应存在三个反应过程。第一步反应存在两个反应通道（过程[1]和过程[4]）分别生成 $H_2O+C_6H_5^·$ 苯基（过程［1］）与 $C_6H_6O+H^·$（过程[4]），其中在 298K 的条件下过程［1］的分支比为 5%[145,146]；第二步反应中 $C_6H_5^·$ 自由基可进一步与大气中 O_2 反应生成 $C_6H_5O^·$（$C_6H_5^· + O_2 \rightarrow C_6H_5O^· + O$，过程［2］）；第三步反应过程为 $C_6H_5O^· + M \rightarrow C_5H_5^· + CO + M$（过程［3］），进而得到环戊二烯自由基（$C_5H_5^·$），它是芳环生长过程中的关键中间体[3]。在我们的气相模型反应中也观察到了 $OH^· + C_6H_6$ 的三种产物，如 $C_6H_5^·$ 自由基，$C_6H_5O^·$ 自由基和 C_6H_5OH。相反，H_2O 是通过苯中断裂的两个 C–H 键和反应中断裂的 C–O 键进一步结合形成的，并且该通道通常存在较大的分支比。因此，$OH^·$ 自由基和 3*d* TMOC 阳离子团簇与苯分子的氧化反应的脱氢机理和分支比是不同的。矿物粉尘的物理吸附是 VOCs 分子的主要吸收途径之一[3]，并且该吸附通道通常也存在于我们所研究的大多数团簇阳离子中。气相团簇离子与苯分子的反应中存在的两种类型的通道，即电荷交换和氧化脱氢通道，可能有助于理解大气中相应 VOCs 的氧化反应。根据这些结论，我们可以推测在大气中 $OH^· + C_6H_6$ 中观察到的反应类型也可能存在于苯分子与矿物粉尘的非均相反应中，但每条通道的机理和重要性可能不同；在矿物粉尘表面也存在一些特殊反应，这些反应在 $OH^·$ 自由基与 C_6H_6 分子的气相反应中可能是不存在的。在苯氧化反应中获得的这些自由基产物可以与大气中的其他基团或物质发生进一步的反应。

3.3.3　本节小结

在我们的体系中主要使用飞行时间质谱系统地研究了 103 种小尺寸的 3*d* 过渡金属氧化物阳离子与 C_6H_6 的反应，并且清楚地描绘了 TMOC 对苯的反应性。如图 3-3-3 所示，一共存在 39 种阳离子可以有效地氧化 C_6H_6 分子，速率常数约为 $10^{-10}\sim10^{-9}\,cm^3\cdot molecule^{-1}\cdot s^{-1}$（不考虑只存在吸附通道的团簇）。在所得到的 6 个主要反应通道中，苯分子的脱氢通道和电荷转移通道广泛存在于所研究的反应体系中，并且对于 $C_6H_6O^+$ 产物之前未曾报道过。通过与苯分子和羟基自由基（$OH^{\cdot}$）$^-$这一重要大气活性物质反应的对比，我们可以得到以下结论：①团簇模型的反应中有三种产物与 $OH^{\cdot}+C_6H_6$ 的反应产物相同；②推测在大气中 $OH^{\cdot}$ 与 C_6H_6 观察到的反应类型也存在于苯与矿物粉尘的非均相反应中，但各通道的机理和贡献不同；③在矿物粉尘表面也存在一些特殊反应，这些反应在 $OH^{\cdot}$ 与 C_6H_6 的气相反应中可能是不存在的。这些反应信息对于获得大气中矿尘气溶胶与苯的氧化反应具有重要意义。

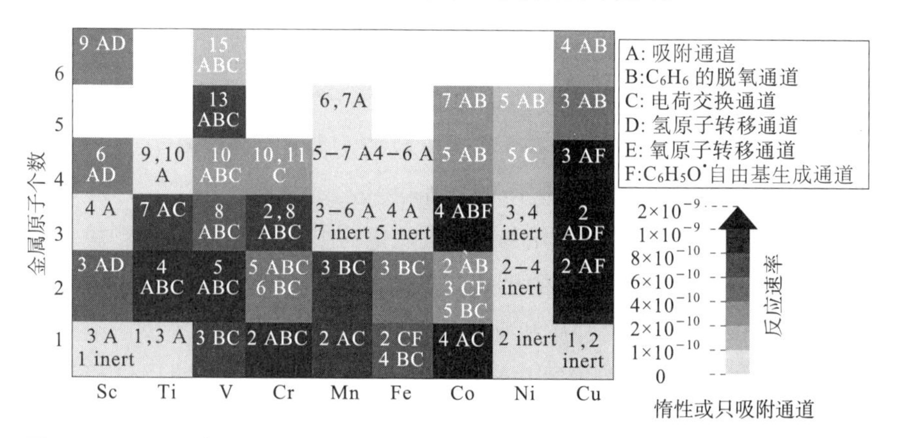

图 3-3-3　C_6H_6 与 3*d* 过渡金属氧化物阳离子团簇的反应性和反应通道图（附彩图）

（每个方块中显示的红色数字代表 $M_xO_y^+$ 阳离子团簇中的氧原子数 y。

空白块代表尚未研究的团簇）

3.4 $Ti_xO_y^+$阳离子团簇与异戊二烯的反应性研究

3.4.1 引言

异戊二烯（C_5H_8）是对流层中非甲烷烃类挥发性有机化合物的最大来源[147]。异戊二烯是一种五碳共轭二烯，它主要和大气中的氧化剂(如OH˙自由基）发生反应[148]。这些反应对区域空气质量[149-151]和全球气候都有着潜在的不利影响[152]。不可忽视的是，大气中矿尘氧化物颗粒表面发生的非均相氧化过程在异戊二烯化学中也起着重要作用[153]。矿尘颗粒代表大部分的自然气溶胶，它们的表面可以为大气中物质间相互作用提供反应场所[154,155]。Zeineddine 等认为，研究天然矿尘颗粒的非均相反应过程可能是完整 VOC 反应中缺失的重要一环[156]。由于异戊二烯的高挥发性以及与颗粒表面相互作用的活性碳基团较少，因此关于异戊二烯的非均相反应的研究较少[157]。异戊二烯与戈壁滩中矿尘颗粒在特定大气条件下的相互作用已在前人的研究中得到证实[156]。另外，Isidorov 等人还研究了异戊二烯与氧化锌的光反应过程，结果表明，异戊二烯与氧化锌光反应的主要产物为CO_2，这表明异戊二烯已经被完全氧化[158]。二氧化钛占据矿尘颗粒质量的1%~2%，并且在与 VOC 的非均相光催化反应中被广泛提及[159]。Romanias 等研究了异戊二烯在TiO_2表面的光反应过程，反应的主要产物为CO_2；此外，还检测到了几种 VOC 气相氧化产物，如甲基乙烯基酮、甲醛、乙醛和丙醛等[160]。研究结果表明，异戊二烯被氧化的主要原因是TiO_2颗粒表面的活性物质[160]，但是具体的机理信息尚不得知。因此，了解矿尘氧化物颗粒表面活性位点的性质和反应机理信息对于大气化学模型的建立是十分有益的。然而，矿尘氧化物颗粒表面结构以及发生的反应相当复杂，且对复杂 VOC 分子的反应也很难在分子水平上予以解释。

气相原子团簇是研究固体表面活性位点的理想模型[161-168]。团簇的组成和结构清晰，反应的条件是可控的、可重复的，可以将团簇质谱实验与最先进的量子化学计算相结合，在分子水平上揭示反应机理。近年来，过渡金属氧化物团簇离子介导的异戊二烯氧化反应越来越受到人们的关注。最近，中科院化学所何圣贵课题组对异戊二烯在$Fe_xO_y^+$(3≤

$x \leq 23$，$3 \leq y \leq 35$）（尺寸可达 1 nm）上光氧化生成 CH_2O 的研究进行了报道，为通过异戊二烯在大气中氧化铁矿尘颗粒表面上发生的光氧化过程而提供了新的甲醛来源[169]。此外，他们对异戊二烯与铁氧中性团簇（Fe_xO_y，$x=2\sim24$，$y=4\sim37$）生成 CH_2O、C_4H_6O 和 C_5H_6O 的反应也进行了实验和理论研究[170]。氧化钛团簇离子的结构及其对小分子的反应性已被广泛研究[171-173]，值得注意的是，我们可以用氧缺陷指数 Δ 来区分氧化钛团簇阳离子（$Ti_xO_y^+$）的富氧性或缺氧性：$\Delta=2y-nx+1$，其中 n 是金属 M 的最高氧化态[174]。

在这项研究中，我们利用自制的飞行时间质谱仪（Time-of-Flight Mass Spectrometry，TOF-MS）研究了异戊二烯与氧化钛阳离子团簇的反应，同时利用密度泛函理论（Density Functional Theory，DFT）计算揭示了其反应机理。这项团簇研究为异戊二烯在大气中的氧化过程提供了清晰的分子水平认知，并揭示了氧化钛矿尘颗粒在大气中的潜在作用。

3.4.2　研究方法

3.4.2.1　实验方法

本实验主要采用自制的四极杆选质-线性离子阱反应池-耦合高分辨率反射式飞行时间质谱（TOF-MS）检测钛氧团簇阳离子与异戊二烯分子的反应。该实验装置主要由激光溅射离子源、四极杆质量过滤器（Quadrupole Mass Filter，QMF）和线性离子阱（Linear Ion Trap，LIT）反应器组成[195-197]。$Ti_xO_y^+$团簇离子是通过一束脉冲激光溅射到由同位素钛粉（^{48}Ti，纯度：99%，Isoflex，旧金山）压成的平动和转动金属靶盘上，与产生管中的氧气（浓度 0.5% 或 1%，背景气为氦气，背景压力为 4 atm）进行碰撞、反应、冷却聚集产生的。其中，所用脉冲激光波长为 532 nm（Nd^{3+}的二次谐波：固体脉冲激光器的二倍频），能量为 5~8 mJ/脉冲，工作频率为 10 Hz。$Ti_xO_y^+$团簇离子经产生管超声膨胀冷却后进入四极杆质量过滤器进行选质。感兴趣的阳离子首先由四极杆质量过滤器进行质量选择；然后进入线性离子阱反应器，在此处与脉冲氦气（或者其他惰性气体）进行碰撞、冷却至室温；其次与脉冲反应气异戊二烯相互作用反应一段时间；最后，反应物和产物离子被引出加速电场抛出，经过离子透镜聚焦进入飞行时间质谱，通过微通道板

(Micro Channel Plate，MCP）实现质量和丰度的检测。$Ti_xO_y^+$团簇离子和异戊二烯的准一级反应速率常数（k_1）可以通过下式计算：

$$\ln \frac{I_R}{I_T} = -k_1 \frac{P_e}{kT} t_R$$

式中，I_R 为反应物团簇离子的强度；I_T 为包括产物贡献的总离子强度；P_e 为反应气体的有效压力；k 为玻耳兹曼常数；T 为温度（约 298 K）；t_R 为反应时间。

3.4.2.2 计算方法

本工作采用 Gaussian 09 程序包[198]进行密度泛函理论（DFT）计算来研究两个典型的钛氧阳离子团簇的结构：$Ti_2O_5^+$和 $Ti_4O_8^+$，以及二者与异戊二烯的反应机理。使用 B3LYP 交换-相关泛函[199]以及 6-311+G* 基组[200,201]和 TZVP 基组来预测氧化钛团簇结构[182,186]及其与异戊二烯分子反应的合理能量学[202,203]。其中，6-311+G* 基组和 TZVP 基组分别被用于碳、氢、氧原子和钛原子的计算。反应机理的计算包括反应中间体（Intermediate，IM）和过渡态（Transition State，TS）的几何优化。进行振动频率计算，以检查 IM 和 TS 的虚频数是否为 0 或只有 1 个。另外，进行了本征反应坐标（Intrinsic Reaction Coordinate，IRC）计算，以确保有且仅有一个 TS 连接两个适当的 IM[204,205]。本体系中存在的分散效应[206]可以通过配合物的 DFT-D3 校正进行明确的估算[207]。本工作中报道的零点振动修正能 ΔH_{0K}均以 eV 为单位。

3.4.3 结果与讨论

3.4.3.1 实验结果

在本实验中，我们对 $Ti_xO_y^+$($x=1-7$，$y=1\sim14$）的所有阳离子团簇进行了实验研究，发现其中有 16 种氧化钛团簇和异戊二烯有反应现象。为了便于分析研究，我们把这些反应分成了 5 种反应类型：化学吸附[反应式（3-4-1）]、氢原子转移过程（Hydrogen Atom Transfer，HAT）[反应式（3-4-2）]、C-C 键断裂[反应式（3-4-3）]、氧原子转移（Oxygen Atom Transfer，OAT）伴随 HAT 过程[反应式（3-4-4）]、氧原子转移（OAT）伴随 C-C 键断裂过程（反应式（3-4-5））。

$$Ti_xO_y^+ + C_5H_8 \rightarrow Ti_xO_yC_5H_8^+ \tag{3-4-1}$$

$$Ti_xO_y^+ + C_5H_8 \rightarrow Ti_xO_yH_n^+ + C_5H_{8-n}(n=1,2) \tag{3-4-2}$$

$$Ti_xO_y^+ + C_5H_8 \rightarrow Ti_xO_yC_mH_n^+ + C_{5-m}H_{8-n}(m,n=2,2;\ 2,4;\ 3,6) \tag{3-4-3}$$

$$Ti_xO_y^+ + C_5H_8 \rightarrow Ti_xO_{y-1}H_n^+ + C_5H_{8-n}O(n=1,2) \tag{3-4-4}$$

$$Ti_xO_y^+ + C_5H_8 \rightarrow Ti_xO_{y-1}C_mH_n^+ + C_{5-m}H_{8-n}O(m,n=2,4;\ 4,6;\ 4,8;\ 5,6) \tag{3-4-5}$$

在这些被研究的 $Ti_xO_y^+$团簇中，可以按照氧缺陷指数 Δ 的不同把它们分为三个系列，即 $\Delta=-1$（$x=1-5$，$y=2x-1$），$\Delta=1$（$x=1\sim5$，$y=2x$）和 $\Delta=3$（$x=1\sim4$，$y=2x+1$）。在所有 $\Delta=-1$ 系列 $Ti_xO_y^+$团簇与异戊二烯的反应中（除了 TiO^+），只观察到吸附现象（反应式（3-4-1））。对于 TiO^+/C_5H_8 反应体系，除了上述的吸附现象，还存在异戊二烯的脱氢反应通道（反应式（3-4-2））。对于 $\Delta=1$ 系列 $Ti_xO_y^+$团簇与异戊二烯的反应，可以观察到上述所有的 5 种反应类型 [反应式（3-4-1）~式(3-4-5)]，这是由于 $\Delta=1$ 系列团簇含有氧中心自由基（$O^{\cdot-}$）的缘故。其中，$Ti_4O_8^+$和异戊二烯的反应通道最为丰富，且反应产物中有 CO 的生成。而对于 $\Delta=3$ 系列的 $Ti_xO_y^+$团簇来说，它们和异戊二烯的反应类型并没有普遍的规律性。例如，TiO_3^+、$Ti_2O_5^+$和异戊二烯的反应存在两种反应通道 [反应式(3-4-4)和式（3-4-5)]；而对于 $Ti_3O_7^+/C_5H_8$ 和 $Ti_4O_9^+/C_5H_8$ 反应体系，则只观察到吸附反应现象 [反应式（3-4-1)]；在 $Ti_2O_5^+ + C_5H_8$的反应中，有 CH_2O 产物的生成。综上分析，我们选择了两个典型的反应，即 $Ti_2O_5^+/C_5H_8$ 和 $Ti_4O_8^+/C_5H_8$，来进行详细的讨论分析。$Ti_2O_5^+/C_5H_8$ 和 $Ti_4O_8^+/C_5H_8$ 的反应质谱图如图 3-4-1 所示。

如图 3-4-1（b）所示，将反应气异戊二烯通入与 $Ti_2O_5^+$反应 3.7 ms 后，出现 4 个主要的产物峰，即 $Ti_2O_4H^+$、$Ti_2O_4H_2^+$、$Ti_2O_4C_2H_4^+$ 和 $Ti_2O_4C_4H_6^+$，其反应通道如反应式（3-4-6a）~式（3-4-6d)所示。它们分别对应 4 种中性氧化产物：C_5H_7O、C_5H_6O、C_3H_4O 和 CH_2O。以上 4 种反应通道可以被归属为两种反应类型，即氧原子转移（Oxygen Atom Transfer，OAT）伴随 HAT 过程 [反应式（3-4-6a）和式（3-4-6b)]，对应产物 C_5H_7O 和 C_5H_6O 的生成；氧原子转移（OAT）伴随 C-C 键断裂

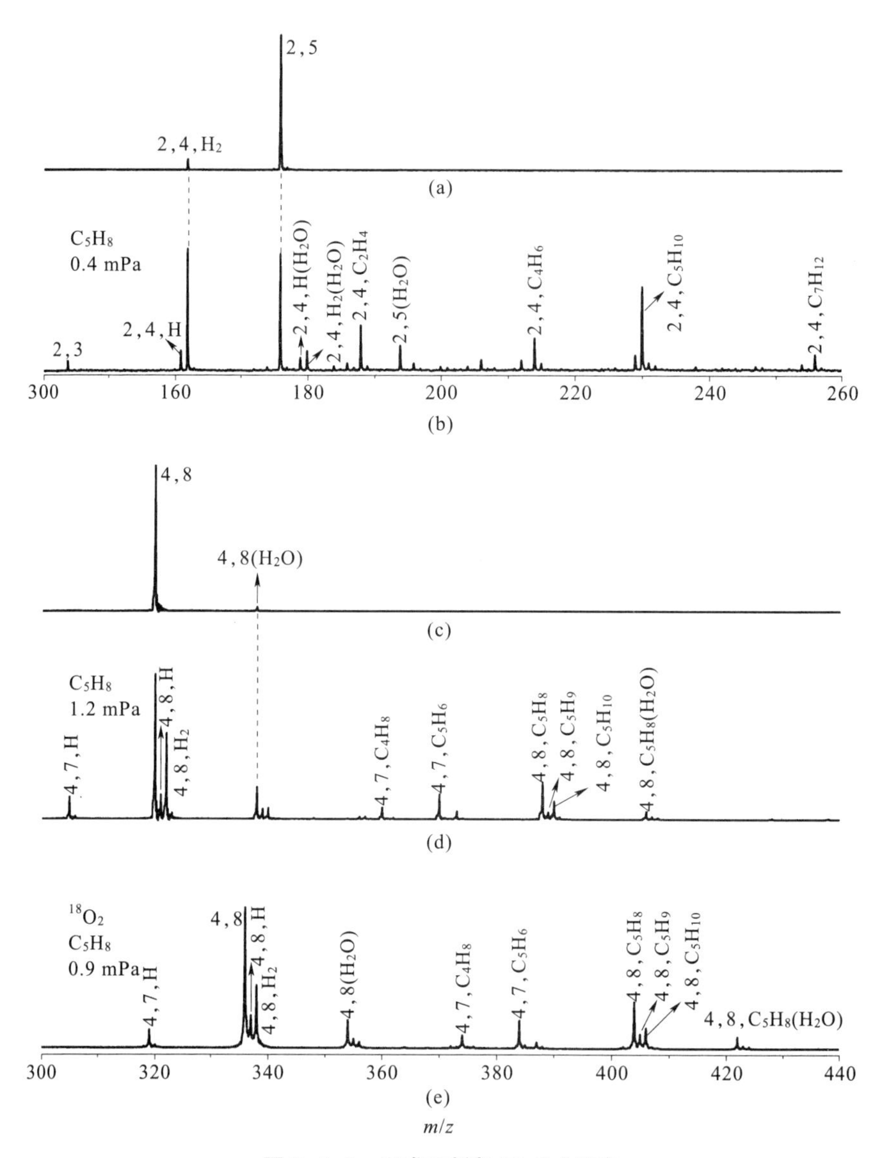

图 3-4-1 异成二烯与 $Ti_2O_5^+$ 反应

(a) 选质的 $Ti_2O_5^+$ 阳离子团簇；(b) C_5H_8 反应 3.7 ms；(c) 选质的 $Ti_4O_8^+$ 阳离子团簇；(d) C_5H_8 反应 1.7 ms；(e) $Ti_4{}^{18}O_8^+$ 阳离子团簇和 C_5H_8 反应 1.7 ms 的反应飞行时间质谱图（离子阱反应器中 C_5H_8 的有效压力已给出。$Ti_xO_yZ^+$ 质谱峰系以"x，y，z"来标记）

过程［反应式（3-4-6c）和式（3-4-6d］），对应产物 C_3H_4O 和 CH_2O 的生成。图中还有其他一些很弱的峰，对应丰度较小的产物，在这里则不予考虑。如图 3-4-1（d）所示，在 $Ti_4O_8^+$ 与 C_5H_8 的反应中，除了吸附峰 $Ti_4O_8C_5H_8^+$，还有其他 5 个主要产物峰出现，其反应通道如反应式（3-4-7a）~式（3-4-7f）所示。对两者反应生成的中性产物分析发现，其反应机理被归结为三种类型：①氧原子转移（OAT）伴随氢原子转移（HAT）过程，对应产物 C_5H_7O 和 H_2O 的生成［反应式（3-4-7b）和式（3-4-7c）］，其中在 $(TiO_2)_{2,3}^+$ 和 C_5H_8 的反应产物中，也有 H_2O 的生成。②氢原子转移（HAT）过程，对应产物 C_5H_7 和 C_5H_6 的生成［反应式（3-4-7d）和式（3-4-7e）］。在 TiO_2^+、$Ti_2O_4^+$、$Ti_3O_6^+$、$Ti_5O_{10}^+$ 和 C_5H_8 的反应中，也有 C_5H_7 和 C_5H_6 的生成，即产物 C_5H_7 和 C_5H_6 存在于所有 $\Delta=1$ 系列钛氧团簇与异戊二烯的反应中，推测这可能和 $\Delta=1$ 团簇含有氧中心自由基（$O^{\cdot-}$）有关。③氧原子转移（OAT）伴随 C-C 键断裂过程，对应产物 CO 的生成［反应式（3-4-7f）］，这是首次在异戊二烯与气相离子的反应中观察到 CO 的生成。最后，通过用 $^{18}O_2$ 进行同位素标记实验，证实了 CO 以及其他产物的生成，如图 3-4-1（e）所示。

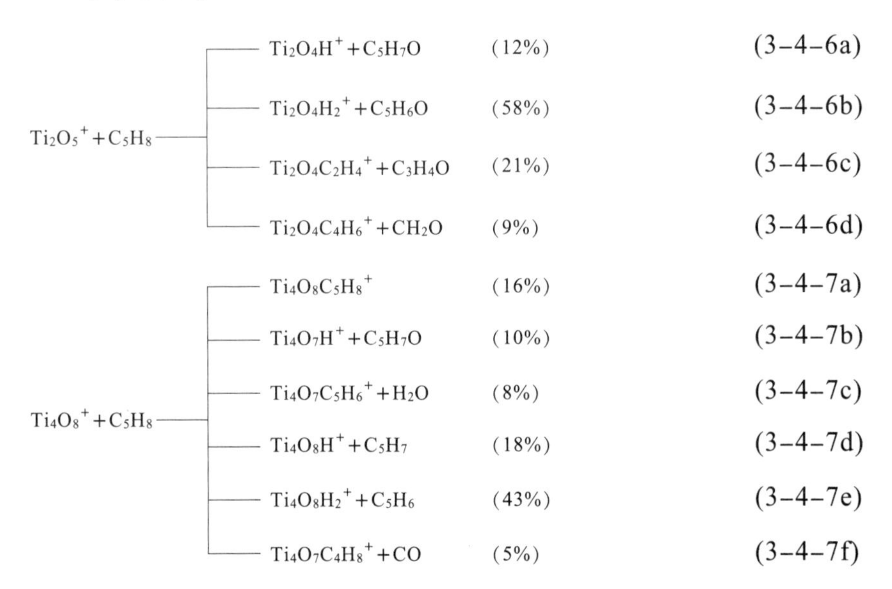

通过最小二乘法对 $Ti_2O_5^+$、$Ti_4O_8^+$ 和 C_5H_8 反应拟合的准一级反应速率常数 $k_1(Ti_2O_5^+ + C_5H_8)$、$k_1(Ti_4O_8^+ + C_5H_8)$ 分别为 2.6×10^{-9} $cm^3\cdot molecule^{-1}\cdot s^{-1}$ 和 2.0×10^{-9} $cm^3\cdot molecule^{-1}\cdot s^{-1}$，比先前报道的 Fe_4O_6 和 C_5H_8 的准一级反应速率常数 $k_1(Fe_4O_6 + C_5H_8) = 2.4\times10^{-10}$ $cm^3\cdot$

molecule^{-1} · s^{-1}快一个数量级[170]。上述两个反应 $Ti_2O_5^+/C_5H_8$ 和 $Ti_4O_8^+/C_5H_8$ 的反应效率 Φ 分别是 238%和 196%，这是由于碰撞速率是用点电荷模型计算的，而团簇的尺寸是有限的，因此效率可以达到 100%以上。其中，在 $Pt_7^+/CO/N_2O$[208]体系中也发现了类似的现象，即理论碰撞速率常数大于反应速率常数。

3.4.3.2 计算结果

为了更好地解释实验观测到的现象，进行了 DFT 计算来研究相关的反应机理细节。值得注意的是，在上述 $Ti_2O_5^+/C_5H_8$ 和 $Ti_4O_8^+/C_5H_8$ 的反应体系中，甲醛和 CO 是比较特殊的两种中性氧化产物。甲醛被认为是大气中异戊二烯/羟基自由基的主要氧化产物[209]，广泛存在于钛氧团簇和异戊二烯的反应中；而 CO 作为非完全燃烧产物在异戊二烯的氧化反应中首次被观察到。因此，我们选了这两个典型的反应通道，即 $Ti_2O_5^+ + C_5H_8 \rightarrow Ti_2O_4C_4H_6^+ + CH_2O$ [反应式（3-4-6d）]和 $Ti_4O_8^+ + C_5H_8 \rightarrow Ti_4O_7C_4H_8^+ + CO$ [反应式（3-4-7f）]，进行理论研究。

$Ti_2O_5^+$和 C_5H_8 反应生成 CH_2O 的势能面图如图 3-4-2 所示。为了方便区分 C_5H_8 的 C 原子，异戊二烯被标记为 $C_\alpha H_2=C_\beta(CH_3)C_\gamma H=C_\delta H_2$。$Ti_2O_5^+$是富氧团簇（$\Delta=3$），并且最稳定的异构体含有与 Ti 成键的超氧化物单元（$O_2^{\cdot -}$）（O–O 键长：131 pm）。C_5H_8 分子最初接近 $Ti_2O_5^+$，形成结合能为 2.02 eV 的中间体 I1。通过 TS1，异戊二烯的 C_β 原子克服 0.73 eV（I1→TS1）的能垒，通过 Ti–C_β相互作用，更倾向于吸附在 $Ti_2O_5^+$团簇中带正电荷最多的 Ti 原子上；同时，C_δ原子与其中一个氧原子键合。然后 Ti–C_β和 C_δ–O 键完全断裂，C_δ原子与 O 原子键合，从而克服 TS2，形成中间体 I3。在 I3 阶段，形成了五元环–Ti–O–C_γ–C_δ–O–。五元环结构的形成伴随着拉长的 $C_\gamma=C_\delta$双键，即键长从 I1 的 138 pm 拉长到 I3 的 155 pm。最后，C_γ–C_δ键克服 TS3 阶段裂解形成中间体 I4，伴随着 CH_2O 分子释放，形成最终产物 $Ti_2O_4C_4H_6^+$(P1)。

$Ti_4O_8^+ + C_5H_8 \rightarrow Ti_4O_7C_4H_8^+ + CO$ [反应式（3-4-7f）]的势能面图如图 3-4-3所示。之前已有文献报道，$Ti_4O_8^+$的基态是具有 C_s 对称性的笼状结构[210]。在反应的第一阶段，C_5H_8 分子倾向于通过 C_δ–O 相互作用

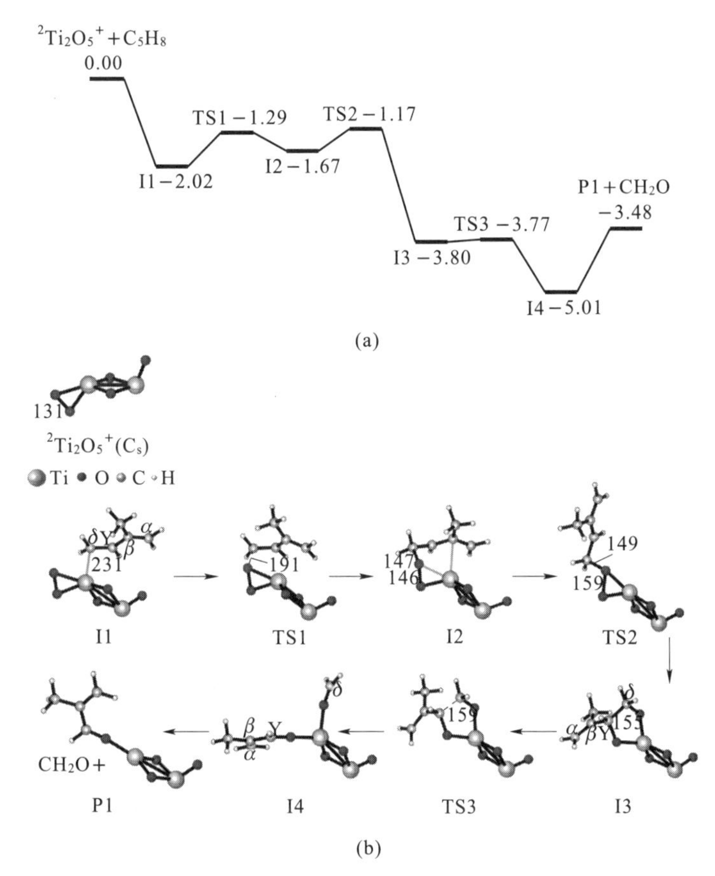

图 3-4-2 DFT-D3 计算的 $Ti_2O_5^+$ 与 C_5H_8 的反应路径图与反应势能面图

（反应物、过渡态、中间体和产物的能量均给出，所示能量（ΔH_{0K}（eV）均以反应物能量为零点校正，键长单位为 pm，其中上标表示自旋状态）

（a）$Ti_2O_5^+$与 C_5H_8 的反应路径图；（b）$Ti_2O_5^+$与 C_5H_8 的反应势能面图

吸附在 $Ti_4O_8^+$ 团簇的一个 O_t（t = terminal）原子上，形成结合能为 2.52 eV的中间体 I5。随后，通过 TS5 从 C_5H_8 中的 C_δ原子到 C_γ原子进行了氢原子转移（HAT）过程，形成了中间体 I6。然后，第二个氢原子转移（HAT）过程发生在从 I6 中的 $C_\delta H$ 单元到 $Ti_4O_8^+$中的桥连氧原子 O_b（b=bridge）上，通过克服 TS6，形成 I7。在 I7→TS7→I8 过程中，C_5H_8 中的 C_α原子越来越接近相同的 Ti 原子。通过 TS8，C_γ-C_δ键完全断裂，Ti-O 键断裂导致 CO 分子的形成，且可以从 I9 中离去。最终，

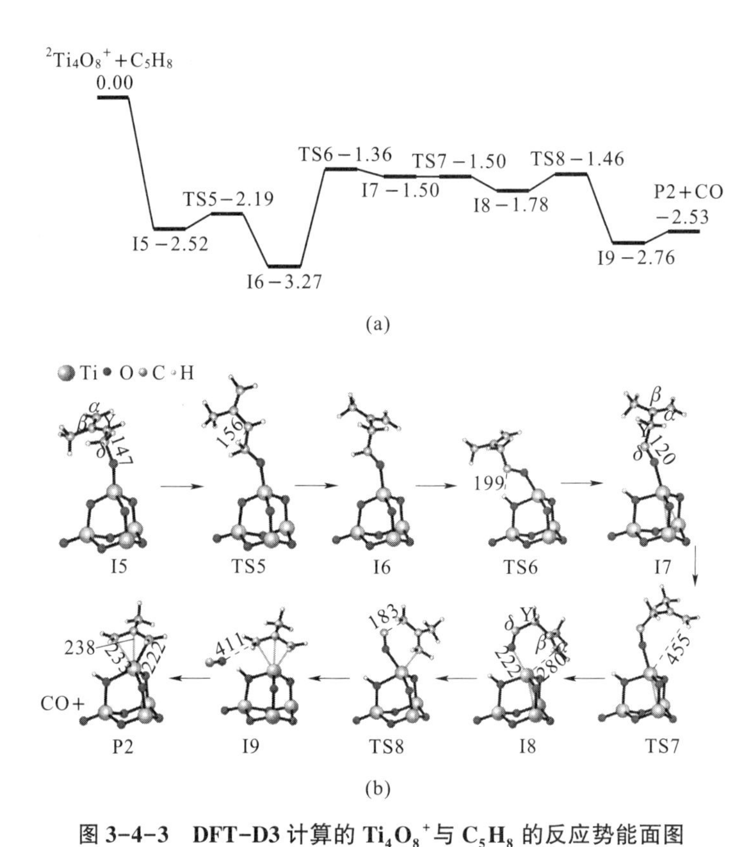

图 3-4-3 DFT-D3 计算的 $Ti_4O_8^+$ 与 C_5H_8 的反应势能面图

（反应物、过渡态、中间体和产物的能量均给出，所示能量（ΔH_{0K}（eV）均以反应物能量为零点进行校正，键长单位为 pm），其中上标表示自旋状态）

生成了产物 CO 和 $Ti_4O_8HC_4H_7^+$（P2）。对 P2 进行电荷分析表明，C_4H_7（甲代烯丙基）单元处于中性电荷状态。另外，我们还计算了中性氧化产物 C_3H_4O、C_5H_6O 和 C_5H_7O 的可能结构。

3.4.3.3 讨论

在上述所提到的 5 种反应类型中，关于 H_2O 的生成和 C-C 断裂过程，在我们先前报道的 VO_3^+/C_6H_6（苯）[202] 和 $Fe_2O^+/n-C_5H_{12}$[203] 以及 $VO_2^+/n-C_5H_{12}$体系[211] 中已经进行了相关理论研究，本研究中 H_2O 的生成和 C-C 键的断裂机制可能与报道的类似。至于氢原子转移过程（HAT）的产物，如 C_5H_7［反应式（3-4-7d）］和 C_5H_6［反应式（3-4-7e）］，它们仅存在于$\Delta=1$系列钛氧团簇和异戊二烯的反应中，推测这可能是由于这些团簇中都含有氧中心自由基的缘故。基于DFT-D3计算的热力学，产物C_3H_4O和C_5H_6O分别对应于甲基乙烯酮和2-甲基呋喃（或3-甲基呋喃）。另外，除了钛氧正离子团簇，在带正电和中性铁氧团簇与异戊二烯的反应中也已经报道了有关甲醛的生成反应[169,170]。当$Fe_xO_y^+$阳离子团簇与C_5H_8反应时，CH_2O产物只能在光照条件下被检测到（$Fe_xO_yC_5H_8^+ + h\nu \rightarrow Fe_xO_{y-1}C_4H_6^+ + CH_2O$）[169]；而异戊二烯在$Fe_xO_y$中性团簇上发生的氧化反应则对应着$CH_2O$，$C_4H_6O$和$C_5H_6O$等中性氧化产物的生成[170]。本实验中，$Ti_xO_y^+$和异戊二烯的反应通道则更加复杂多样，生成的中性氧化产物有CH_2O、C_5H_6O、C_3H_4O、C_5H_7O和H_2O，其中后三种产物在C_5H_8的气相离子反应中未见报道。对$Ti_xO_y^+$和Fe_xO_y团簇介导的CH_2O生成路径进行详细对比表明，两者反应机理相似，即C_5H_8倾向+吸附在Fe/Ti金属原子上，然后过渡金属氧化物团簇中的两个O原子参与形成两个O-C键。不同的是，在$Ti_2O_5^+$团簇中，这两个氧原子是由超氧化物单元$O_2^{\cdot-}$提供的，而在Fe_xO_y团簇中，它们是由两个末端氧原子O_t提供的。

研究表明，在紫外光照射下，异戊二烯在TiO_2粒子表面发生的非均相反应中，CO_2是主要的气相氧化产物（约占碳质量平衡的90%）[160]；而在黑暗和干燥条件下，异戊二烯则仅吸附在TiO_2上形成吸附产物。研究认为，C_5H_8的光降解主要是由于TiO_2表面自由基的形成，如$O_2^{\cdot-}$、$OH^{\cdot}$，这些自由基来自TiO_2半导体吸收的UV-A辐射作用[160]。在我们的研究中，在没有光照射的情况下，$Ti_4O_8^{\cdot+}$与异戊二烯的反应中产生了不完全燃烧产物CO，而该产物在气相离子与C_5H_8的反应中，据我们所知是首次报道。因此，可以预期的是，可以将在$Ti_4O_8^+/C_5H_8$体系中形成CO的反应机理用于解释在二氧化钛表面上实验观察到的产物CO_2的形成过程，以氧为中心的自由基也可能是TiO_2表面上的一种反应性物种。此外，$Ti_xO_y^+ + C_5H_8$反应生成了大量的羰基化合物，如C_3H_4O、C_5H_6O、C_5H_7O等，尽管它们的氧化程度相对于异戊二烯在TiO_2表面上的非均相反应要低一些。另外，在$Ti_xO_y^+$气相阳离子团簇介导的C_5H_8氧化反应中可检测到一种常见的产物——甲醛。

在大气中，异戊二烯的最大消耗路径是与 $OH^{\cdot}$ 自由基发生的氧化反应，约占 85%[212]。$OH^{\cdot}$ 自由基与异戊二烯的反应主要通过与不饱和主链的加成进行，而且只有烯丙基的生成。此外，加成反应主要发生在末端碳 C_{δ} 或 C_{α} 处，二者之比为 0.57±0.03，对应生成两种不同的烯丙基[213]。在 $OH^{\cdot}$ 自由基加成之后，氧气可以进一步加成到烯丙基中，生成羟基过氧自由基，这大大增加了异戊二烯化学后续反应的复杂性。可以看到，到目前为止，$OH^{\cdot}/C_5H_8$ 的反应机理和动力学还相对比较清楚。相反，由于矿尘氧化物颗粒表面和其表面发生反应的复杂性，关于矿尘氧化物颗粒上异戊二烯氧化的重要机理信息仍不很清楚[213]。在所研究的团簇反应中，$Ti_xO_y^+$ 与 C_5H_8 的反应速率常数为 10^{-9} $cm^3 \cdot molecule^{-1} \cdot s^{-1}$，比 $OH^{\cdot}$ 自由基的反应速率常数（$k_1 = 1.0\times10^{-10}$ $cm^3 \cdot molecule^{-1} \cdot s^{-1}$）[214]高约 20 倍以上。考虑到二氧化钛矿尘颗粒在大气中的质量占比较大（0.1%~4.5%）以及钛氧团簇离子对异戊二烯的高反应性，将来应进一步关注在二氧化钛矿尘颗粒上发生的异戊二烯氧化反应。$Ti_xO_yC_mH_n^+$（$Ti_xO_y^+/C_5H_8$ 的反应产物）与氧气的进一步氧化反应的研究实验有待后续进行。

3.4.4 本节小结

本节对异戊二烯与 $Ti_xO_y^+$（$x=1\sim7$，$y=1\sim14$）阳离子团簇的反应特性和反应机理均进行了系统的实验和理论研究。对所有的反应通道分析研究发现，它们可以被划分为 5 种反应类型，即化学吸附、氢原子转移过程（HAT）、C–C 键断裂、氧原子转移（OAT）伴随 HAT 过程、氧原子转移（OAT）伴随 C–C 键断裂过程。另外，反应生成了 CH_2O（甲醛）、C_3H_4O、C_5H_6O、C_5H_7O、H_2O 等中性含氧产物。其中，在 $Ti_4O_8^+$ 与异戊二烯的反应中还生成了 CO。据我们所知，这是该产物在气相离子与 C_5H_8 的反应中被首次报道。由于 CH_2O 在大气中的重要性和 CO 形成通道的独特性，本节对 $Ti_2O_5^+$ 和 $Ti_4O_8^+$ 阳离子团簇介导的这两个反应通道进行了理论研究。同时，对比了 $OH^{\cdot}$ 自由基和异戊二烯的反应性，发现钛氧阳离子团簇对异戊二烯的反应活性比羟基自由基高 20 倍以上。本研究不仅为一系列中性氧化产物的生成提供了新的来源，而且对大气中二氧化钛基矿尘氧化物颗粒对异戊二烯的非均相氧化过程提供了新的机理认知。

3.5 铁氧正离子 Fe_2O^+ 与丙烷的气相氧化反应

氧化铁（Fe_2O_3）是天然和人造催化剂的重要组分，例如大气中铁氧化物矿尘气溶胶上可以发生非均相反应[215,216]，铁氧化物作为催化剂的酶催化反应[217-219]，ZSM-5 上发生的催化反应，等等[220,221]。在大气化学的背景下，氧化铁占大气中总矿物气溶胶质量的 6%[215]，其与无机气体污染物如 SO_2[216,222]、HONO[223] 和 H_2O_2[224] 的反应活性已有大量文献报道。除此之外，烷烃属于大气中挥发性有机物（VOC）中的一类物质，其对于二次有机气溶胶（SOAs）的形成起到了重要作用[225]。到目前为止，很多关于烷烃的文献已被报道，如烷烃与臭氧[226]、OH 自由基[226,227]、氮氧化物[228] 等物质在大气中的化学反应与物质转化。由于大气条件和氧化铁气溶胶的表面的复杂性，矿物气溶胶如铁氧化物与各种烷烃的反应尚未得到广泛研究[229]。除了大气化学的重要性外，氧化铁与烷烃的反应在许多其他催化领域也很重要[230-232]，如烷烃的羟基化[230]、甲烷的增值[232] 以及丙烷的脱氢反应[231]。获取有关氧化铁表面烷烃氧化的基本信息，例如活性位点的性质以及反应机制，是理解这种复杂化学反应的必要条件。然而，尽管在表征方法方面现已取得了很大进展，但实现这些目标仍然存在许多挑战。

科研工作者们在过去的几十年里通过质谱手段结合量子化学计算，从分子水平上在可控、可再现的条件下解释了烷烃与气相金属氧化物离子反应的活化机理[233-245]，体现了其非均相反应的重要性。目前，有很多关于 $Fe_xO_y^+$ 的热化学研究[246-248] 以及 $Fe_xO^{+/-/0}$ 和小分子反应的气相研究[249-256] 已被报道。值得注意的是，Armentrout 通过使用导向离子束串联质谱仪系统地研究了 $Fe_xO_y^+$ 的键能[246-248]，这些实验值为理论研究的质量提供了基准。在文献中，我们得到 $D_0(Fe_2^+-O)$、$D_0(Fe_2O^+-O)$ 和 $E_0(Fe_2O_3^+ \rightarrow Fe_2O_2^+ + O)$ 分别为 117.6 ± 4.6 kcal/mol[247]、99.2 ± 7.7 kcal/mol[246] 和 3.82±0.14 eV[248]，这与本节研究的体系密切相关。除此之外，Castleman 等研究了 $Fe_xO_y^+$ 和 CO 的反应[255]，其中 Fe_2O^+ 中的一个 O 原子被转移到 CO 中形成 Fe_2^+ 和 CO_2。

3.5.1 研究方法

3.5.1.1 实验手段

本研究体系中的质谱实验方法和反应速率的计算方法与之前报道的研究工作相同，这里只做简单介绍：一束溅射频率 10 Hz、单脉冲能量 5~10 mJ 的脉冲激光（532 nm，Nd^{3+}：YAG 掺钕钇铝石榴石固体激光器）经光学透镜聚焦到同时做平动和转动的金属 Fe（纯度 99.99%）靶面上，产生高温等离子体（正离子/负离子/中性粒子）。同时与激光垂直的方向喷入脉冲载气（O_2/He：10%/80%，载气由脉冲阀控制，脉宽约为 320 μs，频率 10 Hz，气压 3 atm）在产生管（$d\times L=2$ mm×25 mm）中与高温等离子体碰撞、冷却、凝聚，形成尺寸、组成不一的团簇Fe_xO_y。然后团簇在载气的带动下从产生管喷出，进入四极杆区域，筛选出 Fe_2O^+阳离子。接着 Fe_2O^+阳离子被引入六极杆线性离子阱中与 He 进行冷却碰撞约 10 ms 后，与目标反应气进行反应，两路气体都使用脉冲阀控制，时间、压力和脉宽可调。等反应完成后反应物离子与产物离子进入到飞行时间质谱区域进行质量分析，中性物质被真空泵抽走。同时，我们也使用了同位素气体进行反应通道确定和计算反应分支比。为了节省气体并保持良好的真空度，反应气体通过脉冲模式输送。

3.5.1.2 理论计算手段

本体系中所有计算在 Gaussian 09 软件中进行，应用 B3LYP 泛函。对 Fe、C、O、H 原子采用 6-311+G(d) 基组，此泛函和基组可以对本体系涉及的能量计算给出较为准确的结果。此外，计算了一些典型的解离能以进一步评估理论方法的可靠性，结果 B3LYP/6-311+G(d) 给出了良好的预测。反应机理的计算涉及反应中间体（IM）和过渡态（TS）的几何优化。振动频率计算用来检查 IM 是否无虚频，TS 是否有且只有一个虚频。内坐标 IRC（Intrinsic Reaction Coordinate）计算用于验证过渡态是否连接局域最小值。我们在书中介绍的能量为经过零点校正的 0 K 下的反应焓变 ΔH_{0K}。计算中涉及的能量 ΔH_{0K}（eV）均为零点矫正能。本研究体系的计算结果均加入了 DFT-D3 校正，其可以明确描述色散效应。自然键轨道(NBO)分析用 Gaussian 09 中的 NBO 3.1 模块进行。

3.5.2　结果与讨论

3.5.2.1　Fe_2O^+与烷烃的反应

该研究的最初焦点是 C_3H_8 在气相 Fe_2O^+ 阳离子上的氧化活化。$Fe_xO_y^+$($x=1\sim4$，$y=1\sim6$) 通过产生、质量选择、冷却后在线性离子阱(LIT) 中与丙烷反应。实验质谱图表明，大多数铁氧阳离子对 C_3H_8 是惰性的或仅存在吸附产物。已有较多文献报道 FeO^+ 与 C_3H_8 的反应[249,251,256]，我们获得的反应通道与文献报道的一致，在此不作详细讨论。研究发现，Fe_2O^+ 可以活化 C_3H_8，却不与 CH_4 和 C_2H_6 反应。图 3-5-1所示，在 Fe_2O^+与 C_3H_8 的反应中，除了吸附产物 $Fe_2OC_3H_8^+$生成 [反应式 (3-5-1a)，表 3-5-1]，C_3H_8 的两个 C-H 键也可以被活化，生成 $Fe_2OC_3H_6^+$和 H_2 [反应式 (3-5-1b)，表 3-5-1]。脱 H_2 通道比吸附通道更有优势。除此之外，Fe_2O^+阳离子还可以在限制和冷却过程中吸附气体处理系统中的水杂质生成吸附产物 $Fe_2OH_2O^+$。

通过 C_3D_8 的同位素标记实验进一步证实了上述反应通道，分子间动力学同位素效应 $KIE=k_H/k_D=1.04$ 被证实是有效的。当 n-C_5H_{12}和 n-C_7H_{16}被引入线性离子阱 (LIT) 的新通道时，C-C 键活化发生伴随着 $Fe_2OC_3H_6^+/C_2H_6$ 和 $Fe_2OC_3H_6^+/C_4H_{10}$ [反应式 (3-5-2c) 和 (3-5-3c)，表 3-5-1] 的产生。对比吸附通道以及 C-C 键活化通道，脱 H_2 通道更具优势。由于没有其他碎片离子被观察到，说明 Fe_2O^+的选择性不会随着直链烷烃的大小而急剧减少。这些反应涉及的反应速率常数 k_1 以及反应效率Φ($\Phi=k_1/k_{calc}$，k_{calc}为理论碰撞速率) 如表 3-5-1 所示。

为了获得 Fe_2O^+活化烷烃的内在机理，采用密度泛函理论计算的方法进行分析。计算的 Fe_2O^+的最稳定构型与 Castleman 等在文献中报道的结果一致[255]。Fe_2O^+的最稳定构型是具有 C_{2v}对称性，呈三角形状的八重态构型，氧原子分别与两个铁原子成键。未配对的约为 6.6 μ_B 的自旋密度均匀分布在两个 Fe 原子上。

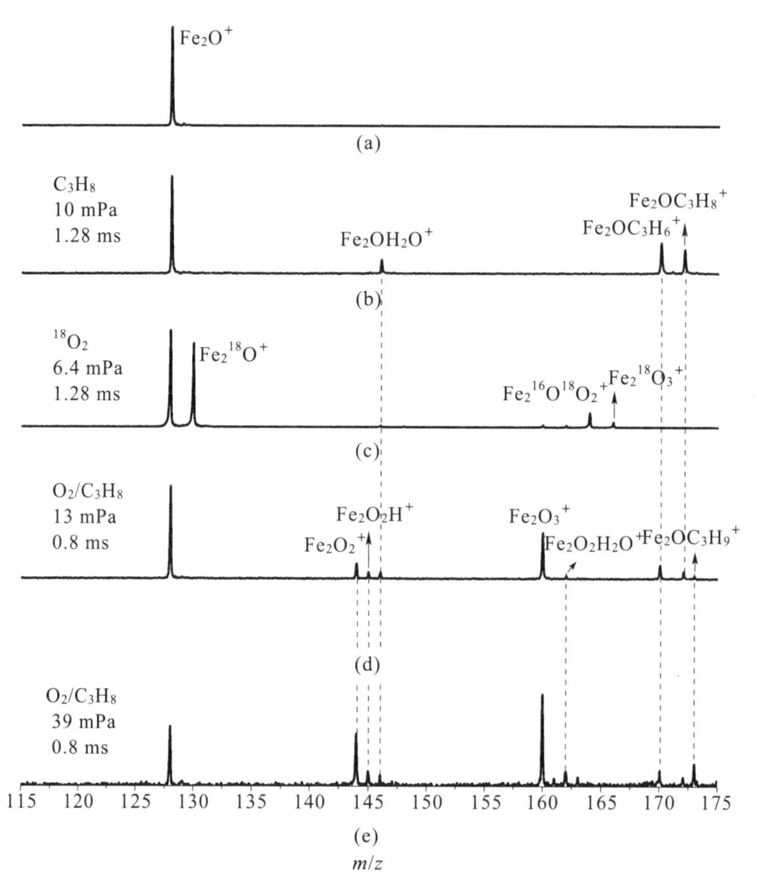

图 3-5-1 Fe_2O^+团簇产生及其与 10 mPa C_3H_8、6.4 mPa $^{18}O_2$、O_2 和 C_3H_8（7：3）混合气反应的质谱图

（a）Fe_2O^+团簇产生；（b）Fe_2O^+与 C_3H_8 反应的质谱图；（c）Fe_2O^+与$^{18}O_2$ 反应的质谱图；（d）（e）Fe_2O^+与 O_2 和 C_3H_8 反应的质谱图

表 3-5-1 反应通道、反应产物、准一级分支比、反应速率常数 k_1、反应效率 ϕ

反应	反应产物	分支比		k_1^a/（cm^3·$molecule^{-1}$·s^{-1}）/Φ^b
Fe_2O^++C_3H_8	$Fe_2OC_3H_8^+$	37%	（1a）	$(2.6\pm0.5)\times10^{-10}$/ 0.25
	$Fe_2OC_3H_6^+/H_2$	63%	（1b）	
Fe_2O^++n-C_5H_{12}	$Fe_2OC_5H_{12}^+$	20%	（2a）	$(3.0\pm0.6)\times10^{-10}$/ 0.28
	$Fe_2OC_5H_{10}^+/H_2$	70%	（2b）	
	$Fe_2OC_3H_6^+/C_2H_6$	10%	（2c）	

续表

反应	反应产物	分支比	$k_1{}^{a}$/（cm^3 · $molecule^{-1}$ · s^{-1}）/Φ^b
$Fe_2O^+ + n\text{-}C_7H_{16}$	$Fe_2OC_7H_{16}{}^+$	18%　(3a)	(1.8±0.4)×10^{-9}/1.56
	$Fe_2OC_7H_{14}{}^+/H_2$	57%　(3b)	
	$Fe_2OC_3H_6{}^+/C_4H_{10}$	25%　(3c)	
$Fe_2O^+ + O_2$	Fe_2O_3+	(4)	(2.0±0.4)×10^{-11}/ 0.03
$Fe_2{}^{16}O^+ + {}^{18}O_2$	$Fe_2{}^{18}O + {}^{16}O^{18}O$	(5a)	(3.5±0.7) ×10^{-10}/ 0.63
	$Fe_2{}^{16}O_n{}^{18}O_{3-n}{}^+$（$n$=0，1，2）	(5b)	
$Fe_2OC_3H_6{}^+ + O_2$	$Fe_2O_2{}^+/C_3H_6O$	(6)	(4.0±0.9)×10^{-10}/ 0.70

注：a 反应速率常数 k_1 的单位为 cm^3 · $Molecule^{-1}$ · s^{-1}；
b$\Phi = k_1/k_{calc}$，k_{calc} 为理论碰撞速率。

DFT 计算了 Fe_2O^+/C_3H_8 的反应路径。图 3-5-2 所示为 Fe_2O^+ 与 C_3H_8 反应的势能面图。首先，C_3H_8 吸附到 Fe_2O^+ 上形成稳定中间体 I1；然后，第一个氢转移发生，其从 C_3H_8 的亚甲基转移到与其相连的铁原子上形成 I2；经历 I2→TS2→I3，通过改变 Fe_2O^+ 的键角（∠Fe-O-Fe）从 168°（I2）减少到 92°（I3）形成中间体 I3。缩短 Fe_2O^+ 的成键 H 原子与甲基中 H 原子的距离，将其从 359 pm（I3）减小到 268 pm（I4），此时 I4 具备了形成 H_2 分子的条件。从 I4 起经过 TS4 发生第二个 H 转移过程形成中间体 I5。中间体 I5 可以直接分解为 $Fe_2OC_3H_6{}^+$（P1）和 H_2。其中，路径 a 的势能面与前面提到的 Fe_2O^+/C_3H_8 反应势能面十分相似，这里不再详细讨论。在路径 b 中，C-C 键通过 TS5′断裂，在 IS6 中与 Fe 原子成键的氢原子通过 TS6′转移到 C_2H_5 单元形成 IS7。在 IS7 中，Fe_2O 单元呈线性结构；C_2H_6 单元可以很容易地解离形成产物 Pb′（$Fe_2OC_3H_6{}^+ + C_2H_6$）。整个反应的势能面均低于反应物的初始能量，理论计算结果与实验结果相一致。在已经报道的$Fe_xO_y{}^{+/-}$文献中，大部分的气相反应都会发生单（多）自旋交叉，而本体系中却不含有自旋交叉。如果 C_3H_8 中的主要 C-H 键被激活先于二级C-H键，PES 在热力学和动力学是不占优势的。我们还考虑了在相同势能面上的单个氢原子转移，但是产物 Fe_2OH^+ 和 C_3H_7 的能量比现有的高。值得注意的是，Fe_2O^+ 阳离子在反应过程中非常柔软，键角（∠Fe-O-Fe）可以从游离的 Fe_2O^+

中的 76°变为 $Fe_2OC_3H_6^+$中的 178°。

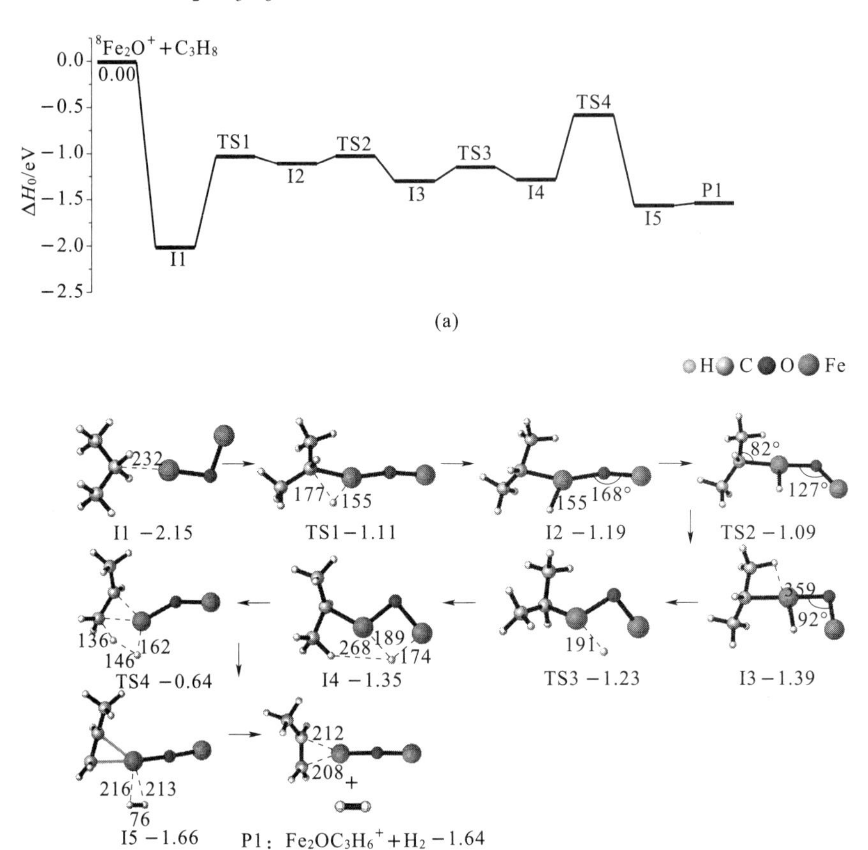

图 3-5-2 DFT 计算的 Fe_2O^+与 C_3H_8 反应的势能面曲线和势能面图

（部分键长与角度在图中标出；反应物、产物、过渡态与中间体的能量（ΔH_{0K}（eV），均是经零点校正的能量所有的构型都是八重态）

（a）Fe_2O^+与 C_3H_8 反应的势能面曲线；（b）Fe_2O^+与 C_3H_8 反应的势能面图

3.5.2.2 Fe_2O^+与 $C_3H_8+O_2$ 混合物的反应

氧气是一种易于获取、可持续的绿色氧化剂。因此，我们考虑了通过使用氧分子作为氧化剂，在 Fe_2O^+存在下氧化烷烃。最初，Fe_2O^+与 O_2 反应生成 $Fe_2O_3^+$的反应被研究。实验观察到 $Fe_2O_3^+$对 C_3H_8 呈惰性，但它很容易吸附一个水分子和一个 C_3H_8 分子；即使在相对高的 O_2 压力下，也几乎没有观察到 $Fe_2O_2^+$的质量峰。$^{18}O_2$ 的同位素标记实验也验证了上述反应［图 3-5-1（c）］。有趣的是，除了 $Fe_2O_3^+$，还产生了同位素交换产物，其表明了下面反应的发生［反应式（3-5-5），表 3-5-1］：$Fe_2{}^{16}O^+ + {}^{18}O_2 \rightarrow Fe_2{}^{18}O^+ + {}^{16}O^{18}O$。此外，我们研究了丙烷与 O_2 在 Fe_2O^+ 阳离子存在下的反应。图 3-5-1（d）和图 3-5-1（e）显示当 C_3H_8 与 O_2 按照 3∶7 混合通入线性离子阱（LIT），一个新的 $Fe_2O_2^+$ 产物峰出现，其在 Fe_2O^+ 与纯 C_3H_8［图 3-5-1（b）］和 O_2（图 3-5-1(c)）单独反应时不会产生。在 Fe_2O^+ 与 C_3H_8 和 O_2 的混合物反应中，除了 $Fe_2O_2^+$ 之外，还存在其他产物 $Fe_2OC_3H_6^+$，$Fe_2OC_3H_8^+$ 和 $Fe_2O_3^+$。这些谱图表明在 Fe_2O^+ 与 C_3H_8 反应中生成的 $Fe_2OC_3H_6^+$ 可以进一步与 O_2 反应生成 $Fe_2O_2^+$ 和 C_3H_6O［反应式（3-5-6），表 3-5-1］。密度泛函理论计算为该反应机理细节提供了信息。如图 3-5-3 所示，反应开始时发生亲电加成形成 I6；因此氧气被吸附在 Fe_2O^+ 单元上导致 O-O 键被拉长（自由 O-O 键长 121 pm，I6 中O-O 键长 132 pm）。通过 TS6，O-O 键断裂形成 I7 中的 $Fe_2O_3^+$ 部分。有几种 C_3H_6O 的异构体，其中丙酮和丙醛最稳定。从 I7 开始，C_3H_6 的氧化分叉为两种不同的途径。在图 3-5-3 中反应路径 A 中，通过减少 O_t 原子（端氧）与 C1 和 C2 原子的距离在 I9 中形成 CH_2OCHCH_3 单元；然后通过 TS9，丙醛（P_A）在无任何能垒条件下释放，反应路径 A 完成。首先，反应路径 B 开始于 I11 中通过 TS10 形成 O_t-C2 键；然后，H 原子从 CH 单元转移到 CH_2 单元（I11→I12），丙酮部分生成。I12 的形成是高度放热的，因此有足够的内部能量来脱去 CH_3COCH_3（P_B）以产生 $Fe_2O_2^+$。图 3-5-3 中 PES 的所有电子态都是八重态。从动力学和热力学的角度来看，这两种途径可以相互共存，但是图 3-53 中反应路径 B 略微优于路径 A，因此 C_3H_6O 的异构体中预计丙酮比丙醛更有利。这些结果表明，在气相 Fe_2O^+ 阳离子上，丙烷的氧化反应中采用了类 Langmuir-Hinshelwood 机理，而且吸附顺序非常重要。在我们实验的基础上，若 O_2 首先吸附，那么 C_3H_8 的氧化将不会发生。除此之外，对应于 $Fe_2OC_3H_9^+$ 的弱峰在该反应质谱中出现［图 3-5-1（e）］。在这些实验和 DFT 计算的基础上，$Fe_2OC_3H_9^+$ 是由 C_3H_8 和初级反应（$Fe_2O^+ + C_3H_8 \rightarrow Fe_2OC_3H_8^+$）振动激发产生的一小部分 $Fe_2OC_3H_8^+$ 发生二次反应产生的。

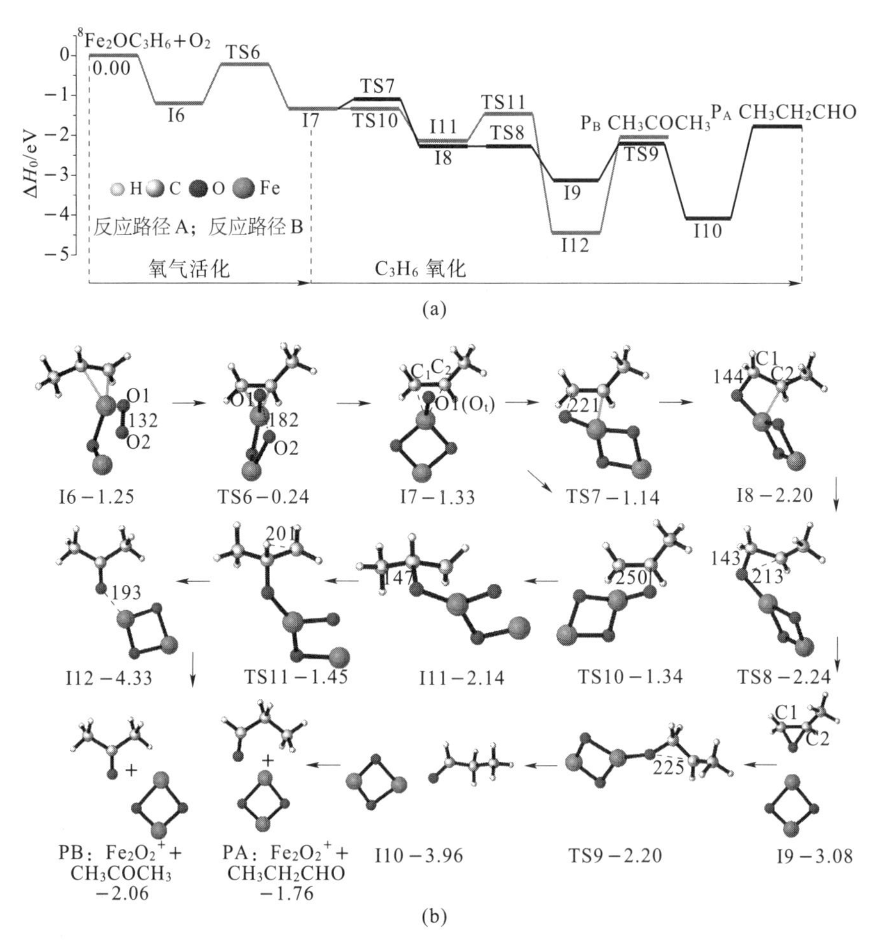

图 3-5-3 DFT 计算的 $Fe_2OC_3H_6^+$与 O_2 反应的势能面曲线和势能面图

（部分键长与角度在图中标出；反应物、产物、过渡态与中间体的能量（ΔH_{0K}（eV）均是经零点校正的能量，所有的构型都是八重态）

（a）$Fe_2OC_3H_6^+$与 O_2 反应的势能面曲线；（b）$Fe_2OC_3H_6^+$与 O_2 反应的势能面图

3.5.2.3 双氧活化

O_2 的键能是 5.12 eV，氧气的活化在气相研究中受到了极大关注[246]。在已报道的可以活化氧分子的气相离子中，可以根据它们的组成和反应性对其进行分类。因此，氧分子可被物理吸附或活化为超氧化物和过氧化物单元；这些物种与烃类的进一步反应性研究较少。具有贵

金属的团簇例如 $AuAl_3O_3^+$ 和 $PtAl_3O_5^-$ 可以与氧气活化CO，关键因素是贵金属原子，其具有良好的储存和释放电子的能力。在我们的气相体系中，$Fe_2OC_3H_6^+$ 阳离子有效地活化 O_2，然后分子内 C_3H_6 单元被氧化成 C_3H_6O。当氧气吸附在 $Fe_2OC_3H_6^+$ 阳离子上时，$Fe_2OC_3H_6^+$ 中的铁原子不会保持最高的氧化状态，而是形成Fe-O键为氧气活化提供主要的电子驱动力。细长的 O_2 单元I6（图3-5-4）的存在源于从Fe 3d轨道到O原子的 π^* 轨道的电子转移。

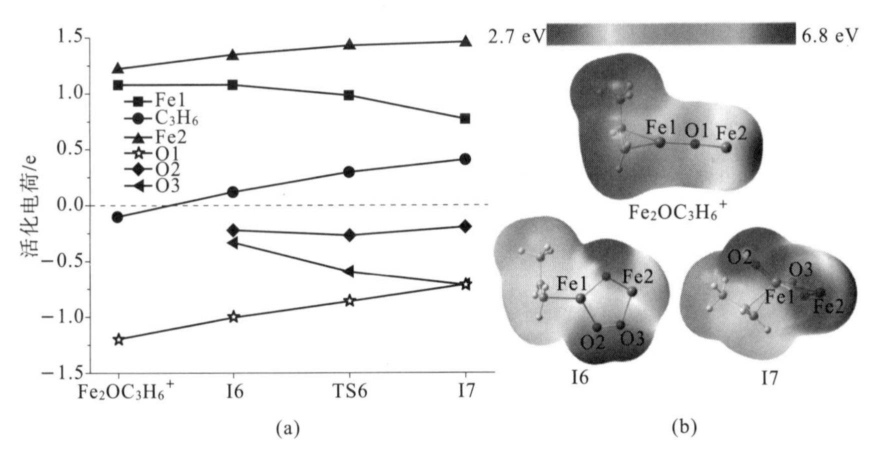

图3-5-4　O_2 在 $Fe_2OC_3H_6^+$ 上活化的电荷与 $Fe_2OC_3H_6^+$ 的静电势图（附彩图）

（a）O_2 在 $Fe_2OC_3H_6^+$ 上活化的电荷分布图；（b）$Fe_2OC_3H_6^+$、I6、I7的静电势图

反应6的反应速率是反应4的20倍。如DFT计算预测，O-O键断裂是 $Fe_2OC_3H_6^+$ 和 O_2 反应的决速步；除此之外，O_2 在 $Fe_2OC_3H_6^+$ 上活化的速率预计要超过在 Fe_2O^+ 上活化的速率。一个可能的原因是 C_3H_6 单元的存在使得 Fe_2O^+ 的偶极矩从3.71 *D* 增加到 $Fe_2OC_3H_6^+$ 中的6.27 *D*。当非极性 O_2 接近 $Fe_2OC_3H_6^+$ 阳离子时，由于高偶极矩，O-O键的极化很容易发生。此外，在与 O_2 反应期间，电荷分布表明Fe2的电荷增加而O3的电荷减少［图3-5-4（a）］，这是在反应过程中电荷从Fe2原子转移到O3原子的合理现象。有趣的是，Fe1原子的电荷没有增加反而减少。电荷分析显示，$Fe_2OC_3H_6^+$ 中的 C_3H_6 单元比其他位点［图3-5-4（b）］具有更多的负电荷，它的电荷从负电荷（$Fe_2OC_3H_6^+$ 中−0.1e）转变为正电荷（I7中0.41e）；所以，除了Fe原子，C_3H_6 是另一个氧气活化过程中的电子供体。在反应6中产生的一些 $Fe_2OC_3H_6^+$ 离子可以通过振动

激发形成。值得注意的是，$Fe_2OC_3H_6^+$离子与冷却气体 He 的碰撞率离子阱约为 $1.2\times10^6\ s^{-1}$。因此，大部分旋转热的 $Fe_2OC_3H_6^+$阳离子可以冷却下来，但仍是“热”离子的比例仍然难以估计存在的群体。总的来说，与 Fe_2O^+/O_2 体系（反应 4）相比，三个因素导致反应速率提高 20 倍：$Fe_2OC_3H_6^+$的偶极矩增加，额外的电子供体 C_3H_6 单元和一小部分振荡激发的 $Fe_2OC_3H_6^+$离子。

氧化铁是一类典型的矿物氧化物，发生在含铁矿物尘埃气溶胶的反应是 VOC 氧化的重要方法。在更多意义上，Fe_2O^+与烃/O_2 的气相反应可以在 O_2 存在下通过遵循这些步骤展现烃氧化铁表面的模型。如图 3-5-5 所示：①加合物络合物的形成是最初的步骤，在 C-H 和 C-C 竞争活化反应中，H_2 和轻质烷烃分别释放出来，留下 C_3H_6 与 Fe 原子键合。②铁氧化物中的表面氧，如模型 Fe_2O^+系统中的 O 原子，可以被来自气相 O_2 的一个氧原子取代。因为 Fe 原子不是完全配位的，气态 O_2 可在 $Fe_2OC_3H_6^+$上被吸附和活化生成 $Fe_2O_3^+$和 C_3H_6O（丙酮和丙醛）；两步中 Fe 原子在 O_2 氧化过程中都必不可少的。C_3H_6 单元与 Fe 键合是另一电子给体。③在我们的实验基础上，新形成的 $Fe_2O_2^+$对 C_3H_8 呈惰性。在 $Fe_2O_2^+$与 C_2H_4 的反应中，有些是 $Fe_2O_2^+$阳离子可以还原成 Fe_2O^+。但是，这个 O 原子转移通道仅占反应产物的 5%。在 $Fe_2O_2^+/C_2H_4$ 体系中，分支比大于 10% 的主要产物是 $Fe_2CH_4O^+ + CO$ (25%)，$Fe_2O_2H_2^+ + C_2H_2$ (40%) 和 $Fe_2C_2H_2O^+ + H_2O$ (15%)[115]。因此，大多数反应性 Fe_2O^+位点不能通过丙烷或烯烃分子的氧化再生。1993 年，Schwarz 发表了一篇有关 $Fe(C_2H_4)^+$与 O_2 反应的具有里程碑意义的

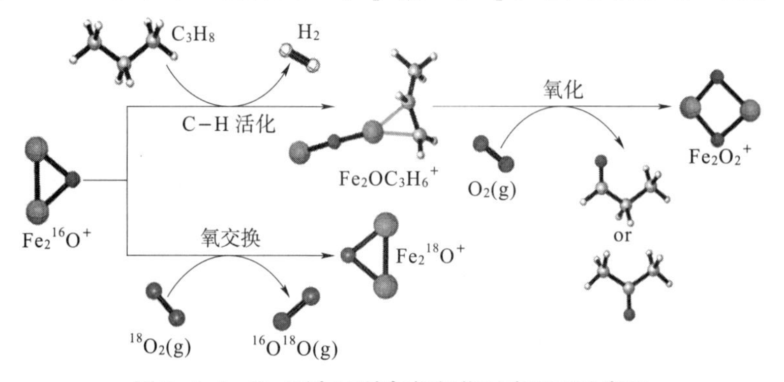

图 3-5-5　Fe_2O^+与丙烷气相氧化反应机理示意图

论文，其中铁阳离子同时独特地激活了三个重要键（O-O，C-H 和 C-H）[117]。这些结果表明，具有不饱和配位的 Fe 原子的裸铁原子或铁氧化物表现出良好的催化性能。

3.5.3　本节小结

本体系将实验和理论计算相结合研究了 Fe_2O^+ 与烷烃的氧化反应。实验表明，Fe_2O^+ 可以活化 C_3H_8 中的 C-H 键，生成 H_2 和 $Fe_2OC_3H_6^+$。深度理论计算发现，$Fe_2OC_3H_6^+$ 可以与 O_2 继续反应生成 $Fe_2O_2^+$ 和 C_3H_6O（丙酮）。在理论手段的指导下，实验发现当 Fe_2O^+ 与 C_3H_8/O_2 的混合气反应，出现 $Fe_2OC_3H_6^+$ 和 $Fe_2O_2^+$ 的质谱峰；Fe_2O^+ 单独与 O_2 的反应中不存在 $Fe_2O_2^+$。计算结果与实验结果相一致。理论计算解释了在 Fe_2O^+ 阳离子介导的 $C_3H_8+O_2$ 反应中采用了类 Langmuir-Hinshelwood 机理，C_3H_8 和 O_2 的吸附顺序非常重要。在分子氧活化反应中，与 Fe_2O^+ 阳离子相比，丙烯单元的存在增加了 $Fe_2OC_3H_6^+$ 的偶极矩。此外，C_3H_6 单元和 Fe 原子一同为 O 原子提供电子。这两个因素促进了 O_2 的活化。在气相实验中获得的动力学数据和机理可以为相应的催化反应提供重要信息。

3.6　VO_{1-4}^+ 团簇与 n-C_mH_{2m+2}($m=3,5,7$) 烷烃的反应性研究

钒氧化物是工业和实验室中非常重要的非均相催化剂[257,258]。使用钒氧化物催化剂的化学过程包括将 SO_2 氧化成 SO_3[259]，将 H_2S 转化为元素 S[260]，将烃分子变为增值化学品的选择性氧化[257,261,262]等。在催化剂表面，催化过程通常发生在某些特定的活性位点[263-265]。由于钒氧化物表面和各种烷烃的复杂性，活性位点的性质和反应特征如碳氢化合物的选择性氧化在分子水平上通常不是很清楚。

在过去的几十年中，气相团簇的研究作为一种模拟催化表面活性位点的方法引起了人们的广泛关注[266]。气相反应与密度泛函方法相结合，提供了一个无干扰的环境来研究团簇结构与反应性的关系，从而使我们能够理解详细的反应机理，在某些文献中，已经报道许多关于气相氧化钒簇反应性的实验和理论工作[267-275]。Castleman 及其同事研究了

不同化学计量的钒氧化物 $V_xO_y^+$ 与各种化合物的反应。例如，C_2H_4、C_2H_6、CH_3CF_3、C_2F_6 和 CH_2F_2，它们在许多反应过程中发挥着重要作用[270,276-282]。Schwarz 等研究了金属二氧化物阳离子 VO_2^+ 对简单烷烃 C_2H_4 和 C_2H_6 的气相反应性，同时结合理论计算得到了反应模式的电子和热化学性质[283]。其他几个关于钒氧化物阳离子簇的研究，例如，$V_mO_n^+$($m=1\sim4$; $n=1\sim10$)+CH_3OH[284]，$V_mO_n^+$($m=1\sim4$; $n=1\sim10$)+H_2O/O_2，$V_3O_7^+$+C_3H_8/C_4H_8[285]，$V_4O_{10}^+$+CH_4[286]，$V_mO_nH_o^+$($m=2\sim4$,$n=1\sim10$,$o=0,1$)+C_4H_8[268]，以及 VO_2^+ 与烷烃的氧化反应也已经报道，其揭示了反应性对链长的独特依赖性[274]。除此之外，Schwarz 等研究了异核氧代簇 $[VPO_4]^{\cdot}$ 和小分子烷烃的反应性，同时与 $[V_2O_4]^{\cdot+}$ 做对比强调了磷在混合 VPO 簇的碳氢化合物 C-H 键活化方面的重要作用[287]。Sauer 等利用红外光解离结合密度泛函计算的方法报道了 $V_4O_{10}^+$ 与丙烷的气相反应[288]。Fielicke 等研究了 $V_xO_y^+$ 团簇与烯烃和烷烃的反应及其相应的化学反应性[289]。Andrés 等报道了自旋态影响简单金属氧化物 VO_2^+ 和 C_2H_4 的化学反应活性[290]。何圣贵等也研究了中性和阴离子钒氧化物团簇对碳氢化合物的反应性影响[291-297]。另外，Armentrout 使用导向离子束串联质谱仪研究了钒氧化物团簇的键离解能[298,299]。以上这些工作都表现了科研工作者们对含钒化合物团簇的结构和键合特性的独到见解。值得注意的是，氧缺陷指数 Δ 可用于分类金属氧化物簇的富氧性或极性：$M_xO_y^q$：$\Delta=2y-nx+q$，其中 n 是可被氧化的元素 M 的价电子数。氧气为 $+n$ 氧化态，q 为电子数。

在这项研究中，我们通过飞行时间质谱（TOF-MS）系统地研究了单核钒氧化物阳离子 $VO^+(\Delta=-2)$，$VO_2^+(\Delta=0)$，$VO_3^+(\Delta=2)$ 和 $VO_4^+(\Delta=4)$ 与一系列直链烷烃（C_3H_8, n-C_5H_{12} 和 n-C_7H_{16}）的化学反应性。进一步利用密度泛函理论（DFT）计算来研究 VO_{1-3}^+ 与 n-C_5H_{12} 的反应机理。反应活性与这些阳离子中的氧含量和烷烃的碳链长度相关，这对于理解相关异核反应是有指导意义的。

3.6.1 研究方法

3.6.1.1 实验手段

本实验的实验装置由一个配备有激光电源的耦合反射式飞行时间质谱（TOF-MS）、一个四极杆质量过滤器（QMF）（选质）、线性离子阱反应池（LIT）构成。通过激光溅射转动并同时进动的金属钒靶（99.999%）产生等离子体与背景压力约为 4.0×10^5 Pa 的载气（2‰ O_2/He）反应制备钒氧化物团簇。目标离子团簇经过四极杆选质后进入线性离子反应池（LIT），用来研究与通过进入 LIT 腔中的 C_5H_{12} 的反应，达到热力学平衡的团簇温度为 298 K。反应完成后，反应物和产物离子从 LIT 腔飞出，在飞行时间质谱仪中被检测。反应速率常数的计算方法与第 2 章的方法相同。

3.6.1.2　理论计算手段

本研究中所有计算在 Gaussian 09 软件中进行，应用杂化 B3LYP 交换-相关泛函方法进行计算。对 H、C、O 原子用 6-311+G（d）极化基组，对 V 原子用 TZVP 基组。反应机理的计算包括反应中间体和过渡态的优化。频率计算用来验证反应中间体和过渡态是否分别有零个及一个虚频。内坐标（Intrinsic Reaction Coordinate，IRC）计算用于验证过渡态是否连接局域最小值。我们在文中报道的能量为经过零点校正的 0 K 下的反应焓变 $\Delta H_{0\,K}$。

3.6.2　结果与讨论

3.6.2.1　实验结果

VO_{1-4}^+团簇首先经历产生、选质、限制、冷却［图 3-6-1（a）］；然后与离子阱反应器中的直链烷烃 C_3H_8，n-C_5H_{12}和 n-C_7H_{16}相互作用。在所研究的反应中，VO_2^+ 的反应性高于其他三种阳离子。对于 VO_2^+，在 $VO_2{}^+$与 12 mPa 的 C_3H_8 相互作用大约 0.91 ms 后，生成产物 $VO_2C_3H_8{}^+$ 和 $VO_2C_3H_6{}^+$，吸附和脱氢为主要的反应通道。当 $VO_2{}^+$与3.6 mPa的 n-C_5H_{12}作用大约 1.3 ms 后，n-C_5H_{12}中发生了 C-C 和 C-H 键的活化并伴随着 $VO_2C_3H_6{}^+$、$VO_2C_2H_6^+$ 以及 $VOC_5H_8^+$ 几个明显产物峰的出现；一些弱峰，如 $VO_2H_2^+$、$VO_2C_5H_8^+$、$VO_2C_5H_{10}^+$和 $VO_2C_5H_{12}^+$也被观察到（表 3-6-1）。当 VO_2^+ 与 1.3 mPa 的 n-C_7H_{16}作用大约 1.01 ms 后，n-C_7H_{16}中的 C-C 键活化生成了 $VO_2C_nH_{2n}^+$（$n=3,4,5$）和短链烷烃。可以看出由 VO_2^+ 介导的n-C_5H_{12}的 C-C 键活化随着碳链长度的增加成为主要反应通道。此外，氧原子转移产物 C_2H_6O 在 $VO_2{}^+$和 n-C_7H_{16}的反应中出现。

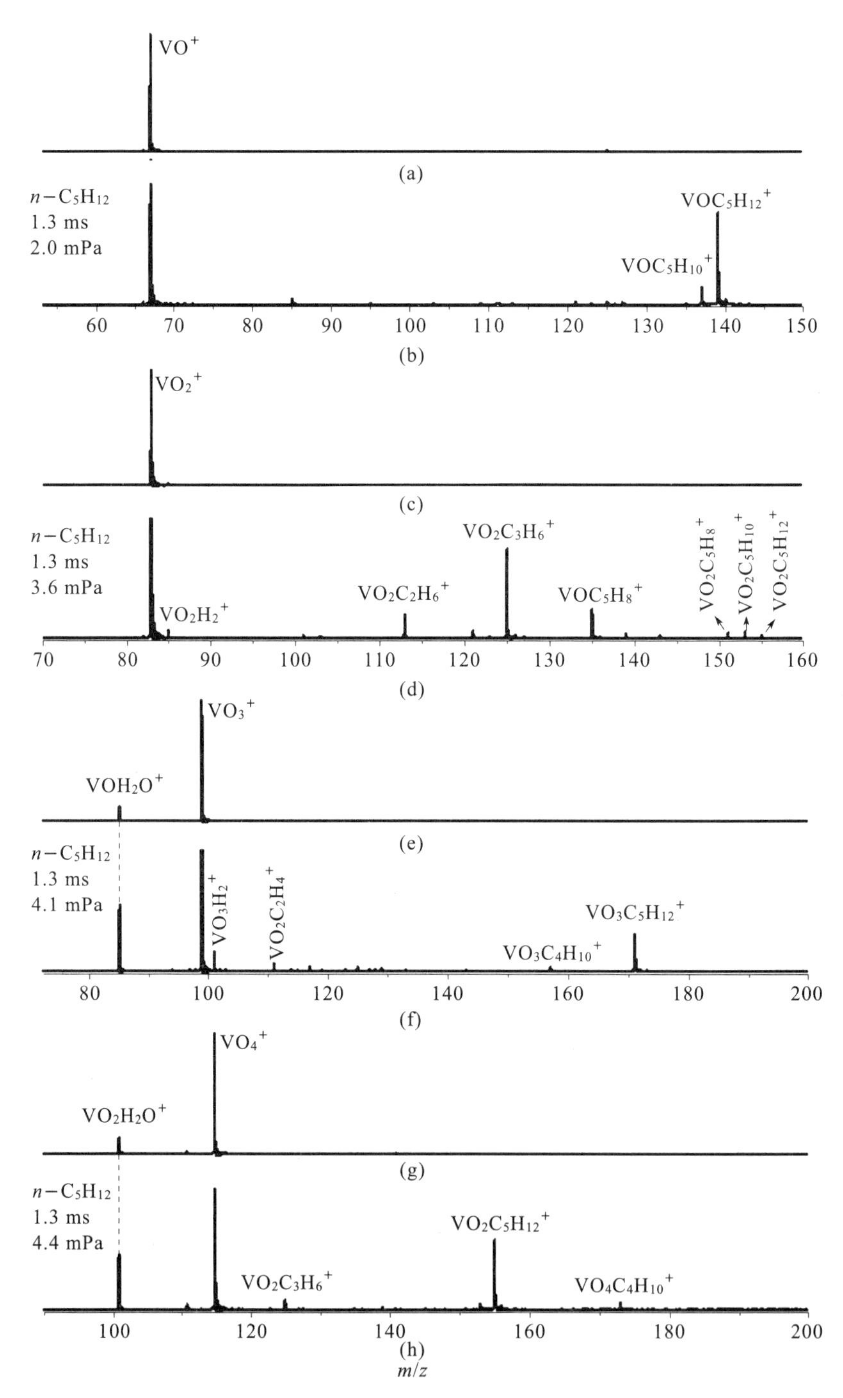

图 3-6-1 VO_{1-4}^+团簇的产生及其与 n-C_5H_{12}的反应质谱图

(a)(c)(e)(g)$VO_{1\sim4}^+$团簇反应质谱图；(b)(d)(f)(h)$VO_{1\sim4}^+$团簇与 n-C_5H_2 反应质谱图

在 VO^+ 与直链烷烃 C_3H_8，n-C_5H_{12} 和 n-C_7H_{16} 反应中，吸附为主要的反应通道，一小部分的 $VOC_5H_{10}^+$ 和 $VOC_7H_{12}^+$ 在 VO^+ 与 n-C_5H_{12} 和 n-C_7H_{16} 的反应中相应产生。对于 VO_3^+，除了主要的吸附通道外，在 VO_3^+ 与直链烷烃 C_3H_8，n-C_5H_{12} 和 n-C_7H_{16} 反应中发生了双氢转移并随之生成 $VO_3H_2{}^+$ 和相应的烯烃。其他产物如 $VO_3C_6H_{12}{}^+$ 和 $C_4H_{10}O$ 的弱峰在 VO_3^+ 与 n-C_7H_{16} 反应的质谱图中出现。相比之下，$VO_4{}^+$ 与直链烷烃的主要反应通道是释放 η^2-O_2 单元：首先产生 $VO_2{}^+$；然后形成吸附产物 $VO_2C_nH_{2n+2}^+(n=3,4,5)$。此外，一小部分 C-C 活化产物 $VO_2C_3H_6^+$ 出现，这也是 VO_2^+/n-C_5H_{12} 体系的主要产物之一。我们可以看到在 VO^+、VO_3^+、VO_4^+ 与直链烷烃的反应中，随着碳链长度增加，吸附通道的分支比逐渐减少，而脱氢反应和 C-C 键活化产物逐渐变得明显。图 3-6-2 所示为 $VO_{1-4}{}^+$ 与 C_3H_8、n-C_5H_{12} 和 n-C_7H_{16} 的反应通道比例。质谱（MS）测量表明化学反应活性和 $VO_{1-4}{}^+$ 与直链烷烃反应的产物种类在随着碳链长度的增加而逐渐增加。而且，对于从 VO^+ 到 VO_4^+ 的单核氧化钒阳离子，随着氧含量的增加，$VO_x{}^+$ 的反应性没有呈现逐渐增加的趋势，VO_2^+ 显示出最强的氧化性。VO_{1-4}^+ 与 n-C_5H_{12} 反应的反应速率与反应效率见表 3-6-1，反应速率与反应效率的计算方法详见第 2 章。可以看出，随着压力的增加，反应物的离子强度逐渐减小，与此相反，主要产物的强度在逐渐增加。因此，VO_{1-4}^+ 与 C_3H_8，n-C_5H_{12} 和 n-C_7H_{16} 的反应是平行反应而不是连续反应。

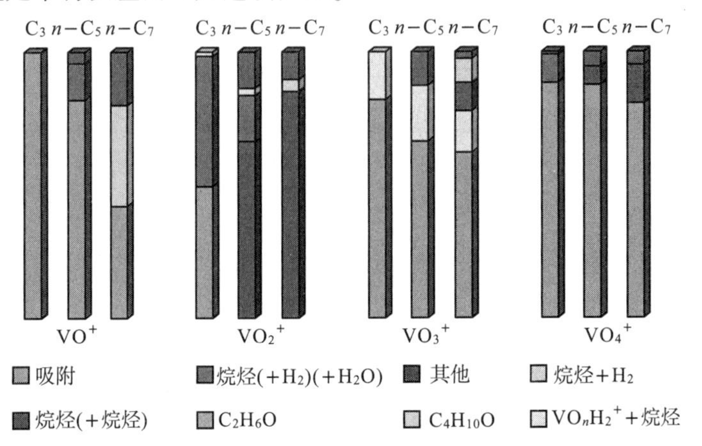

图 3-6-2　VO_{1-4}^+ 团簇和 C_3H_8，n-C_5H_{12} 以及 n-C_7H_{16} 反应的反应通道比例表

（C_3H_8，n-C_5H_{12} 以及 n-C_7H_{16} 分别记为 C_3，n-C_5 和 n-C_7）

表 3-6-1 反应产物、反应速率常数 k、反应效率 Φ

反应	反应产物			k_1/（$cm^3 \cdot mol^{-1} \cdot s^{-1}$）/$\Phi$
$VO^+ + n-C_5H_{12}$	$VOC_5H_{12}^+$	82%	（1a）	$5.32 \times 10^{-10}/0.42$
	$VOC_5H_{10}^+ + H_2$	14%	（1b）	
	others	4%	（1c）	
$VO_2{}^+ + n-C_5H_{12}$	$VO_2C_3H_6^+ + C_2H_6$	54%	（2a）	$5.47 \times 10^{-10}/0.46$
	$VO_2C_2H_6^+ + C_3H_6$	13%	（2b）	
	$VO_2C_5H_8^+ + H_2 + H_2O$	17%	（2c）	
	$VO_2H_2^+$	2%	（2d）	
	其他	14%	（2e）	
$VO_3{}^+ + n-C_5H_{12}$	$VO_3C_5H_{12}^+$	66%	（3a）	$2.92 \times 10^{-10}/0.25$
	$VO_3H_2^+ + C_5H_{10}$	21%	（3b）	
	其他	13%	（3c）	
$VO_4{}^+ + n-C_5H_{12}$	$VO_2C_5H_{12} + O_2$	87%	（4a）	$3.89 \times 10^{-10}/0.35$
	$VO_2C_3H_6 + C_2H_6 + O_2$	7%	（4b）	
	其他	6%	（4c）	

3.6.2.2 理论计算结果

为了解释实验观察，DFT 计算用来研究反应机制。考虑到体系的代表性和计算成本，计算了 VO_{1-3}^+ 与 $n-C_5H_{12}$ 除吸附通道之外的主要反应通道。计算出的 VO_{1-3}^+ 的最稳定结构与文献中报道的一致。VO_{1-3}^+ 与 $n-C_5H_{12}$ 的主要反应路径如图 3-6-3 和图 3-6-4 所示。对于 VO^+，具有单重态的异构体比其三重态的能量高 1.07 eV。图 3-6-3 所示为 $VO^+/n-C_5H_{12}$ 体系的脱氢通道势能面（PES）。在初始步骤中反应沿着三重态进行，并通过将 $n-C_5H_{12}$ 分子吸附到钒原子的空位配位点形成络合物 I1。在形成 ^{3}I1 之后，若反应仍按照三重态势能面进行，TS1 的能量将高出反应物能量 0.11 eV。所以，为了在热力学上可行，系统必须经历自旋交叉（ISC）以进入较低能量的单重态势能面。因此，在第一次自旋交叉之后形成 ^{1}TS1 过程中发生了第一个 H 转移，其从 C_5H_{12} 中的亚甲基单元转移到 V 原子，形成中间体 I2。在第一次氢转移之后，从 I2 开始发生第二次氢转移，形成中间体 I3。由于三重态 I3 的能量要低于单重态 I3 的能量，所以 TS2 到 I3 这一步发生了第二次的自旋交叉。最后中间体 I3 经过一个小的能垒脱掉 H_2 生成产物 $VOC_5H_{10}^+$（I1）。

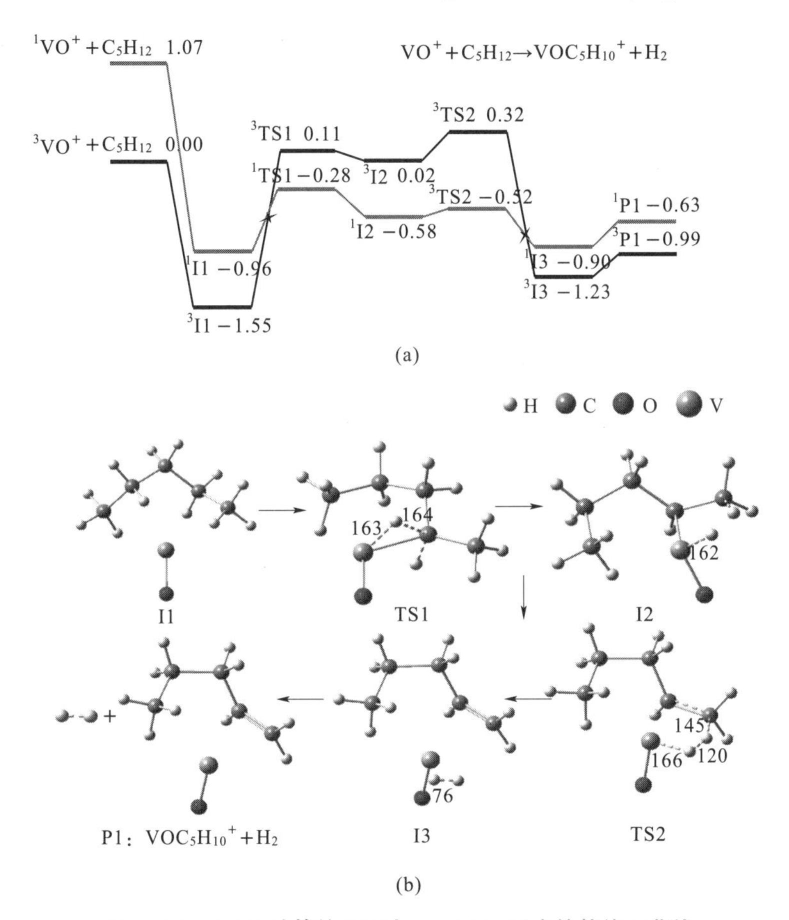

图 3-6-3　DFT 计算的 VO^+ 与 $n-C_5H_{12}$ 反应的势能面曲线

（部分键长在图中标出；反应物、产物、过渡态与中间体的能量（ΔH_{0K}（eV）均是经零点修正的能量）

在 VO_2^+ 与 $n-C_5H_{12}$ 的反应中，戊烷的 C-C 键活化生成 $VO_2C_2H_6^+$ 和 $VO_2C_3H_6^+$。最稳定的反应路径如图 3-6-4 所示。I4 中间体很稳定，具有 -2.18 eV的能量。通过 I4→TS4→I5 发生第一步氢转移，$n-C_5H_{12}$ 亚甲基上的一个 H 原子转移到 VO_2 的端氧上。经过过渡态 TS5，I5 中的 C-C 键发生断裂生成 I6。I6 不经历任何过渡态生成产物 $VO_2C_2H_6^+$(P2)。从中间体 I6，第二步氢转移发生，C_3H_6 单元的亚甲基上的一个 H 原子转

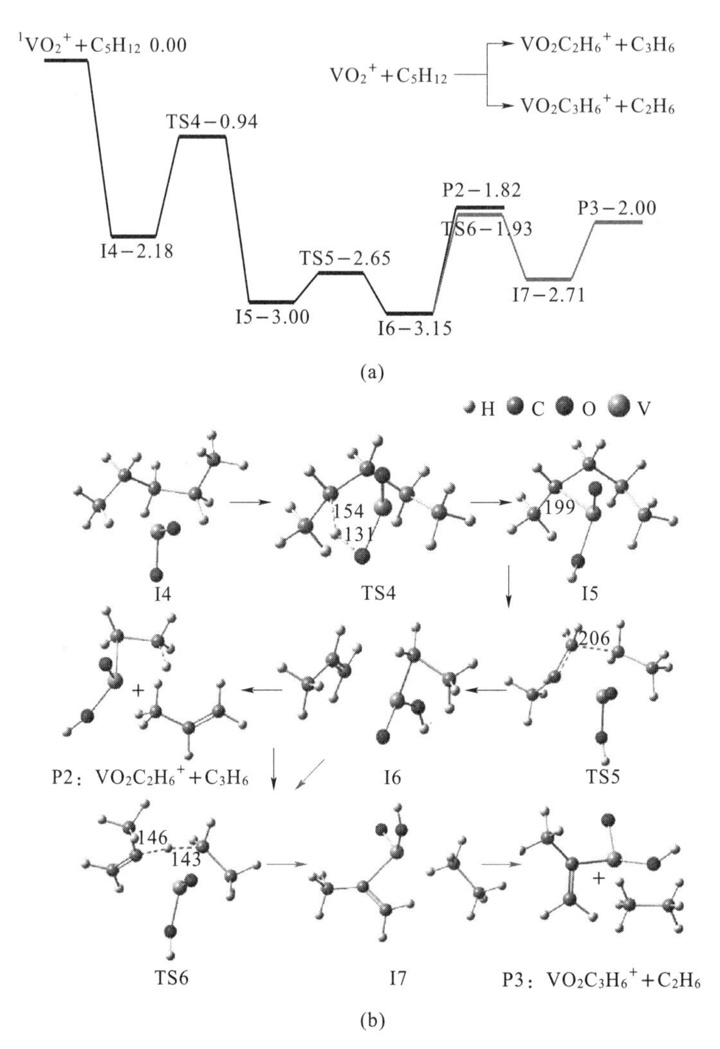

图 3-6-4 DFT 计算的 VO_2^+ 与 n-C_5H_{12} 反应的势能面曲线和势能面图

（部分键长在图中标出；反应物、产物、过渡态与中间体的能量（ΔH_{0K}（eV）均是经零点修正的能量）

移到 $VO_2C_2H_6^+$ 的 C 上通过 TS6 形成 I7，最后中间体 I7 经解离生成 $VO_2C_3H_6^+$(P3) 和 C_2H_6。对比 $VO_2^+/n-C_5H_{12}$ 体系中的两个产物 $VO_2C_2H_6^+$(P2) 和 $VO_2C_3H_6^+$(P3)，P3 的热力学更稳定，这与表 3-6-1 中给出的分支比一致。我们也计算了另两个主要产物 $VOC_5H_8^+$（PA）和脱氢通道的 $VO_2H_2^+$（PB）的反应路径。产物 $VOC_5H_8^+$ 通过将 1，3-戊二

烯分子吸附到 VO 的空位配位点而形成，其存在可以反映 VO_2^+的强氧化性。根据 DFT 计算的能量，生成产物 $VO_2C_2H_6^+$（P2）的反应路径(图 3-6-4)要比生成 $VOC_5H_8^+$（PA）在热力学和动力学上更有利。然而，产生 $VO_2C_2H_6^+$（P2）（图 3-6-4）和 $VOC_5H_8^+$（PA）的分支比彼此相似。由于烷烃的复杂性，可能存在一些其他可行的生成 P2 和 PA 的反应势能面，这可能导致实验结果与 B3LYP 计算结果略有差异。

VO_3^+ 与 n-C_5H_{12}的反应路径图如图 3-6-5 所示。VO_3^+ 吸附在戊烷旁边释放出 1.80 eV 的能量，此时 VO_3^+ 中的 O-O 键长 130 pm。首先，从 n-C_5H_{12}的一个 β-H 转移到 VO_3^+的 O_b 的第一个 H 转移过程通过 TS8 以 1.2 eV 的能垒发生，并且生成 $[VO_3H \cdot C_5H_{11}]^+$（I9）。然后，在第二次 HAT 过程中，$\eta^2$-$O_2$ 单元中 O-O 键完全断裂形成中间体 I10。尽管 O-O 键已经在 I9 中显著活化，但在 I9→TS9→I10 的步骤中，也很容易受到 TS9（-0.30 eV）能垒的阻碍。最后，C_5H_{10}从 I10 中离去的过程是无能垒的并产生 $VO_3H_2^+$。$VO_2C_2H_4^+$是另一种主产物，其在质谱图中峰度较弱。整个势能面的能量都在反应物能量之下。对于 VO_4^+，基态是三重态，并且结构由 VO_2^+ 和 η^2-O_2 部分组成。由于 VO_2^+ 和 η^2-O_2 部分之间的弱键（0.04 eV），在碰撞过程中可以容易地释放出 η^2-O_2 部分；因此，η^2-O_2 单元在 VO_4^+/n-C_5H_{12}体系中释放生成 VO_2^+，然后反映 VO_2^+ 的一些反应性。对比 $VO_{1\sim3}^+$与 n-C_5H_{12}反应的势能面，VO_2^+/n-C_5H_{12}体系在热力学和动力学上是最占优势的。DFT 计算结果与实验现象基本一致。

3.6.2.3　讨论

实验数据表明在 VO_2^+ 与 n-C_5H_{12}的反应中，C-C 和 C-H 键活化是主要反应通道，而在 VO^+/VO_3^+与 n-C_5H_{12}的反应中吸附通道是主要的反应通道。除了主要的吸附产物 $VOC_5H_{12}^+$和 $VO_3C_5H_{10}^+$，一小部分的 H_2 释放和双 H 转移通道发生伴随着 $VOC_5H_{10}^+$和 $VO_3H_2^+$ 的形成。尽管反应 1 和反应 2 的速率常数彼此非常相似，如表 3-6-4 所列，但是，VO_2^++n-C_5H_{12}的反应通道类型比 VO^++n-C_5H_{12}中的反应通道类型更丰富，如图 3-6-4所示。在所研究的单核氧化钒阳离子 $VO_{1\sim4}^+$中，VO_2^+ 显示出最强的氧化性。正如通过 DFT 计算所预测的（图 3-6-4 和图 3-6-5），从动力学和热力学来看，VO_2^++n-C_5H_{12}的反应比 VO^+/VO_3^+ 与 n-C_5H_{12}的反应更有利。VO^+和 $VO_3{}^+$的基态是开壳三重态，$VO_2{}^+$的基态是闭壳层单重态。此外，在 VO^+ 与 n-C_5H_{12}的反应中自旋交叉发生在^{3}I1→^{1}TS1和^{1}TS2→^{3}I3 中，这些过程可能会影响速率常数。在这里不详述自旋交叉的细节。作为另一种开壳层离子，VO_3^+ 比 VO_2^+ 多一个 O 原子。人们可能会认为 VO_3^+ 与 n-C_5H_{12}的反应与 VO_2^+ 相比更有活性。然而，在 VO_2^+/n-C_5H_{12}体系中 C-C 和 C-H 键活化是主要反应通道，而在 VO_3^+/n-C_5H_{12}体系中吸附通道和 C-H 键活化通道的比例超过 87%。与 VO_2^+ 相比，$VO_3{}^+$中的额外氧原子形成了 η^2-O_2 单元，并且 O-O 裂解是耗能步骤。因此，尽管 $VO_3{}^+$ (Δ=2) 阳离子比 $VO_2{}^+$ (Δ=0) 簇更富氧，但由于存在 O-O 键，前者通常氧化性要弱于后者。如图 3-6-3 和图 3-6-5 所示，第一个 HAT 步骤是 VO_{1-3}^+与 n-C_5H_{12}反应的决速步，而且它们的能垒相似。值得注意的是，这三个反应的第一个中间体，I1，I4 和 I8，$VO_2C_5H_{12}{}^+$ (I4) 的形成（图 3-6-4 中的 I4）更稳定（-2.18 eV、-1.55 eV和-1.80 eV），有足够的内部能量用于反应继续进行。进一步的理论研究探索了这些第一中间体（图 3-6-4 中的 I1、I4 和 I8）的电荷情况。这三个中间体都是通过将 n-C_5H_{12}分子吸附到钒原子的空位配位点形成的。在 VO^+和 VO_2^+中，除氧原子外，V 原子是与烷烃反应的另一个活性位点，在反应过程中形成 V-C 键；而 VO_3^+ 介导的 n-C_5H_{12}氧化反应中没有 V-C 键。第一中间体 I1，I4 和 I8 的吉布斯自由能值为：-1.55 eV(I1)>-1.80 eV (I8) >-2.18 eV (I4)。研究发现该序列与活性位点（V）的电荷值的递减顺序一致：1.21 e (I1) > 1.20 e (I8) > 1.08 e (I4)，这表明钒氧化物阳离子对烷烃的吸附是亲核吸附。此外，VO^+中的不成对自旋密度位于 V 的 3d 轨道上，V 原子处于+3 价态，而 VO_2^+(Δ=0) 和 VO_3^+ (Δ=2) 中的 V 原子分别为+5 和+4 氧化态。虽然氧化态从 VO^+增加到 VO_3^+ 和 VO_2^+，但反应性不会逐渐增加。而且，单核氧化钒阳离子的反应性也没有随着氧含量的增加表现出逐渐增加的趋势。基于实验结果，随着碳链长度的增加吸附通道逐渐变弱；同时，脱氢和 C-C 键活化通道逐渐变得明显，一些氧转移产物出现。由于具有更多碳原子的直链烷烃的蒸气压太低而不能引入 LIT，因此未研究与 n-C_mH_{2m+2} (m> 7) 的进一步反应。如图 3-6-2中的分支比所示，可以得出

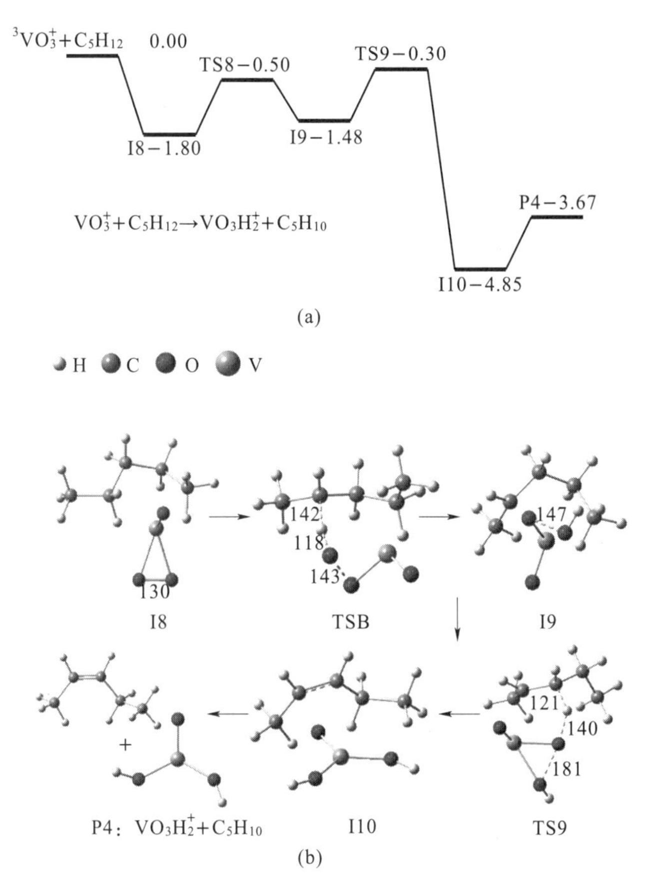

图 3-6-5　DFT 计算的 $VO_3{}^+$ 与 n-C_5H_{12} 反应的势能面曲线和势能面图

（部分键长在图中标出；反应物、产物、过渡态与中间体的能量（ΔH_{0K}（eV））均是经零点修正的能量

（a）$VO_3{}^+$ 与 n-C_5H_{12} 反应的势能面曲线；（b）$VO_3{}^+$ 与 n-C_5H_{12} 反应的势能面

以下可能的反应趋势：随着碳链长度的增加，①对于 VO^+/烷烃体系，吸附通道将逐渐变得不那么显著，脱氢通道与 VO^+/n-C_7H_{16} 体系相比可能会占有更多分支比；②n-C_mH_{2m+2}（$m > 7$）的 C−C 和 C−H 键活化伴随烯烃和轻质烷烃的形成仍可能是 VO_2^+ 与烷烃反应的主要途径；一些其他氧转移产物 $C_mH_{2m+2}O$（$m > 7$）可能出现；③在 VO_3^+ 与烷烃的反应中，吸附通道将逐渐减少，n-C_mH_{2m+2} 的 C−H 键活化伴随着 n-C_mH_{2m} 和产物 $C_mH_{2m+2}O$ 的释放将逐渐变得明显；④在 $VO_4{}^+$ 与烷烃的反应中，吸附通道将呈现缓慢下降趋势；随着烷烃尺寸的增加，n-C_mH_{2m+2}（$m > 7$）的

C-C 和 C-H 键活化将逐渐成为主要的反应通道。总之，具有更多碳原子的直链烷烃可能对 $VO_{1-4}{}^{+}$ 阳离子更具反应性，并且将获得更多的片段。钒氧化物催化剂在烷烃氧化反应中起到了重要作用。本节研究的各种反应通道和单核钒氧化物阳离子的通用反应性可以为钒氧化物催化剂与直链烷烃的反应机理提供见解。

3.6.3 本节小结

本节通过实验系统地研究了钒氧化物阳离子 VO_{1-4}^{+} 与烷烃（n-C_mH_{2m+2}，m=3,5,7）的反应，并且在理论上进一步研究了 VO_{1-3}^{+} 与 n-C_5H_{12} 的反应。在 VO_2^{+}/n-C_5H_{12} 体系中实验观察到 n-C_5H_{12} 的 C-H 和C-C 键活化为主要反应通道且具有较大的分支比。在 VO^{+}，VO_3^{+} 和 VO_4^{+} 与 n-C_5H_{12} 的反应中，吸附通道为主要反应通道，部分 n-C_5H_{12} 发生 C-H 键和 C-C 键活化。在所研究的单核氧化钒阳离子中，VO_2^{+} 表现出最强的氧化性，并且 VO^{+} 比 VO_3^{+} 更具反应性。理论结果与实验现象基本一致。$VO_4{}^{+}$ 拥有一个 η^2-O_2 单位，由于 VO_2^{+} 和 η^2-O_2 单位之间的弱相互作用，导致 η^2-O_2 单元在 VO_4^{+}/烷烃体系反应中释放，形成 VO_2^{+} 并表现出一些 VO_2^{+} 的特性。虽然，钒氧化物中的氧化态从 VO^{+} 中的+Ⅲ增加到 VO_2^{+} 中的+Ⅴ和 VO_3^{+} 中的+Ⅳ，但反应活性不会逐渐增加。随着碳链长度的增加，基于当前的反应性趋势，我们预测更轻的烷烃/烯烃片段将被获得。我们的研究不仅扩展了对气相反应的新见解，而且还为凝聚相负载催化剂表面的催化过程提供了新的视角。

参考文献

[1] Usher C R,Michel A E,Grassian V H.Reactions on Mineral Dust [J]. Chemical Reviews,2003,103(12): 4883-4939.

[2] Zhu T,Shang J,Zhao D F.The Roles of Heterogeneous Chemical Processes in the Formation of an Air Pollution Complex and Gray Haze [J].Science China-Chemistry,2011,54(1): 145-153.

[3] Shen X,Zhao Y,Chen Z,et al.Heterogeneous Reactions of Volatile Organic Compounds in the Atmosphere [J].Atmospheric Environment,2013,68(68):

297-314.

[4] Kameda T,Azumi E,Fukushima A,et al.Mineral Dust Aerosols Promote the Formation of Toxic Nitropolycyclic Aromatic Compounds [J]. Scientific Reports,2016,6: 24427.

[5] Che M,Tench A J.Characterization and Reactivity of Mononuclear Oxygen Species on Oxide Surfaces [J].Advances in Catalysis,1982,31: 77-133.

[6] Can L,Domen K,Maruya K,et al.Dioxygen Adsorption on Well-Outgassed and Partially Reduced Cerium Oxide Studied by Ft-Ir [J].Journal of the American Chemical Society,1989,111(20): 7683-7687.

[7] Panov G I,Dubkov K A,Starokon E V.Active Oxygen in Selective Oxidation Catalysis [J].Catalysis Today,2006,117(1-3): 148-155.

[8] Assaf N W,Altarawneh M,Oluwoye I,et al.Formation of Environmentally-Persistent Free Radicals(Epfr) on $\alpha-Al_2O_3$ [J].Environmental Science & Technology,2016,50(20): 11094-11102.

[9] Valavanidis A,Fiotakis K,Bakeas E,et al.Electron Paramagnetic Resonance Study of the Generation of Reactive Oxygen Species Catalysed by Transition Metals and Quinoid Redox Cycling by Inhalable Ambient Particulate Matter [J].Redox Report,2005,10(1): 37-51.

[10] Duan J,Tan J.Atmospheric Heavy Metals and Arsenic in China: Situation, Sources and Control Policies [J]. Atmospheric Environment, 2013, 74 (2): 93-101.

[11] Moreno T,Querol X,Alastuey A S,et al.Identification of Fcc Refinery Atmospheric Pollution Events Using Lanthanoid-And Vanadium-Bearing Aerosols [J].Atmospheric Environment,2008,42(34): 7851-7861.

[12] Ertl G,Knözinger H,Weitkamp J.Handbook of Heterogeneous Catalysis [M].New York: Wiley-Vch,1997.

[13] Fierro J.L.G.Metal Oxides: Chemistry and Applications [M].London: Taylor & Francis Group,2006.

[14] Calvert J G,Atkinson R,Becker K H,et al.The Mechanisms of Atmospheric Oxidation of Aromatic Hydrocarbons [M].New York: Oxford University Press,2002.

[15] Ng N L,Kroll J H,Chan A W H,et al.Secondary Organic Aerosol Formation

From M-Xylene,Toluene,and Benzene [J].Atmospheric Chemistry & Physics, 2007,7(14): 3909-3922.

[16] Lay T H,Bozzelli J W,Seinfeld J H.Atmospheric Photochemical Oxidation of Benzene: Benzene+OH and the Benzene-OH Adduct(Hydroxyl-2,4-Cyclohexadienyl) + O_2 [J]. Journal of Physical Chemistry, 1996, 100 (16): 6543-6554.

[17] Atkinson R,Arey J.Atmospheric Degradation of Volatile Organic Compounds [J].Chemical Reviews,2003,103(12): 4605-4638.

[18] Berndt T,Boge O.Formation of Phenol and Carbonyls From the Atmospheric Reaction of OH Radicals with Benzene [J]. Physical Chemistry Chemical Physics,2006,8(10): 1205-1214.

[19] Noda J, Volkamer R, Molina M J. Dealkylation of Alkylbenzenes: A Significant Pathway in the Toluene,O-,M-,P-Xylene+OH Reaction [J]. Journal of Physical Chemistry A,2009,113(35): 9658-9666.

[20] Vereecken L,Francisco J S.Theoretical Studies of Atmospheric Reaction Mechanisms in the Troposphere [J]. Chemical Society Reviews, 2012, 41 (19): 6259-6293.

[21] Hollman D S,Simmonett A C,Schaefer H F.The Benzene Plus Oh Potential Energy Surface: Intermediates and Transition States [J].Physical Chemistry Chemical Physics,2011,13(6): 2214-2221.

[22] Ryzhkov A,Ariya P,Raofie F,et al.Chapter 13-Theoretical and Experimental Studies of the Gas-Phase Cl-Atom Initiated Reactions of Benzene and Toluene [J].Advances in Quantum Chemistry.,2008,55(7): 275-295.

[23] Chemyavsky V S,Pirutko L V,Uriarte A K,et al.On the Involvement of Radical Oxygen Species O-In Catalytic Oxidation of Benzene to Phenol by Nitrous Oxide [J].Journal of Catalysis,2007,245(2): 466-469.

[24] Beyer M K,Berg C B,Bondybey V E.Gas-Phase Reactions of Rhenium-Oxo Species Reo_n^+,n=0,2-6,8,with O_2,N_2O,CO,H_2O,H_2,CH_4 and C_2H_4 [J]. Physical Chemistry Chemical Physics,2001,3(10): 1840-1847.

[25] Justes D R,Castleman Jr A W,Mitric R,et al.$V_2O_5^+$Reaction with C_2H_4: Theoretical Considerations of Experimental Findings [J].European Physical Journal D,2003,24(1-3): 331-334.

[26] Roithová J,Schröder D.Selective Activation of Alkanes by Gas-Phase Metal Ions [J].Chemical Reviews,2010,110(2): 1170-1211.

[27] Zhao Y X,Wu X N,Ma J B,et al.Characterization and Reactivity of Oxygen-Centred Radicals over Transition Metal Oxide Clusters [J].Physical Chemistry Chemical Physics,2011,13(6): 1925-1938.

[28] Yin S,Bernstein E R.Cheminform Abstract: Gas Phase Chemistry of Neutral Metal Clusters: Distribution,Reactivity and Catalysis [J].International Journal of Mass Spectrometry,2012,321-322(44): 49-65.

[29] Sakuma K,Miyajima K,Mafune F.Oxidation of Co by Nickel Oxide Clusters Revealed by Post Heating [J].Journal of Physical Chemistry A, 2013,117(16): 3260-3265.

[30] Harris B L,Waters T,Khairallah G N,et al.Gas-Phase Reactions of $[Vo_2(OH)_2]^-$ and $[V_2O_5(OH)]^-$ with Methanol: Experiment and Theory [J]. Journal of Physical Chemistry A,2013,117(6): 1124-1135.

[31] Liu Q Y,He S G.Oxidation of Carbon Monoxide on Atomic Clusters [J]. Chemical Journal of Chinese Universities,2014,35(4): 665-688.

[32] Schwarz H,Gonzá Lez-Navarrete P,Li J L,et al.Unexpected Mechanistic Variants in the Thermal Gas-Phase Activation of Methane [J].Organometallics,2016,36(1): 8-17.

[33] Schwarz H.Metal-Mediated Activation of Carbon Dioxide in the Gas Phase: Mechanistic Insight Derived from a Combined Experimental/ Computational Approach [J].Coordination Chemistry Reviews,2016,334(1): 112-123.

[34] Schwarz H.Ménage-à-Trois: Single-Atom Catalysis,Mass Spectrometry, and Computational Chemistry [J].Catalysis Science & Technology,2017,7 (19): 4302-4314.

[35] Schwarz H,Shaik S,Li J.Electronic Effects on Room-Temperature,Gas-Phase C-H Bond Activations by Cluster Oxides and Metal Carbides: the Methane Challenge [J].The Journal of American Chemical Society,2017,139 (48): 17201-17212.

[36] Huang Y,Freiser B S.Gas-Phase Chemistry Between Fe^+-Benzyne and Alkenes [J]. Journal of the American Chemical Society, 1990, 112 (5):

1682-1685.

[37] Xing X P,Liu H T,Tang Z.Generation of [M_m -Phenyl]-(M = Mn ~ Cu) Complexes in the Gas Phase: Metal Cluster Anions Inducement of a Selective Benzene C-H Cleavage [J].Physchemcomm,2003,6(8): 32-35.

[38] Berg C,Beyer M,Achatz U,et al.Effect of Charge Upon Metal Cluster Chemistry: Reactions of Nb_n and Rh_n Anions and Cations with Benzene [J].Journal of Chemical Physics,1998,108(13): 5398-5403.

[39] Roszak S, Majumdara D, Balasubramaniana K. Theoretical Studies of Structures and Energetics of Benzene Complexes with Nb^+ And Nb_2^+ Cations [J].Journal of Physical Chemistry A,1999,103(29): 5801-5806.

[40] Xing X P,Tian Z,Liu H T,et al.A Comparative Study of Cation and Anion Cluster Reaction Products: the Reaction Mechanisms of Lead Clusters with Benzene in Gas Phase [J].Journal of Physical Chemistry A,2003,107(41): 8484-8491.

[41] Liu H T,Sun S T,Xing X P,et al.Reactions of Platinum Cluster Ions with Benzene [J].Rapid Communications in Mass Spectrometry,2006,20(12): 1899-1904.

[42] Tombers M,Barzen L,Niednerschatteburg G.Inverse H/D Isotope Effects in Benzene Activation by Cationic and Anionic Cobalt Clusters [J].Journal of Physical Chemistry A,2013,117(6): 1197-1203.

[43] Ho Y P,Dunbar R C.Reactions of Au^+ and Au^- with Benzene and Fluori ne-Substituted Benzenes [J].International Journal of Mass Spectrometry,1999, 182-183(98): 175-184.

[44] Dunbar R C,Uechi G T,Asamoto B.Radiative Association Reactions of Silicon and Transition-Metal Cations with the Pah Compounds Benzene, Naphthalene,and Anthracene [J].Journal of the American Chemical Society, 1994,116(6): 2466-2470.

[45] Bell R C,Zemski K A,Kerns K P,et al.Reactivities and Collision-Induced Dissociation of Vanadium Oxide Cluster Cations [J].Journal of Physical Chemistry A,1998,102(10): 1733-1742.

[46] Fielicke A,Rademann K.Stability and Reactivity Patterns of Medium-Sized Vanadium Oxide Cluster Cations $V_xO_y^+$ ($4 \leqslant x \leqslant 14$) [J].Physical

Chemistry Chemical Physics,2002,4(12): 2621–2628.

[47] Engeser M,Schlangen M,Schroder D,et al.Alkane Oxidation by VO_2^+ in the Gas Phase: A Unique Dependence of Reactivity on the Chain Length [J]. Organometallics,2003,22(19): 3933–3943.

[48] Feyel S,Schroeder D,Rozanska X,et al.Gas–Phase Oxidation of Propane and 1 – Butene with $V_3O_7^+$: Experiment and Theory in Concert [J]. Angewandte Chemie–International Edition,2006,45(28): 4677–4681.

[49] Feyel S,Dobler J,Schröder D,et al.Thermal Activation of Methane by Tetranuclear $[V_4O_{10}]^+$ [J].Angewandte Chemie–International Edition,2006, 45(28): 4681–4685.

[50] Waters T,Wedd A G,O'Hair R A J.Gas–Phase Reactivity of Metavanadate $[VO_3]^-$ Towards Methanol and Ethanol: Experiment and Theory [J].Chemistry–A European Journal,2007,13(31): 8818–8829.

[51] He S G,Xie Y,Dong F,et al.Reactions of Sulfur Dioxide with Neutral Vanadium Oxide Clusters in the Gas Phase. Ⅱ. Experimental Study Employing Single–Photon Ionization [J].Journal of Physical Chemistry A, 2008,112(44): 11067–11077.

[52] Li H B,Tian S X,Yang J L.Propene Oxidation with the Anionic Cluster $V_4O_{11}^-$: Selective Epoxidation [J].Chemistry–A European Journal,2009,15 (41): 10747–10751.

[53] Janssens E,Lang S M,Brummer M,et al.Kinetic Study of the Reaction of Vanadium and Vanadium–Titanium Oxide Cluster Anions with SO_2 [J]. Physical Chemistry Chemical Physics,2012,14(41): 14344–14353.

[54] Yuan Z,Li Z Y,Zhou Z X,et al.Thermal Reactions of $(V_2O_5)_nO^-$ $(n=1\sim3)$ Cluster Anions with Ethylene and Propylene: Oxygen Atom Transfer Versus Molecular Association [J].Journal of Physical Chemistry C,2014,118(27): 14967–14976.

[55] Wu X N,Ding X L,Li Z Y,et al.Hydrogen Atom Abstraction From CH_4 by Nanosized Vanadium Oxide Cluster Cations [J]. Journal of Physical Chemistry C,2014,118(41): 24062–24071.

[56] Zhang M Q,Zhao Y X,Liu Q Y,et al.Does Each Atom Count in the Reactivity of Vanadia Nanoclusters? [J].Journal of the American Chemical Society,2017,

139(1): 342-347.

[57] Yuan Z,Zhao Y X,Li X N,et al.Reactions of $V_4O_{10}^+$ Cluster Ions with Simple Inorganic and Organic Molecules [J].International Journal of Mass Spectrometry,2013,354-355: 105-112.

[58] Wu X N,Xu B,Meng J H,et al.C-H Bond Activation by Nanosized Scandium Oxide Clusters in Gas-Phase [J].International Journal of Mass Spectrometry,2012,310: 57-64.

[59] Frisch M J,Trucks G W,Schlegel H B,et al.Gaussian 09 Revision A.1, Gaussian Inc.Wallingford Ct,2009.

[60] Lee C T,Yang W T,Parr R G.Development of the Colle-Salvetti Correlation-Energy Formula Into a Functional of the Electron-Density [J]. Physical Review B,1988,37(2): 785-789.

[61] Becke A D.Density-Functional Thermochemistry.Ⅲ.The Role of Exact Exchange [J].Journal of Chemical Physics,1993,98(7): 5648-5652.

[62] Krishnan R,Binkley J S,Seeger R,et al.Self-Consistent Molecular-Orbital Methods.20. Basis Set for Correlated Wave-Functions [J]. Journal of Chemical Physics,1980,72(1): 650-654.

[63] Xue W,Wang Z C,He S G,et al.Experimental and Theoretical Study of the Reactions Between Small Neutral Iron Oxide Clusters and Carbon Monoxide [J]. Journal of the American Chemical Society, 2008, 130 (47): 15879-15888.

[64] Xie Y,Dong F,Heinbuch S,et al.Investigation of the Reactions of Small Neutral Iron Oxide Clusters with Methanol [J]. Journal of Chemical Physics,2009,130(11): 114306.

[65] Nakazawa T,Kaji Y.A Density Functional Theory Investigation of the Reactions of Fe and FeO_2 with O_2 [J].Computational Materials Science, 2016,117: 455-467.

[66] Grimme S,Antony J,Ehrlich S,et al.A Consistent and Accurate Ab Initio Parametrization of Density Functional Dispersion Correction(DFT-D) for the 94 Elements H-Pu [J]. Journal of Chemical Physics, 2010, 132 (15): 154104.

[67] Justes D R,Mitrić R,Moore N A,et al.Theoretical and Experimental

Consideration of the Reactions Between $V_xO_y^+$and Ethylene [J].Journal of the American Chemical Society,2003,125(20): 6289–6299.

[68] Ma Y P,Zhao Y X,Li Z Y,et al.Classification of $V_xO_y^q$ Clusters by $\Delta=2y+q-5x$ [J].Chinese Journal of Chemical,2011,24(5): 586–596.

[69] Johnson G E, Mitrić R, Nossler M, et al. Influence of Charge State on Catalytic Oxidation Reactions at Metal Oxide Clusters Containing Radical Oxygen Centers [J]. Journal of the American Chemical Society, 2009, 131 (15): 5460–5470.

[70] Wang Z C, Yin S, Bernstein E R. Generation and Reactivity of Putative Support Systems,Ce–Al Neutral Binary Oxide Nanoclusters: Co Oxidation and C–H Bond Activation [J]. The Journal of Chemical Physics, 2013, 139 (19): 194313.

[71] Zhao Y X,Liu Q Y,Zhang M Q,et al.Reactions of Metal Cluster Anions with Inorganic and Organic Molecules in the Gas Phase [J]. Dalton Transactions,2016,45(28): 11471–11495.

[72] Zhu Y, Dong Y, Zhao L, et al. Preparation and Characterization of Mesopoous VO_x/SBA–16 and Their Application for the Direct Catalytic Hydroxylation of Benzene to Phenol [J].Journal of Molecular Catalysis A Chemical,2010,315(2): 205–212.

[73] Luo G,Lv X C,Wang X,et al.Direct Hydroxylation of Benzene to Phenol with Molecular Oxygen over Vanadium Oxide Nanosphere and Mechanism Research [J].Rsc Advances,2015,5(114): 94164–94170.

[74] Allen S E,Walvoord R R,Padilla–Salinas R,et al.Aerobic Copper–Catalyzed Organic Reactions [J].Chemical Reviews,2013,113(8): 6234–6458.

[75] Beletskaya I P,Cheprakov A V.Copper in Cross–Coupling Reactions : the Post–Ullmann Chemistry [J]. Coordination Chemistry Reviews, 2004, 248 (21): 2337–2364.

[76] Tsybizova A, Roithová J. Copper–Catalyzed Reactions: Research in the Gas Phase [J].Mass Spectrometry Reviews,2015,35(1): 85–110.

[77] Ali M E,Rahman M M,Sarkar S M,et al.Heterogeneous Metal Catalysts for Oxidation Reactions [J]. Journal of Nanomaterials, 2014, 2014 (1): 209–233.

[78] Ren Y,Wang M,Chen X,et al.Heterogeneous Catalysis of Polyoxometalate Based Organic-Inorganic Hybrids [J].Materials,2015,8(4): 1545-1567.

[79] Solomon E I,Heppner D E,Johnston E M,et al.Copper Active Sites in Biology [J].Chemical Reviews,2014,114(7): 3659-3853.

[80] Solomon E I,Sarangi R,Woertink J S,et al.O_2 and N_2O Activation by Bi-, Tri-,and Tetranuclear Cu Clusters in Biology [J].Cheminform,2007,38(41): 581-591.

[81] Vlugt J I V D,Meyer F.Homogeneous Copper-Catalyzed Oxidations[M]. Berlin: Springer Berlin Heidelberg,2007.

[82] Ryland B L,Stahl S S.Practical Aerobic Oxidations of Alcohols and Amines with Homogeneous Copper/Tempo and Related Catalyst Systems [J]. Angewandte Chemie International Edition,2015,53(34): 8824-8838.

[83] Schröder D,Holthausen M C,Schwarz H.Radical-Like Activation of Alkanes by the Ligated Copper Oxide Cation(Phenanthroline)CuO^+ [J]. Journal of Physical Chemistry B,2004,108(38): 14407-14416.

[84] And Y S,Yoshizawa K.Methane-to-Methanol Conversion by First-Row Transition-Metal Oxide Ions: ScO^+, TiO^+, VO^+, Cro^+, MnO^+, FeO^+, CoO^+, NiO^+,and CuO^+ [J].Journal of the American Chemical Society,2000,122(49): 12317-12326.

[85] Martinez-Arias A,Fernandez-Garcia M,Galvez O,et al.Comparative Study on Redox Properties and Catalytic Behavior for CO Oxidation of CuO/CeO_2 and $CuO/ZrCeO_4$ Catalysts [J].Journal of Catalysis,2000,195(1): 207-216.

[86] Berg C,Beyer M,Achatz U,et al.Effect of Charge Upon Metal Cluster Chemistry: Reactions of Nb_n^- and Rh_n^- Anions and Cations with Benzene [J]. Journal of Chemical Physics,1998,108(13): 5398-5403.

[87] Mourgues P,Ferhati A,M M,et al.Activation of Hydrocarbons by W^+ in the Gas Phase [J].Organometallics,1997,16(2): 210-224.

[88] Ryan M F,Stoeckigt D,Schwarz H.Oxidation of Benzene Mediated by First-Row Transition-Metal Oxide Cations: the Reactivity of ScO^+ Through NiO^+ in Comparison [J].Journal of the American Chemical Society,1994,116(21): 9565-9570.

[89] Ryan M F,Fiedler A,Schroder D,et al.Stoichiometric Gas-Phase Oxidation Reactions of CoO^+ With Molecular-Hydrogen,Methane,and Small Alkanes [J].Organometallics,1994,13(10): 4072-4081.

[90] Shiota Y,Yoshizawa K.Methane-to-Methanol Conversion by First-Row Transition-Metal Oxide Ions: ScO^+, Tio^+, VO^+, CrO^+, MnO^+, FeO^+, CoO^+, NiO^+,and CuO^+ [J].Journal of the American Chemical Society,2000,122 (49): 12317-12326.

[91] Rezabal E,RuipERez F,Ugalde J M.Quantum Chemical Study of the Catalytic Activation of Methane by Copper Oxide and Copper Hydroxide Cations [J].Physical Chemistry Chemical Physics,2013,15(4): 1148-1153.

[92] Dietl N,Höckendorf R F,Schlangen M,et al.Generation,Reactivity Towards Hydrocarbons, and Electronic Structure of Heteronuclear Vanadium Phosphorous Oxygen Cluster Ions [J]. Angew. chem. Iut. Ed. 2011, 50 (6): 1430-1434.

[93] Feyel S,Döbler J,Höckendorf R,et al.Activation of Methane by Oligomeric $(Al_2O_3)_x^+(x=3,4,5)$: the Role of Oxygen-Centered Radicals in Thermal Hydrogen-Atom Abstraction [J]. Angew. chem. Iut. Ed., 2008, 47 (10): 1946-1950.

[94] Li Z Y,Zhao Y X,Wu X N,et al.Methane Activation by Yttrium-Doped Vanadium Oxide Cluster Cations: Local Charge Effects [J].Chemistry-A European Journal,2011,17(42): 11728-11733.

[95] Raghavachari K,Trucks G W,Pople J A,et al.A 5th-Order Perturbation Comparison of Electron Correlation Theories [J].Chemical Physics Letters, 1989,157(6): 479-483.

[96] Watts J D,Gauss J,Bartlett R J.Coupled-Cluster Methods with Noniterative Triple Excitations for Restricted Open-Shell Hartree-Fock and Other General Single Determinant Reference Functions-Energies and Analytical Gradients [J].The Journal of Chemical Physics,1993,98(11): 8718-8733.

[97] Gioumousis G,Stevenson D P.Reactions of Gaseous Molecule Ions with Gaseous Molecules.V.Theory [J].The Journal of Chemical Physics,1958,29 (2): 294-299.

[98] Ho Y P,Dunbar R C.Reactions of Au^+ and Au^- With Benzene and Fluori

ne-Substituted Benzenes [J]. International Journal of Mass Spectrometry, 1999,182-183: 175-184.

[99] Dong F, Heinbuch S, Xie Y, et al. C = C Bond Cleavage on Neutral $VO_3(V_2O_5)_n$ Clusters [J].Journal of the American Chemical Society,2009, 131(3): 1057-1066.

[100] Schröder D,Florencio H,Zummack W,et al.Highly Selective Benzylic C-H Bond Activation of Toluene 1 by FeO^+ in the Gas Phase. Short Communication [J].Cheminform,1992,75(6): 1792-1797.

[101] Schröder D,Schwarz H.C-H and C-C Bond Activation by Bare Transition-Metal Oxide Cations in the Gas - Phase [J]. Angewandte Chemie - International Edition in English,1995,34(18): 1973-1995.

[102] Zhao Y X,Yuan J Y,Ding X L,et al.Electronic Structure and Reactivity of a Biradical Cluster: $Sc_3O_6^-$ [J]. Physical Chemistry Chemical Physics, 2011,13(21): 10084-10090.

[103] Wu X N,Ding X L,Bai S M,et al.Experimental and Theoretical Study of the Reactions Between Cerium Oxide Cluster Anions and Carbon Monoxide: Size-Dependent Reactivity of $Ce_nO_{2n+1}^-$ $(n = 1 \sim 21)$ [J]. The Journal of Physics Chemical C,2011,115(27): 13329-13337.

[104] Wu X N,Tang S Y,Zhao H T,et al.Thermal Ethane Activation by Bare $[V_2O_5]^+$ and $[Nb_2O_5]^+$ Cluster Cations: on the Origin of Their Different Reactivities [J].Chemistry-A European Journal,2014,20(22): 6672-6677.

[105] Dietl N,Linde C V D,Schlangen M,et al.Diatomic $[Cuo]^+$ and Its Role in the Spin - Selective Hydrogen - and Oxygen - Atom Transfers in the Thermal Activation of Methane [J]. Angewandte Chemie - International Edition,2011,50(21): 4966-4969.

[106] Kameda T,Azumi E,Fukushima A,et al.Mineral Dust Aerosols Promote the Formation of Toxic Nitropolycyclic Aromatic Compounds [J]. Scientific Reports,2016,6: 24427.

[107] Jimenez J L,Canagaratna M R,Donahue N M,et al.Evolution of Organic Aerosols in the Atmosphere [J].Science,2009,326(5959): 1525-1529.

[108] BorráS E,Tortajada-Genaro L A.Secondary Organic Aerosol Formation From the Photo - Oxidation of Benzene [J]. Atmospheric Environment,

2012,47(1): 154-163.

[109] Wang G,Zhang R,Gomez M E,et al.Persistent Sulfate Formation From London Fog to Chinese Haze [J].Proceedings of the National Academy of sciences.The United States of America,2016,48(113): 13630-13635.

[110] Kalberer M,Paulsen D,Sax M,et al.Identification of Polymers as Major Components of Atmospheric Organic Aerosols [J]. Science, 2004, 303 (5664): 1659-1662.

[111] Zheng B,Zhang Q,Zhang Y,et al.Heterogeneous Chemistry: A Mechanism Missing in Current Models to Explain Secondary Inorganic Aerosol Formation During the January 2013 Haze Episode in North China [J]. Atmospheric Chemistry & Physics,2015,14(15): 2031-2049.

[112] Tian H Z,Zhu C Y,Gao J J,et al.Quantitative Assessment of Atmospheric Emissions of Toxic Heavy Metals From Anthropogenic Sources in China: Historical Trend,Spatial Variation Distribution,Uncertainties and Control Policies [J].Atmospheric Chemistry & Physics,2015,15(8): 12107-12166.

[113] Tong H J,Lakey P S J,Arangio A M,et al.Reactive Oxygen Species Formed in Aqueous Mixtures of Secondary Organic Aerosols and Mineral Dust Influencing Cloud Chemistry and Public Health in the Anthropocene [J].Faraday Discussions,2017,200: 251-270.

[114] Lang S M,Bernhardt T M.Gas Phase Metal Cluster Model Systems for Heterogeneous Catalysis [J].Physical Chemistry Chemical Physics,2012, 14(26): 9255-9269.

[115] O'hair R A J,Khairallah G N.Gas Phase Ion Chemistry of Transition Metal Clusters: Production,Reactivity,and Catalysis [J].Journal of Cluster Science,2004,15(3): 331-363.

[116] Castleman Jr.A W.Cluster Structure and Reactions: Gaining Insights Into Catalytic Processes [J].Catalysis Letters,2011,141(9): 1243-1253.

[117] Yin S,Xie Y,Bernstein E R.Experimental and Theoretical Studies of Ammonia Generation: Reactions of H_2 with Neutral Cobalt Nitride Clusters [J].Journal of Chemical Physics,2012,137(12): 124304.

[118] Dietl N,Schlangen M,Schwarz H.Thermal Hydrogen-Atom Transfer From Methane-The Role of Radicals and Spin States in OxO-Cluster

Chemistry [J].Angewandte Chemie-International Edition,2012,51(23): 5544-5555.

[119] Caraiman D,Gregory K.JKoyanagi A,et al.Gas-Phase Reactions of Transition-Metal Ions with Hexafluorobenzene: Room-Temperature Kinetics and Periodicities in Reactivity [J].Journal of Physical Chemistry A,2004, 108(6): 978-986.

[120] Cheng P,Shayesteh A,Bohme D K.Gas-Phase Reactions of Sulfur Hexafluoride with Transition Metal and Main Group Atomic Cations: Room-Temperature Kinetics and Periodicities in Reactivity [J].Cheminform,2010,40(17): 241-246.

[121] Trevor D J,Whetten R L,Cox D M,et al.Gas-Phase Platinum Cluster Reactions with Benzene and Several Hexanes-Evidece of Extensive Dehydrogenation and Size-Dependent Chemisorption [J].Journal of the American Chemical Society,1985,107(2): 518-519.

[122] Koyanagi G K,Bohme D K.Kinetics and Thermodynamics for the Bonding of Benzene to 20 Main-Group Atomic Cations: Formation of Half-Sandwiches,Full-Sandwiches and Beyond [J].International Journal of Mass Spectrometry,2003,227(3): 563-575.

[123] Xing X P,Tian Z X,Liu H T,et al.Reactions Between M^+(M=Si,Ge,Sn and Pb) and Benzene in the Gas Phase [J].Rapid Communications in Mass Spectrometry,2003,17(15): 1743-1748.

[124] Hanmura T,Ichihashi M,Kondow T.Dehydrogenation of Simple Hydrocarbons on Platinum Cluster Ions [J].Journal of Physical Chemistry A,2002,106(47): 11465-11469.

[125] Kurikawa T,Takeda H,Hirano M,et al.Electronic Properties of Organometallic Metal-Benzene Complexes [M_n(Benzene)$_M$(M=Sc~Cu)][J].Organometallics,2012,18(8): 1430-1438.

[126] Caraiman D,Bohme D K.Periodic Trends in Reactions of Benzene Clusters of Transition Metal Cations, $M(C_6H_6)^+_{(1,2)}$, with Molecular Oxygen [J]. Journal of Physical Chemistry A,2002,106(42): 9705-9717.

[127] Zakin M R,Cox D M,Brickman R O,et al.Benzene Carbon-Deuterium Bond Activation by Free Vanadium Cluster Cations [J].Journal of Physical

Chemistry,1989,93(18): 6823-6827.

[128] Barzen L, Tombers M, Merkert C, et al. Benzene Activation and H/D Isotope Effects in Reactions of Mixed Cobalt Platinum Clusters: the Influence of Charge and of Composition [J]. International Journal of Mass Spectrometry,2012,330-332(24): 271-276.

[129] Heinemann C, Cornehl H H, Schroder D, et al. The CeO_2^+ Cation: Gas-Phase Reactivity and Electronic Structure [J]. Inorganic Chemistry,1996, 35(9): 2463-2475.

[130] Zemski K A, Bell R C, Castleman A W. Reactivities of Tantalum Oxide Cluster Cations with Unsaturated Hydrocarbons [J]. International Journal of Mass Spectrometry,1999,184(2-3): 119-128.

[131] Butschke B, Schwarz H. Thermal C-H Bond Activation of Benzene, Toluene, and Methane with Cationic $[M(X)(Bipy)]^+$(M=Ni,Pd,Pt; X=CH_3, Cl; Bipy=2,2'-Bipyridine): A Mechanistic Study [J]. Organometallics,2011, 30(6): 1588-1598.

[132] Judai K, Hirano M, Kawamata H, et al. Formation of Vanadium-Arene Complex Anions and Their Photoelectron Spectroscopy [J]. Chemical Physics Letters,1997,270(1-2): 23-30.

[133] Jackson G S, White F M, Hammill C L, et al. Gas-Phase Dehydrogenation of Saturated and Aromatic Cyclic Hydrocarbons by Pt_n^+(n=1~4)[J]. Journal of the American Chemical Society,1997,119(32) : 7567-7572.

[134] Li Z Y, Yuan Z, Li X N, et al. Co Oxidation Catalyzed by Single Gold Atoms Supported on Aluminum Oxide Clusters [J]. Journal of the American Chemical Society,2014,136(40): 14307-14313.

[135] Kummerlöwe G, Beyer M K. Rate Estimates for Collisions of Ionic Clusters with Neutral Reactant Molecules [J]. International Journal of Mass Spectrometry,2005,244(1): 84-90.

[136] Su T, Bowers M T. Theory of Ion-Polar Molecule Collisions-Comparison with Experimental Charge-Transfer Reactions of Rare-Gas Ions to Geometric Isomers of Difluorobenzene and Dichloroethylene [J]. Journal of Chemical Physics,1973,58(7): 3027-3037.

[137] Cui J T, Zhao Y, Hu J C, et al. Direct Hydroxylation of Benzene to Phenol

Mediated by Nanosized Vanadium Oxide Cluster Ions at Room Temperature [J].Journal of Chemical Physics,2018,149: 074308.

[138] Lang S M,Popolan D M,Bernhardt T M.Chapter 2 Chemical Reactivity and Catalytic Properties of Size-Selected Gas-Phase Metal Clusters [J]. Chemical Physics of Solid Surfaces,2007,12: 53-90.

[139] Arenz M,Gilb S,Heiz U.Chapter 1 Size Effects in the Chemistry of Small Clusters [J].Chemical Physics of Solid Surfaces,2007,12: 1-51.

[140] Detlef S,Helmut S.Benzene Oxidation by "Bare" FeO^+ In the Gas Phase [J].Helvetica Chimica Acta,1992,75(4): 1281-1287.

[141] Higashide H,Oka T,Kasatani K,et al.Reactions of Metal Ions and Benzene as Studied by the Laser Ablation-Molecular Beam Method.Pressure and Kinetic Energy Dependences of Ion-Molecule Reactions [J].Chemical Physics Letters,1989,163(6): 485-489.

[142] Shuman N S,Hunton D E,Viggiano A A.Ambient and Modified Atmospheric Ion Chemistry: From Top to Bottom [J].Chemical Reviews,2015,115 (10): 4542.

[143] Luo Y R.Comprehensive Handbook of Chemical Bond Energies [M]. Florida C R C Press,2007.

[144] Cui J T,Sun C X,Zhao Y,et al.Hydrogen-And Oxygen-Atom Transfers in the Thermal Activation of Benzene Mediated by $Cu_2O_2^+$ Cations [J]. Physical Chemistry Chemical Physics,2019,21(3): 1117-1122.

[145] Atkinson R.Gas-Phase Tropospheric Chemistry of Volatile Organic Compounds.1.Alkanes and Alkenes [J].Journal of Physical and Chemical Reference Data,1997,26(2): 215-290.

[146] Seta T,Nakajima M,Miyoshi A.High-Temperature Reactions of Oh Radicals with Benzene and Toluene [J].Journal of Physical Chemistry A, 2006,110(15): 5081-5090.

[147] Guenther A,Karl T,Harley P,et al.Estimates of Global Terrestrial Isoprene Emissions Using Megan(Model of Emissions of Gases and Aerosols from Nature)[J].Atmospheric Chemistry and Physics,2006,6: 3181-3210.

[148] Wennberg P O,Bates K H,Crounse J D,et al.Gas-Phase Reactions of Isoprene and Its Major Oxidation Products [J].Chemical Reviews,2018,

118(7): 3337-3390.

[149] Squire O J, Archibald A T, Griffiths P T, et al. Influence of Isoprene Chemical Mechanism on Modelled Changes in Tropospheric Ozone Due to Climate and Land Use over the 21st Century [J].Atmospheric Chemistry and Physics,2015,15(9): 5123-5143.

[150] Trainer M,Williams E J,Parrish D.D,et al.Models and Observations of the Impact of Natural Hydrocarbons on Rural Ozone [J].Nature,1987,329 (6141): 705-707.

[151] Chameides W L,Lindsay R W,Richardson J,et al.The Role of Biogenic Hydrocarbons in Urban Photochemical Smog: Atlanta as a Case Study [J].Science,1988,241(4872): 1473-1475.

[152] Kanakidou M,Seinfeld J H,Pandis S N,et al.Organic Aerosol and Global Climate Modelling: A Review [J].Atmospheric Chemistry and Physics, 2005,5: 1053-1123.

[153] Ravishankara A R. Heterogeneous and Multiphase Chemistry in the Troposphere [J].Science,1997,276(5315): 1058-1065.

[154] Satheesh S K,Moorthy K.Radiative Effects of Natural Aerosols: A Review [J].Atmospheric Environment,2005,39(11): 2089-2110.

[155] Romanias M N,Ourrad H,Thevenet F,et al.Investigating the Heterogeneous Interaction of Vocs with Natural Atmospheric Particles: Adsorption of Limonene and Toluene on Saharan Mineral Dusts [J]. Journal of Physical Chemistry A,2016,120(8): 1197-1212.

[156] Zeineddine M N,Romanias M N,Gaudion V,et al.Heterogeneous Interaction of Isoprene with Natural Gobi Dust [J].Acs Earth and Space Chemistry,2017, 1(5): 236-243.

[157] Shen X, Zhao Y, Chen Z, et al. Heterogeneous Reactions of Volatile Organic Compounds in the Atmosphere [J]. Atmospheric Environment, 2013,68: 297-314.

[158] Isidorov V, Klokova E, Povarov V, et al. Photocatalysis on Atmospheric Aerosols: Experimental Studies and Modeling [J].Catalysis Today, 1997, 39(3): 233-242.

[159] Formenti P, Caquineau S, Desboeufs K, et al. Mapping the Physico -

Chemical Properties of Mineral Dust in Western Africa: Mineralogical Composition [J]. Atmospheric Chemistry and Physics, 2014, 14 (19): 10663-10686.

[160] Romanias M N,Zeineddine M N,Riffault V,et al.Isoprene Heterogeneous Uptake and Reactivity on TiO_2: A Kinetic and Product Study [J]. International Journal of Chemical Kinetics,2017,49(11): 773-788.

[161] Bohme D K,Schwarz H.Gas-Phase Catalysis by Atomic and Cluster Metal Ions: the Ultimate Single-Site Catalysts [J].Angewandte Chemie-International Edition,2005,44(16): 2336-2354.

[162] Roithova J and Schroeder D.Selective Activation of Alkanes by Gas-Phase Metal Ions [J].Chemical Reviews,2010,110(2): 1170-1211.

[163] Zhai H J,Wang L S.Probing the Electronic Structure of Early Transition Metal Oxide Clusters: Molecular Models Towards Mechanistic Insights Into Oxide Surfaces and Catalysis [J].Chemical Physics Letters,2010,500(4-6): 185-195.

[164] Lang S M,Bernhardt T M.Gas Phase Metal Cluster Model Systems for Heterogeneous Catalysis [J].Physical Chemistry Chemical Physics,2012, 14(26): 9255-9269.

[165] Schlangen M,Schwarz H.Effects of Ligands,Cluster Size,and Charge State in Gas-Phase Catalysis: A Happy Marriage of Experimental and Computational Studies [J].Catalysis Letters,2012,142(11): 1265-1278.

[166] Yin S,Bernstein E R.Gas Phase Chemistry of Neutral Metal Clusters: Distribution,Reactivity and Catalysis [J].International Journal of Mass Spectrometry,2012,321: 49-65.

[167] Lang S M,Zhou S,Schwarz H.Tuning the Oxidative Power of Free Iron-Sulfur Clusters [J].Physical Chemistry Chemical Physics,2017,19(11): 8055-8060.

[168] Zhao Y X,Li Z Y,Yang Y,et al.Methane Activation by Gas Phase Atomic Clusters [J].Accounts of Chemical Research,2018,51(11): 2603-2610.

[169] Lv S Y, Liu Q Y, Zhao Y X, et al. Formaldehyde Generation in Photooxidation of Isoprene on Iron Oxide Nanoclusters [J]. Journal of Physical Chemistry C,2019,123(8): 5120-5127.

[170] Lv S Y,Liu Q Y,Chen J J,et al.Oxidation of Isoprene by Neutral Iron Oxide Nanoclusters in the Gas Phase [J].Journal of Physical Chemistry C,2019,123(42): 25949-25956.

[171] Liu X H,Zhang X G,Li Y,et al.Generation of Titanium Oxide Clusters of Relatively Large Size [J]. International Journal of Mass Spectrometry, 1998,177(1): L1-L4.

[172] Walsh M B,King R A,Schaefer H F.The Structures,Electron Affinities, and Energetic Stabilities of TiO_n^- and TiO_n ($n = 1 \sim 3$) [J]. Journal of Chemical Physics,1999,110(11): 5224-5230.

[173] Matsuda Y, Bernstein E R. On the Titanium Oxide Neutral Cluster Distribution in the Gas Phase: Detection Through 118 nm Single-Photon and 193 nm Multiphoton Ionization [J].Journal of Physical Chemistry A, 2005,109(2): 314-319.

[174] Mimura N,Tsubota S,Murata K,et al.Gas-Phase Radical Generation by Ti Oxide Clusters Supported on Silica: Application to the Direct Epoxidation of Propylene to Propylene Oxide Using Molecular Oxygen as an Oxidant [J].Catalysis Letters,2006,110(1-2): 47-51.

[175] Perron H,Domain C,Roques J,et al.Theoretical First Step Towards an Understanding of the Uranyl Ion Sorption on the Rutile TiO_2(110) Face: A Dft Periodic and Cluster Study [J].Radiochimica Acta,2006,94(9-11): 601-607.

[176] Qu Z W,Andkroes G J.Theoretical Study of the Electronic Structure and Stability of Titanium Dioxide Clusters$(TiO_2)_N$ with $N = 1 \sim 9$ [J].Journal of Physical Chemistry B,2006,110(18): 8998-9007.

[177] Zhai H J,Wang L S.Probing the Electronic Structure and Band Gap Evolution of Titanium Oxide Clusters $(TiO_2)_n^-$ ($n = 1 \sim 10$) Using Photoelectron Spectroscopy [J]. Journal of the American Chemical Society,2007,129(10): 3022-3026.

[178] Velegrakis M,Sfounis A.Formation and Photodecomposition of Cationic Titanium Oxide Clusters [J].Applied Physics A-Materials Science & Processing,2009,97(4): 765-770.

[179] Jadraque M,Sierra B,Sfounis A,et al.Photofragmentation of Mass-

Selected Titanium Oxide Cluster Cations [J].Applied Physics B-Lasers and Optics,2010,100(3): 587-590.

[180] Himeno H, Miyajima K, Yasuike T, et al. Gas Phase Synthesis of Au Clusters Deposited on Titanium Oxide Clusters and Their Reactivity with Co Molecules [J]. Journal of Physical Chemistry A, 2011, 115 (42): 11479-11485.

[181] Sahoo S K,Pal S,Sarkar P,et al.Size-Dependent Electronic Structure of Rutile TiO_2 Quantum Dots [J].Chemical Physics Letters,2011,516(1-3): 68-71.

[182] Tyo E C,Nossler M,Mitric R,et al.Reactivity of Stoichiometric Titanium Oxide Cations [J]. Physical Chemistry Chemical Physics, 2011, 13 (10): 4243-4249.

[183] Zhang W,Han Y,Yao S,et al.Stability Analysis and Structural Rules of Titanium Dioxide Clusters $(TiO_2)_n$ with $n = 1 \sim 9$ [J].Materials Chemistry and Physics,2011,130(1-2): 196-202.

[184] Janssens E,Lang S M,Bruemmer M,et al.Kinetic Study of the Reaction of Vanadium and Vanadium-Titanium Oxide Cluster Anions with SO_2 [J]. Physical Chemistry Chemical Physics,2012,14(41): 14344-14353.

[185] Velegrakis M, Massaouti M, Jadraque M. Collision-Induced Dissociation Studies on Gas-Phase Titanium Oxide Cluster Cations [J].Applied Physics A-Materials Science & Processing,2012,108(1): 127-131.

[186] Ma J B,Xu B,Meng J H,et al.Reactivityafatomic Oxygen Radical Anions Bound to Titania and Zirconia Nanoparticles in the Gas Phase: Low-Temperature Oxidation of Carbon Monoxide [J].Journal of the American Chemical Society,2013,135(8): 2991-2998.

[187] Rana T H,Kumar P,Solanki A K,et al.Ab-Initio Study of Free Standing TiO_2 Clusters: Stability and Magnetism [J].Journal of Applied Physics, 2013,113(17): 17B526.

[188] Li X N, Yuan Z, He S G. Co Oxidation Promoted by Gold Atoms Supported on Titanium Oxide Cluster Anions [J]. Journal of the American Chemical Society,2014,136(9): 3617-3623.

[189] Hudson R J,Falcinella A,Metha G F.Molecular Geometries and Relative

Stabilities of Titanium Oxide and Gold-Titanium Oxide Clusters [J]. Chemical Physics,2016,477: 8-18.

[190] Bao W,Zhang W,Li H,et al.A First-Principles Study of Titanium Oxide Clusters Formation and Evolution in a Steel Matrix [J].RSC Advances, 2017,7(82): 52296-52303.

[191] Diaz Rodriguez T G,Anaya Gonzalez G S,Juarez H,et al.Theoretical Study of the Electronic Structure and Stability of Titanium Dioxide Clusters $(TiO_2)_n$ with n=18,28,and 38 [J].Acta Crystallographica A-Foundation and Advances,2018,74: A407-A407.

[192] Weichman M L,Debnath S,Kelly J T,et al.Dissociative Water Adsorption on Gas-Phase Titanium Dioxide Cluster Anions Probed with Infrared Photodissociation Spectroscopy [J].Topics in Catalysis,2018,61(1-2): 92-105.

[193] Zhao Y X,Wang M,Zhang Y,et al.Activity of Atomically Precise Titania Nanoparticles in Co Oxidation [J]. Angewandte Chemie-International Edition,2019,58(24): 8002-8006.

[194] Zhao Y X,Wu X N,Ma J B,et al.Characterization and Reactivity of Oxygen-Centred Radicals over Transition Metal Oxide Clusters [J].Physical Chemistry Chemical Physics,2011,13(6): 1925-1938.

[195] Wu X N,Xu B,Meng J H,et al.C-H Bond Activation by Nanosized Scandium Oxide Clusters in Gas-Phase [J].International Journal of Mass Spectrometry,2012,310: 57-64.

[196] Yuan Z,Zhao Y X,Li X N,et al.Reactions of $V_4O_{10}^+$ Cluster Ions with Simple Inorganic and Organic Molecules [J]. International Journal of Mass Spectrometry,2013,354: 105-112.

[197] Yuan Z,Li Z Y,Zhou Z X,et al.Thermal Reactions Of$(V_2O_5)_nO^-$(n=1~3) Cluster Anions with Ethylene and Propylene: Oxygen Atom Transfer Versus Molecular Association [J].Journal of Physical Chemistry C,2014, 118(27): 14967-14976.

[198] Becke A D.Density Functional Thermochemistry.Ⅲ.The Role of Exact Exchange [J].Journal of Chemical Physics,1993,98(7): 5648-5652.

[199] Hehre W J,Ditchfield R,Pople J A.Self-Consistent Molecular Orbital

Methods.12.Further Extensions of Gaussian-Type Basis Sets for Use in Molecular - Orbital Studies of Organic - Molecules [J]. Journal of Chemical Physics,1972,56(5): 2257-2261.

[200] Krishnan R,Binkley J S,Seeger R,et al.Self-Consistent Molecular Orbital Methods.XX. A Basis Set for Correlated wave Functions [J]. Journal of Chemical Physics,1980,72(1): 650-654.

[201] Cui J T,Zhao Y,Hu J C,et al.Direct Hydroxylation of Benzene to Phenol Mediated by Nanosized Vanadium Oxide Cluster Ions at Room Temperature [J].Journal of Chemical Physics,2018,149(7): 074308.

[202] Zhao Y,Hu J C,Cui J T,et al.Fe_2O^+ Cation Mediated Propane Oxidation by Dioxygen in the Gas Phase [J].Chemistry-A European Journal,2018, 24(22): 5920-5926.

[203] Gonzalez C, Schlegel H B. An Improved Algorithm for Reaction Path Following [J].Journal of Chemical Physics,1989,90(4): 2154-2161.

[204] Gonzalez C, Schlegel H B. Reaction Path Following in Mass-Weighted Internal Coordinates [J]. Journal of Physical Chemistry, 1990, 94 (14): 5523-5527.

[205] Grimme S,Antony J,Ehrlich S,et al.A Consistent and Accurate Ab Initio Parametrization of Density Functional Dispersion Correction(Dft-D) for the 94 Elements H-Pu [J].Journal of Chemical Physics,2010,132(15): 19.

[206] Wang M,Sun C X,Cui J T,et al.Clean and Efficient Transformation of CO_2 to Isocyanic Acid: the Important Role of Triatomic Cation $Scnh^+$ [J]. Journal of Physical Chemistry A,2019,123(27):5762-5767.

[207] Balaj O P,Balteanu I,Rossteuscher T T J,et al.Catalytic Oxidation of Co with N_2O on Gas-Phase Platinum Clusters [J]. Angewandte Chemie-International Edition,2004,43(47): 6519-6522.

[208] Valin L C, Fiore A M, Chance K, et al. The Role of $oh^{\cdot}$ Production in Interpreting the Variability of CH_2O Columns in the Southeast US [J]. Journal of Geophysical Research-Atmospheres,2016,121(1): 478-493.

[209] Ohshimo K, Norimasa N, Moriyama R, et al. Stable Compositions and Geometrical Structures of Titanium Oxide Cluster Cations and Anions Studied by Ion Mobility Mass Spectrometry [J]. Journal of Chemical

Physics,2016,144(19): 194305.

[210] Zhao Y,Cui J T,Hu J C,et al.Reactivities of VO_{1-4}^+ Toward $n-C_mH_{2m+2}$ (m=3,5,7) as Functions of Oxygen Content and Carbon Chain Length [J]. Acta Physico-Chimica Sinica,2019,35(5): 531-538.

[211] Paulot F, Henze D K, Wennberg P O. Impact of the Isoprene Photochemical Cascade on Tropical Ozone [J]. Atmospheric Chemistry and Physics,2012,12(3): 1307-1325.

[212] Teng A P, Crounse J D, Wennberg P O. Isoprene Peroxy Radical Dynamics [J].Journal of the American Chemical Society,2017,139(15): 5367-5377.

[213] Atkinson R, Baulch D L, Cox R A, et al. Evaluated Kinetic and Photochemical Data for Atmospheric Chemistry: Volume Ⅱ-Gas Phase Reactions of Organic Species [J]. Atmospheric Chemistry and Physics, 2006,6: 3625-4055.

[214] Usher C R,Michel A E,Grassian V H.Reactions on Mineral Dust [J]. Chemical Reviews,2003,103(12): 4883-4939.

[215] Wu L Y,Tong S R,Zhou L,et al.Synergistic Effects Between SO_2 and Hcooh on Alpha-Fe_2O_3 [J].Journal of Physical Chemistry A,2013,117 (19): 3972-3979.

[216] Bassan A, Blomberg M R A, Borowski T, et al. Theoretical Studies of Enzyme Mechanisms Involving High-Valent Iron Intermediates [J].Journal of Inorganic Biochemistry,2006,100(4): 727-743.

[217] Shaik S,Hirao H,Kumar D.Reactivity of High-Valent Iron-OxO Species in Enzymes and Synthetic Reagents: A Tale of Many States [J].Accounts of Chemical Research,2007,40(7): 532-542.

[218] Que L,Tolman W B.Biologically Inspired Oxidation Catalysis [J].Nature, 2008,455(7211): 333-340.

[219] Panov G I,Starokon E V,Pirutko L V,et al.New Reaction of Anion Radicals O-With Water on the Surface of Fezsm-5 [J].Journal of Catalysis,2008, 254(1): 110-120.

[220] Hammond C,Forde M M,Rahim M H A,et al.Direct Catalytic Conversion of Methane to Methanol in An Aqueous Medium by Using Copper-

Promoted Fe-Zsm-5 [J].Angew Chem Int Ed,2012,51: 5129-5133.

[221] Zhang X Y,Zhuang G S,Chen J M,et al.Heterogeneous Reactions of Sulfur Dioxide on Typical Mineral Particles [J]. Journal of Physical Chemistry B,2006,110(25): 12588-12596.

[222] Wang S,Ackermann R,Spicer C W,et al.Atmospheric Observations of Enhanced NO_2-Hono Conversion on Mineral Dust Particles [J].Geophysical Research Letters,2003,30(11): 389-401.

[223] Romanias M N,Zein A E,Bedjanian Y.Uptake of Hydrogen Peroxide on the Surface of Al_2O_3 and Fe_2O_3 [J].Atmospheric Environment,2013,77 (7): 1-8.

[224] fllen L. Robinson, weil M. Donahue, et, al. Rethinking Organic Aerosols: Semivolatile Emissions and Photochemical Aging [J]. Science, 2007, 315 (5816): 1259.

[225] Atkinson R,Baulch D L,Cox R A,et al.Evaluated Kinetic,Photochemical and Heterogeneous Data for Atmospheric Chemistry: Supplement V.Iupac Subcommittee on Gas Kinetic Data Evaluation for Atmospheric Chemistry [J]. Journal of Physical and Chemical Reference Data, 1997, 26 (3): 521-1011.

[226] Atkinson R.Kinetics of the Gas-Phase Reactions of OH Radicals with Alkanes and Cycloalkanes [J].Atmospheric Chemistry & Physics,2003,3 (6): 2233-2307.

[227] Atkinson R,Plum C N,Carter W P L,et al.Erratum: Rate Constants for the Gas-Phase Reactions of Nitrate Radicals with A Series of Organics in Air at 298±1 K [J].Journal of Physical Chemistry,1984,88(19).

[228] Liu Y,Yuan B,Li X,et al.Impact of Pollution Controls in Beijing on Atmospheric Oxygenated Volatile Organic Compounds(OVOCs) During the 2008 Olympic Games: Observation and Modeling Implications [J]. Atmospheric Chemistry & Physics,2015,15(6): 3045-3062.

[229] Prat I,Mathieson J S,Guell M,et al.Observation of Fe(V)=O Using Variable-Temperature Mass Spectrometry and Its Enzyme-Like C-H and C=C Oxidation Reactions [J].Nature Chemistry,2011,3(10): 788-793.

[230] Sun Y N,Tao L,You T Z,et al.Effect of Sulfation on the Performance of

Fe_2O_3/Al_2O_3 Catalyst in Catalytic Dehydrogenation of Propane to Propylene [J].Chemical Engineering Journal,2014,244: 145-151.

[231] Olivos-Suarez A I,Szecsenyi A,Hensen E J M,et al.Strategies for the Direct Catalytic Valorization of Methane Using Heterogeneous Catalysis: Challenges and Opportunities [J].Acs Catalysis,2016,6(5): 2965-2981.

[232] O'hair R a J,Khairallah G N.Gas Phase Ion Chemistry of Transition Metal Clusters: Production,Reactivity,and Catalysis [J].Journal of Cluster Science,2004,15(3): 331-363.

[233] Roithova J,Schroder D.Selective Activation of Alkanes by Gas-Phase Metal Ions [J].Chemical Reviews,2010,110(2): 1170-1211.

[234] Castleman Jr.A W.Cluster Structure and Reactions: Gaining Insights Into Catalytic Processes [J].Catalysis Letters,2011,141(9): 1243-1253.

[235] Yin S,Bernstein E R.Cheminform Abstract: Gas Phase Chemistry of Neutral Metal Clusters: Distribution, Reactivity and Catalysis [J].International Journal of Mass Spectrometry,2012,321-322(44): 49-65.

[236] Lang S M,Bernhardt T M.Gas Phase Metal Cluster Model Systems for Heterogeneous Catalysis [J].Physical Chemistry Chemical Physics,2012,14(26): 9255-9269.

[237] Janssens E,Lang S M,Brummer M,et al.Kinetic Study of the Reaction of Vanadium and Vanadium-Titanium Oxide Cluster Anions with SO_2 [J].Physical Chemistry Chemical Physics,2012,14(41): 14344-14353.

[238] Yamamoto H,Miyajima K,Yasuike T,et al.Reactions of Neutral Platinum Clusters with N_2O and CO [J].Journal of Physical Chemistry A,2013,117(47): 12175-12183.

[239] Liu Q,He S.Oxidation of Carbon Monoxide on Atomic Clusters [J].Chemical Journal of Chinese Universities,2014,35(4): 665-688.

[240] Schwarz H.How and Why Do Cluster Size,Charge State,and Ligands Affect the Course of Metal-Mediated Gas-Phase Activation of Methane? [J].Israel Journal of Chemistry,2014,54: 1413-1431.

[241] Zhou S D,Li J L,Schlangen M,et al.Bond Activation by Metal-Carbene Complexes in the Gas Phase [J].Accounts of Chemical Research,2016,49(3): 494-502.

[242] Schwarz H,Shaik S,Li J.Electronic Effects on Room-Temperature,Gas-Phase C-H Bond Activations by Cluster Oxides and Metal Carbides: the Methane Challenge [J].Journal of the American Chemical Society,2017.

[243] Schwarz H.Ménage-à-Trois: Single-Atom Catalysis,Mass Spectrometry, and Computational Chemistry [J].Catalysis Science & Technology,2017,7(19): 4302-4314.

[244] Schwarz H, Gonzáleznavarrete P, Li J, et al. Unexpected Mechanistic Variants in the Thermal Gas-Phase Activation of Methane [J].Organometallics,2016,36(1): Acs.Organomet.6B00372.

[245] Griffin J B,Armentrout P B.Guided Ion Beam Studies of the Reactions of Fe_n^+(n=2~18) with O_2: Iron Cluster Oxide and Dioxide Bond Energies [J]. The Journal of Chemical Physics,1997,106(11): 4448-4462.

[246] Griffin J B,Armentrout P B.Guided Ion-Beam Studies of the Reactions of Fe_n(+)(n=1~18) with CO_2: Iron Cluster Oxide Bond Energies [J].Journal of Chemical Physics,1997,107(14): 5345-5355.

[247] Li M,Liu S R,Armentrout P B.Collision-Induced Dissociation Studies of Fe(m)O(n)(+) : Bond Energies in Small Iron Oxide Cluster Cations,Fe(m)O(n)(+)(m=1~3,n=1~6)[J].Journal of Chemical Physics,2009,131(14): 144310.

[248] Jackson T C,Jacobson D B,Freiser B S.Gas-Phase Reactions of FeO/Sup +/ with Hydrocarbons [J].J Am Chem Soc;(United States),1984,106:5.

[249] Schröder D,Fiedler A,HrušáK J,et al.Experimental and Theoretical-Studies Toward a Characterization of Conceivable Intermediates Involved in the Gas-Phase Oxidation of Methane by Bare FeO^+-Generation of 4 Distinguishable [Fe, C, H_4, O] + Isomers [J]. Journal of the American Chemical Society,1992,114(4): 1215-1222.

[250] Schröder D,Schwarz H.C-H and C-C Bond Activation by Bare Transition-Metal Oxide Cations in the Gas - Phase [J]. Angewandte Chemie - International Edition in English,1995,34(18): 1973-1995.

[251] Gehret O,Irion M P.0-Atom Transfer to FeN Clusters(N=2~10) From 0, N_2O and CO_2:"Microoxides of Iron"[J].Chemistry-A European Journal,

1996,5: 598-603.

[252] Schröder D,Schwarz H,Clemmer D E,et al.Activation of Hydrogen and Methane by Thermalized FeO+In the Gas Phase as Studied by Multiple Mass Spectrometric Techniques [J].International Journal of Mass Spectrometry and Ion Processes,1997,161(1-3): 175-191.

[253] Shiota Y, Yoshizawa K. A Spin - Orbit Coupling Study on the Spin Inversion Processes in the Direct Methane-To-Methanol Conversion by FeO^+[J].The Journal of Chemical Physics,2003,118(13): 5872-5879.

[254] Reilly N M,Reveles J U,Johnson G E,et al.Experimental and Theoretical Study of the Structure and Reactivity of Fe_mO_n+(m=1,2; n=1~5) with Co [J].Journal of Physical Chemistry C,2007,111(51): 19086-19097.

[255] Liu Z C,Guo W Y,Zhao L M,et al.Theoretical Investigation of the Oxidation of Propane by FeO^+[J].Journal of Physical Chemistry A,2010,114 (7): 2701-2709.

[256] Weckhuysen B M,Keller D E.Chemistry,Spectroscopy and the Role of Supported Vanadium Oxides in Heterogeneous Catalysis [J].Catalysis Today,2003,78(1-4): 25-46.

[257] Dunn J P,Stenger Jr H G,Wachs I E.Oxidation of Sulfur Dioxide over Supported Vanadia Catalysts: Molecular Structure-Reactivity Relationships and Reaction Kinetics [J].Catalysis Today,1999,51(2): 301-318.

[258] Li K T,Wu K S.Selective Oxidation of Hydrogen Sulfide to Sulfur on Vanadium-Based Catalysts Containing Tin and Antimony [J].Industrial & Engineering Chemistry Research,2001,40(4): 1052-1057.

[259] Bañares M A,Alemany L J,Granados M L,et al.Partial Oxidation of Methane to Formaldehyde on Silica-Supported Transition Metal Oxide Catalysts [J].Catalysis Today,1997,33(1-3): 73-83.

[260] Ertl G,Knozinger H,Weikamp J.Handbook of Heterogeneous Catalysis [M].City: Wiley-Vch,1997.

[261] Zambelli T,Wintterlin J,Trost J,et al.Identification of the “Active Sites” of a Surface-Catalyzed Reaction [J].Science,1996,273(5282): 1688-1690.

[262] Bell A T.The Impact of Nanoscience on Heterogeneous Catalysis [J].Sci-

ence,2003,299(5613): 1688-1691.

[263] Somorjai G A,Mccrea K R,Zhu J.Active Sites in Heterogeneous Catalysis: Development of Molecular Concepts and Future Challenges [J].Topics in Catalysis,2002,18(3-4): 157-166.

[264] Lai X,Goodman D W.Structure-Reactivity Correlations for Oxide-Supported Metal Catalysts: New Perspectives From Stm [J].Journal of Molecular Catalysis A Chemical,2000,162(1-2): 33-50.

[265] Bell R C,Castleman.Jr A W.Reactions of Vanadium Oxide Cluster Ions with 1,3-Butadiene and Isomers of Butene [J]. Journal of Physical Chemistry A,2002,106(42): 9893-9899.

[266] Feyel S,Schröder D,Schwarz H.Gas-Phase Oxidation of Isomeric Butenes and Small Alkanes by Vanadium-Oxide and-Hydroxide Cluster Cations [J].Journal of Physical Chemistry A,2006,110(8): 2647-2654.

[267] Justes D R,Mitrič R,Moore N A,et al.Theoretical and Experimental Consideration of the Reactions Between $V_xO_y^+$ and Ethylene [J].Journal of the American Chemical Society,2003,125(20): 6289-6299.

[268] Zemski K A,Justes D R,Castleman.Jr A W.Reactions of Group V Transition Metal Oxide Cluster Ions with Ethane and Ethylene [J].Journal of Physical Chemistry A,2001,105(45): 10237-10245.

[269] Moore N A,Mitrić R,Justes D R,et al.Kinetic Analysis of the Reaction Between$(V_2O_5)_n^+$=1,2 and Ethylene [J].Journal of Physical Chemistry B, 2006,110(7): 3015-3022.

[270] Justes D R,Castleman Jr A W,Mitric R,et al.$V_2O_5{}^+$Reaction with C_2H_4: Theoretical Considerations of Experimental Findings [J].European Physical Journal D,2003,24(1-3): 331-334.

[271] Zhao Y-X,Ding X-L,Ma Y-P,et al.Transition Metal Oxide Clusters with Character of Oxygen-Centered Radical: A Dft Study [J]. Theoretical Chemistry Accounts,2010,127: 449-465.

[272] Yin S,Ma Y P,Du L,et al.Experimental and Theoretical Studies of the Reaction Between Cationic Vanadium Oxide Clusters and Acetylene [J]. Chinese Science Bulletin,2008,53(24): 3829-3838.

[273] Zhao Y-X,Wu X-N,Wang Z-C,et al.Hydrogen-Atom Abstraction From Methane by Stoichiometric Early Transition Metal Oxide Cluster Cations [J].Chemical Communications,2010,46(10): 1736-1738.

[274] Bell R C,Zemski K A,Kerns K P,et al.Reactivities and Collision-Induced Dissociation of Vanadium Oxide Cluster Cations [J].Journal of Physical Chemistry A,1998,102(10): 1733-1742.

[275] Bell R C, Zemski K A, Castleman A W. Gas-Phase Chemistry of Vanadium Oxide Cluster Cations.1.Reactions with C_2F_6 and CH_3CF_3 [J]. Journal of Physical Chemistry A,1998,102(43): 8293-8299.

[276] Bell R C, Zemski K A, Castleman A W. Gas-Phase Chemistry of Vanadium Oxide Cluster Cations.2.Reactions with CH_2F_2 [J].Journal of Physical Chemistry A,1999,103(16): 2992-2998.

[277] Bell R C,Zemski K A,Castleman A W.Size-Specific Reactivities of Vanadium Oxide Cluster Cations [J].Journal of Cluster Science,1999,10 (4): 509-524.

[278] Bell R C,Zemski K A,Castleman A W.Photofragmentation of Vanadium Oxide Cations [J]. Journal of Physical Chemistry A, 1999, 103 (29): 5671-5674.

[279] Zemski K A, Justes D R, Castleman Jr A W. Studies of Metal Oxide Clusters: Elucidating Reactive Sites Responsible for the Activity of Transition Metal Oxide Catalysts [J]. Journal of Physical Chemistry B, 2002,106(24): 6136-6148.

[280] Bell R C,Zemski K A,Justes D R,et al.Formation,Structure and Bond Dissociation Thresholds of Gas-Phase Vanadium Oxide Cluster Ions [J]. Journal of Chemical Physics,2001,114(2): 798-811.

[281] Harvey J N,Diefenbach M,Schröder D,et al.Oxidation Properties of the Early Transition-Metal Dioxide Cations MO_2^+(M=Ti,V,Zr,Nb) in the Gas-Phase [J]. International Journal of Mass Spectrometry, 1999, 183: 85-97.

[282] Feyel S,Scharfenberg L,Daniel C,et al.Dehydrogenation of Methanol by Vanadium Oxide and Hydroxide Cluster Cations in the Gas Phase [J].

Journal of Physical Chemistry A,2007,111(17): 3278-3286.

[283] Dietl N, Wende T, Chen K, et al. Structure and Chemistry of the Heteronuclear OxO-Cluster $[V_PO_4]\cdot^+$: A Model System for the Gas-Phase Oxidation of Small Hydrocarbons [J]. Journal of the American Chemical Society,2013,135: 3711-3721.

[284] Wende T,Döbler J,Jiang L,et al.Infrared Spectroscopic Characterization of the Oxidative Dehydrogenation of Propane by $V_4O_{10}^+$ [J]. International Journal of Mass Spectrometry,2010,297(1): 102-106.

[285] Fielicke A,Rademann K.Stability and Reactivity Patterns of Medium-Sized Vanadium Oxide Cluster Cations $V_xO_Y^+(4 \leq x \leq 14)$ [J].Physical Chemistry Chemical Physics,2002,4(12): 2621-2628.

[286] L. Gracia, J. R. Sambrano, V. S. Safont, †, et al. Theoretical Study on the Molecular Mechanism for the Reaction of VO_2^+ with C_2H_4 [J].Journal of Physical Chemistry A,2003,107(17): 3107-3120.

[287] Ma Y P,Xue W,Wang Z C,et al.Acetylene Cyclotrimerization Catalyzed by TiO_2 and VO_2 in the Gas Phase: A DFT Study [J].Journal of Physical Chemistry A,2008,112(16): 3731-3741.

[288] Dong F, Heinbuch S, Xie Y, et al. C = C Bond Cleavage on Neutral $VO_3(V_2O_5)(n)$ Clusters [J].Journal of the American Chemical Society, 2009,131(3): 1057-1066.

[289] Dong F,Heinbuch S,Xie Y,et al.Experimental and Theoretical Study of the Reactions Between Neutral Vanadium Oxide Clusters and Ethane, Ethylene,and Acetylene [J].Journal of the American Chemical Society, 2008,130(6): 1932-1943.

[290] Wang Z C,Xue W,Ma Y P,et al.Partial Oxidation of Propylene Catalyzed by VO_3 Clusters: A Density Functional Theory Study [J]. Journal of Physical Chemistry A,2008,112(26): 5984-5993.

[291] Ma Y P, Ding X L, Zhao Y X, et al. A Theoretical Study on the Mechanism of $C_{(2)}H_{(4)}$ Oxidation over A Neutral $V_{(3)}O_{(8)}$ Cluster [J]. Chemphyschem,2010,11(8): 1718-1725.

[292] Zhang M Q,Zhao Y X,Liu Q Y,et al.Does Each Atom Count in the

Reactivity of Vanadia Nanoclusters? [J]. Journal of the American Chemical Society,2017,139(1): 342−347.

[293] Xu J,Rodgers M T,Griffin J B,et al.Guided Ion Beam Studies of the Reactions of $V_n^+(n=2\sim17)$ with O_2: Bond Energies and Dissociation Pathways [J].Journal of Chemical Physics,1998,108(22): 9339−9350.

[294] Aristov N,Armentrout P B.Collision−Induced Dissociation of Vanadium Monoxide Ion [J].Journal of Physical Chemistry,1986,90(21): 5135−5140.

第4章　结　　语

气相团簇可以作为气固催化剂表面活性位的一种理想模型，从原子和电子结构水平解释活性位的构效关系以及相关的反应机理。团簇模型的优势明显，不涉及活性位的团聚问题，体系结构组成清晰，并且可以将团簇反应性实验、结构表征实验及理论计算紧密结合起来，从而给出活性位最本质的反应特性。尽管部分从事凝聚相研究的相关人员认为气相团簇反应性研究的结果是高度简化的模型结果，不能直接应用于凝聚相研究中。但是，越来越多的气相研究表明：从该类模型体系中获得的关于化学反应成键、断键等的基本认识以及反应位点具有（催化）活性的关键影响因素和调控活性的方法等理解，可以直接应用于一些凝聚相研究中。团簇化学所揭示的一些基本规律为设计新型、高效催化剂提供了重要的理论依据。

目前，关于过渡金属氧化物团簇的研究已经非常丰富了，这其中包括同核团簇和异核团簇。研究人员通常利用异核团簇来模拟催化剂中的载体和被担载成分来拟合载体效应。所研究的过渡金属涵盖前过渡金属、后过渡金属以及镧系金属等。此外，团簇结构的表征也越来越重要。近年的多项研究结果表明：团簇产生过程中可以同时存在多个异构体，而这些异构体单纯依赖理论计算是很难区分的。此时团簇结构表征如光电子能谱或者红外多光子解离等实验就显得尤为重要。值得注意的是，有时对于一些具有相近结构的体系可能具有相同的反应活性（*J. Phys. Chem. Lett.* 2021，12：6313-6319）。

团簇丰富而且多变的反应性为研究人员提供了极大研究空间的同时，也带来了巨大的挑战。商业化的仪器通常无法满足团簇反应性实验的要求，因此团簇活性实验的开展通常需要使用自行设计、搭建的仪器装置。团簇活性研究的实验手段也在不断进步。

可以预见的是，对于团簇化学仍有非常多的未知需要我们去探索，研究人员在未来也会获得更加丰富的团簇化学知识。

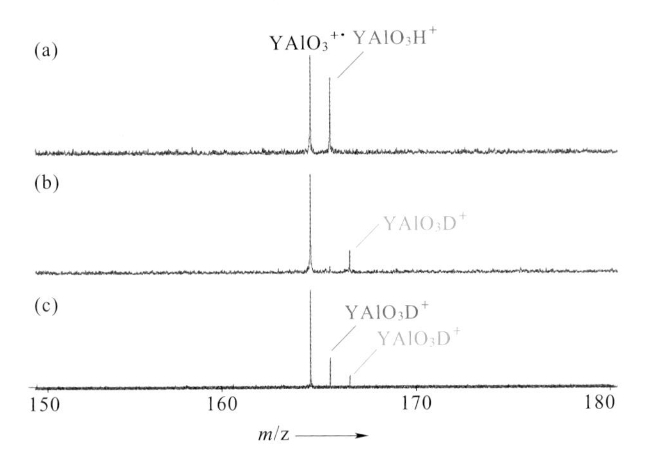

图 2-2-1　$YAlO_3^+$团簇与 CH_4(4×10^{-6} Pa，反应时间 4 s)、CD_4(4×10^{-6} Pa，反应时间 4 s)，和与 CH_2D_2(7×10^{-6} Pa，反应时间 2 s）反应的质谱图

(a) $YAlO_3^+$团簇与 CH_4 反应；(b) $YAlO_3^+$团簇与 CD_4 的反应；(c) $YAlO_3^+$团簇与 CH_2D_2 的反应

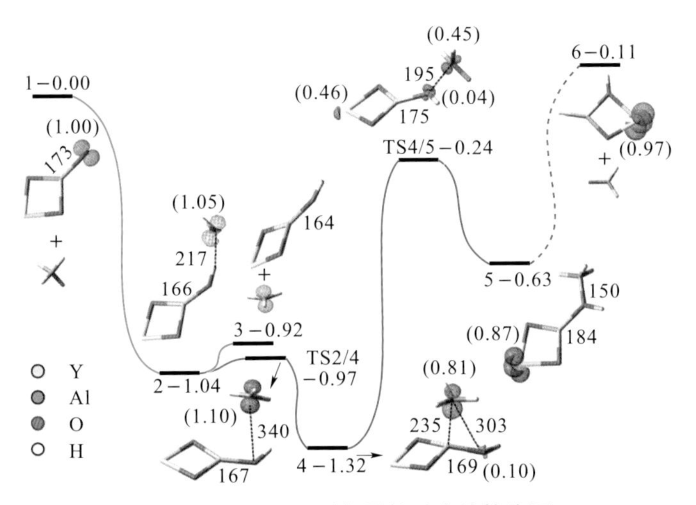

图 2-2-2　$YAlO_3^+$与甲烷反应的势能面

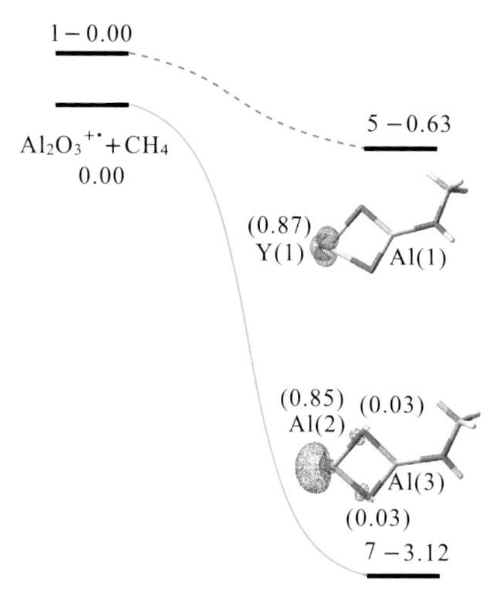

图 **2-2-3**　反应式（**2-2-9**）的势能面

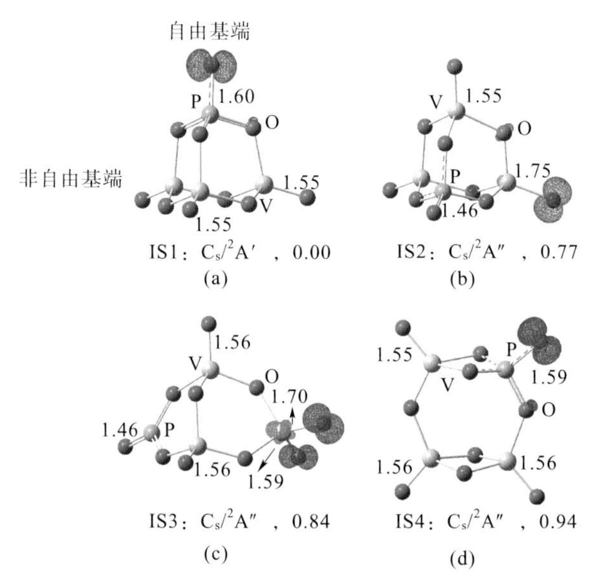

图 **2-3-3**　**DFT** 优化得到的 $V_3PO_{10}^+$构型图（相应的能量（ΔH_{0K}，（单位 **eV**），未配对自旋密度用蓝色等值面表示，给出的键长单位为（**Å**））

（a）IS1；（b）IS2；（c）IS3；（d）IS4

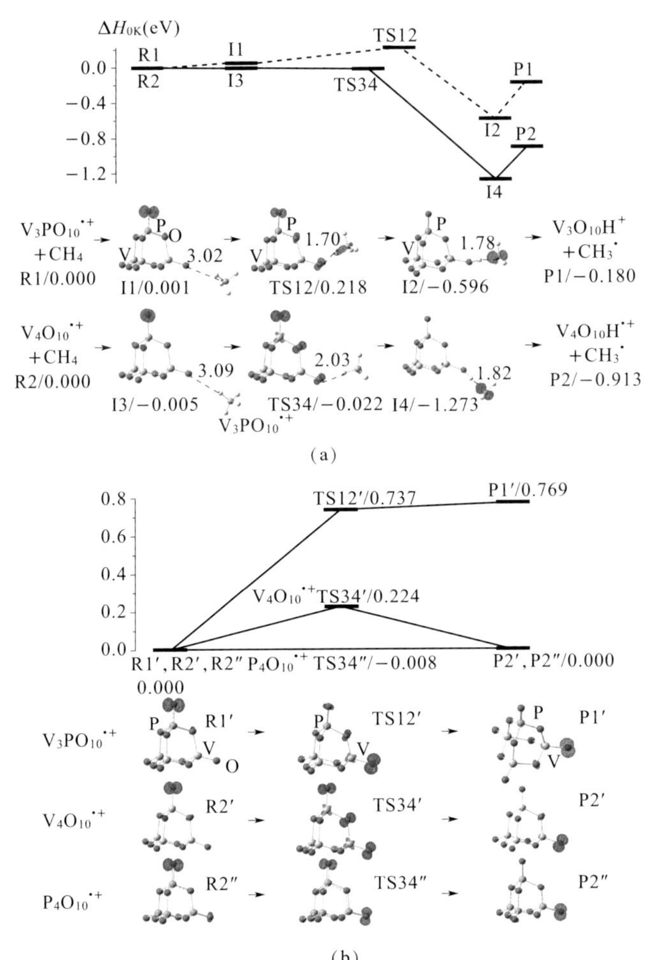

图 2-3-4 $V_3DO_{10}^+$和$V_4O_{10}^+$与CH_4的反应势能面以及$V_mP_{4-3}O_{10}^+$团簇的自旋密度分布

(a) $V_3PO_{10}^+$和$V_4O_{10}^+$与CH_4反应的势能面曲线及自旋密度分布；

(b) $V_mP_{4-m}O_{10}^+$（m为0、3或4）团簇上自旋密度的转移

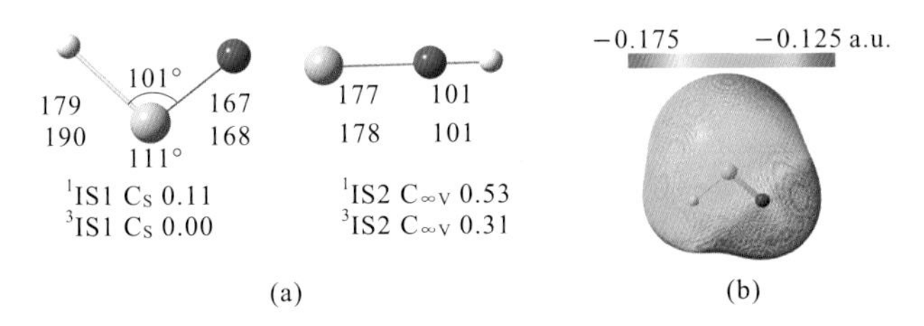

图 2-6-2 DFT 计算得到的 $HNbN^-$团簇异构体的结构

（结构的一些键长与键角，异构体的对称性与电子态和相对能量已经给出，上标表示异构体的自旋多重度；^{1}IS1 的静电势能图）

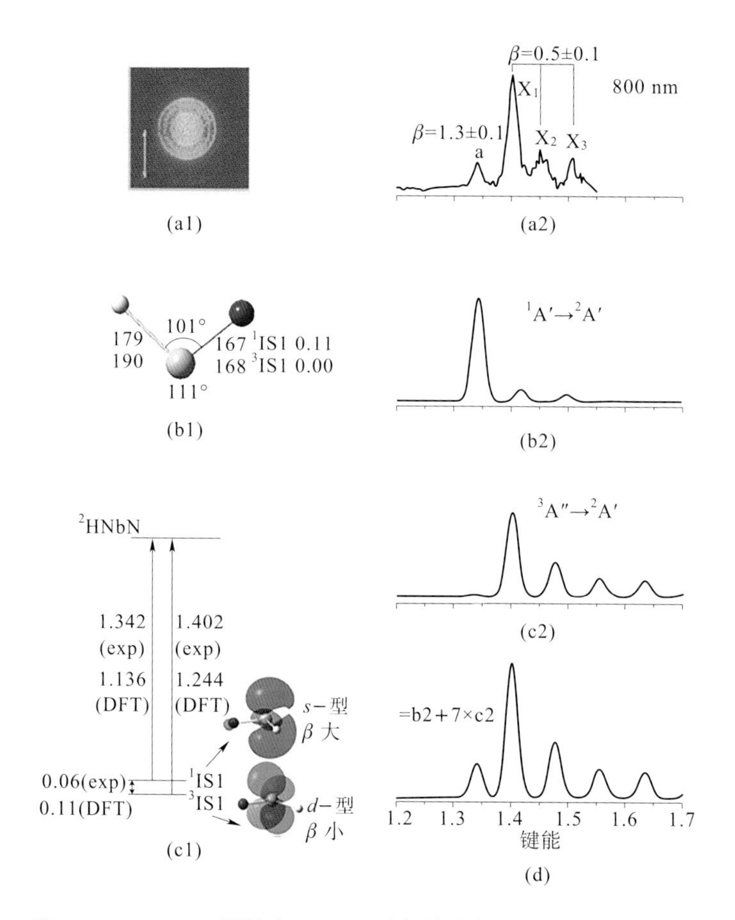

图 2-6-3　$HNbN^-$团簇在 800 nm 波长的光电子图像与光电子能谱

（a1）中的箭头表明了激光偏振的方向；DFT 计算得到的三重态与单重态的 $HNbN^-$团簇（黑色^{1}IS1 与蓝色^{3}IS1）的结构（b），键长、键角（∠N-Nb-H）的单位为 pm 与（°）；^{1}IS1 与^{3}IS1 与相应的中性物种^{2}HNbN 的电子跃迁的示意图（c1）；（b2）与（c2）^{1}IS1 与^{3}IS1 过渡态的 FC 的模拟实验结果；（b2）与（c2）中的峰相对于（a2）中的 a 和 X 键分别蓝移 0.206 eV 和 0.158 eV；（d）模拟光电子能谱，通过拟合得到的 a 与 X 得到的（a2）中的谱图

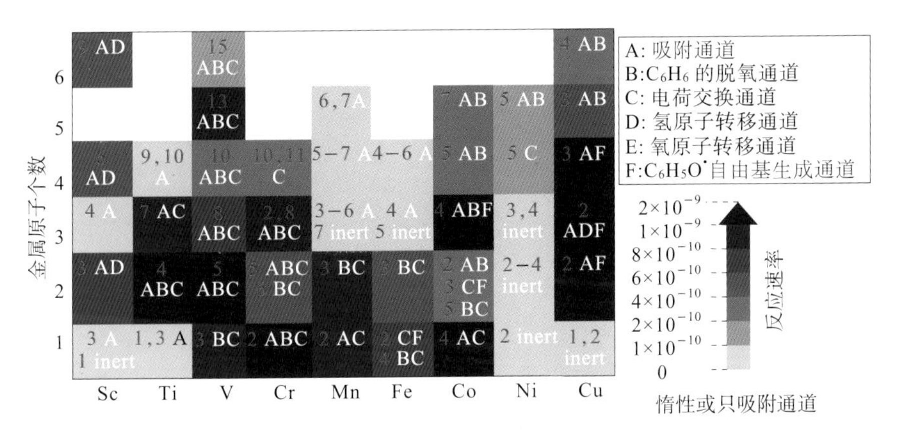

图 3-3-3 C_6H_6 与 3*d* 过渡金属氧化物阳离子团簇的反应性和反应通道图

（每个方块中显示的红色数字代表 $M_xO_y^+$ 阳离子团簇中的氧原子数 y。空白块代表尚未研究的团簇）

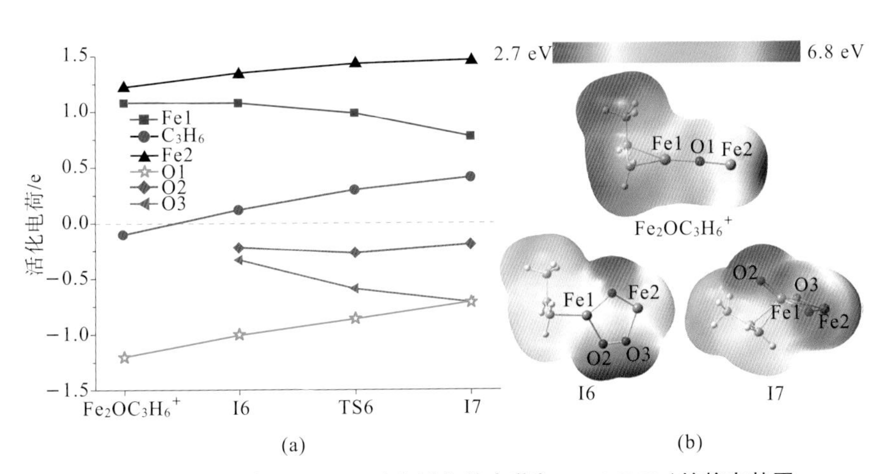

图 3-5-4 O_2 在 $Fe_2OC_3H_6^+$上活化的电荷与 $Fe_2OC_3H_6^+$的静电势图

（a）O_2 在 $Fe_2OC_3H_6^+$上活化的电荷分布图；（b）$Fe_2OC_3H_6^+$、I6、I7 的静电势图